U0169182

插图珍藏本

中国古建筑二十讲

楼庆西著

生活·讀書·新知 三联书店

图书在版编目(CIP)数据

中国古建筑二十讲：插图珍藏本/楼庆西著．—北京：生活·读书·新知三联书店，2001.9（2024.8重印）

ISBN 978－7－108－01576－1

Ⅰ．中…　Ⅱ．楼…　Ⅲ．古建筑－中国
Ⅳ．TU-092.2

中国版本图书馆 CIP 数据核字（2001）第 033694 号

插图珍藏本　中国古建筑二十讲
楼庆西著

责任编辑　杜　非
装帧设计　宁成春
责任印制　董　欢
出版发行　生活·讀書·新知 三联书店
北京市东城区美术馆东街 22 号
邮　　编　100010
网　　址　www.sdxjpc.com
经　　销　新华书店
印　　刷　北京隆昌伟业印刷有限公司
版　　次　2001 年 9 月北京第 1 版
2024 年 8 月北京第 24 次印刷
开　　本　635 毫米 × 965 毫米　1/16　22 印张
字　　数　220 千字
印　　数　146,101－149,100 册
定　　价　68.00 元
（印装查询：01064002715；邮购查询：01084010542）

目　录

序

1999年9月，北京三联书店的董秀玉总编辑到清华大学建筑学院，约我写一本《中国古建筑二十讲》，作为“二十讲”系列的一种。近些年，我虽为非建筑学专业的读者写过有关宫殿建筑及门文化方面的书，然而还从未写过全面介绍与论述中国古建筑的专著，因此，这促使我对这本书的写作有了一些思考。

建筑与大众的关系本来就十分密切。人们的工作、学习、休息、娱乐都离不开建筑。人们始终生活在建筑所构成的空间里，自然会对建筑有自己的喜恶和看法。对于古建筑也是这样，通过实地的参观游览，或是在家中读书、看电视、上网，人们有了越来越多的古建筑知识。从这个意义来讲，与绘画、雕塑等艺术形式相比，人们对建筑应更加容易认识与理解。然而，建筑又具有自己的特点，它是一个既有艺术形象，又同时具有不同物质功能的构筑物。建筑的形象不能任凭建筑师随意创造，而必须受物质功能要求和结构、材料、施工等技术条件的制约。以中国古代建筑而论，无论是宫殿、寺庙、陵墓还是园林、住宅，它们的个体和群体形象都是一个时期政治、经济、文化、技术（包括建筑材料、结构方式、施工方法等）诸方面条件的综合产物。人们看到的宫殿、寺庙之所以有那么大的屋顶，有那种特殊的斗栱构件，所以会有梁、枋上鲜艳的彩画装饰，都是与中国古建筑长期采用的木结构体系分不开的。因此，我们在论述古建筑时，不但要说清楚它们所处的历史、文化背景，而且还必须介绍它们的结构、构造等形态。

我在学校讲授中国古代建筑史有两种讲法。其一是按朝代的历史顺序讲授。这样讲的好处是可以认识中国古代建筑发展的脉络。但是由于中国长期处于封建社会，政治、经济乃至文化都发展缓慢，从而使建筑在基本制度与形态上都缺乏质的变化。加之中国古建筑采用木结构体系，远不如砖、石建筑那样能够长时期保留，因而早期建筑留下的实物很少，所以又产生了不强调历史进程而按不同建筑类型的讲法，即按城市、宫殿、坛庙、陵墓、宗教建筑、园林、住宅等类型分别讲授。本书采用了后一种体例，先讲中国古代建筑的特征，然后从城市、宫殿到建筑小品、建筑装饰，同时又加了与古建筑有关的文物建筑保护、中国建筑历史科学的奠基人梁思成等几个方面的内容，分为二十讲，一个专题一讲，采取散点式的叙述，它们之间既有联系又独立成章，便于读者选读其中任何一个部分。

建筑科学既专业又很大众化，对于各类建筑，从内容到形式自古以来都是任人评说的。我写的这二十讲内容，只是提供一些资料加上自己的认识，以供广大读者评说。

楼庆西

二〇〇〇年九月于清华园

第一讲

从“墙倒屋不塌”说起

墙倒屋不塌

1996年2月，联合国教科文组织派专家到中国实地考察云南省丽江县申报的“世界文化遗产”。专家一行到了北京，丽江地区却发生了大地震。在这样的情况下，联合国的专家还去不去，丽江对“世界文化遗产”的申报还有没有希望？文物局经过研究，决定还是陪同联合国的专家按原计划到了丽江。丽江老城区在市区中部，有连片的古建筑和街道，纵横的溪河穿流其间，集中显示了丽江古城的原风貌，是丽江作为全国历史文化名城的主要标志，也是这次申报“世界文化遗

云南丽江古城

丽江老街

产”的重要依据。在丽江，专家们看到不少新建的大楼倒塌，道路受损，但令人惊奇的是丽江的老城区破坏却没有想像的那样严重。有些老住宅、老店铺的墙壁被震倒了，或受到不同程度的损坏，但这些老建筑的构架依然挺立，保持着原来的形态，有几座破坏古城风貌，还没拆除的新楼反而被震倒了。老城的道路还是那样曲曲弯弯，小溪河还是那样流水潺潺，古老的丽江并没有消失。联合国专家认为，只要经过修复，丽江的历史、艺术和科学价值依然存在，“世界文化遗产”的申报依然有效。1997年底，联合国教科文组织终于批准了丽江市列入“世界文化遗产”的目录。

一场地震震倒了钢筋混凝土的新大楼，却没有震倒老房屋，主要是因为中国古建筑采用的是木结构体系。这个体系的特点是用木料做成房屋的构架，先从地面上立起木柱，在柱子上架设横向的梁枋，再在这些梁枋上铺设屋顶，所有房屋顶部的重量都由梁枋传到柱子，经过柱子传到地面，而在柱子之间的墙壁，不论它们用土、用砖、用石或者其他材料筑成，都只起到隔断的作用而不承受房屋的重量。当遇到地震，房屋受到突然的、猛烈的冲击时，由于木结构各个构件之间都由榫卯联接，在结构上称为软性联接，富有韧性，不至于发生断裂，于是产生了“墙倒屋不塌”的现象。

与西方古建筑的砖石结构体系相比，中国古代建筑的最大特点就是建筑采用木结构体系。这种木结构建筑的优点之一是能防御地震。山西应县一座佛宫寺内的释迦塔高达67.3米，除底层的砖墙与屋面的瓦以外，全部由木材筑成，这是我国境内留存下来最古老和最高的一座木结构佛塔，建于辽清宁二年(1056)，距今已有900多年的历史。在这几百年中，木塔经受过多次地震的袭击，但依旧巍然屹立，充分显示了木结构建筑抗震的能力。

木结构建筑优点之二就是从采伐到施工都较便利。砍伐树木比起开山取石、制坯烧砖自然要简便一些，用木材做柱子、梁枋比起用砖、石做立柱，用发券的方法做房顶要便利得多，木门窗、木雕刻更要比砖石雕刻简捷。意大利佛罗伦萨的主教堂1420年动工兴建，经过11年于1431年才完成了教堂的穹顶，接着在穹顶上又加建一座采光亭，到1470年才最后完工。而建于同时期的中国明代紫禁城，王宫占地72万平方米，房屋大小共近千幢，面积达16万平方米，1407年开始建造，1420年即全部完工，只花了13年。这13年中大部分时间花在准备材料上，真正现场施工时间还不到5年。19世纪初为纪念拿破仑击溃奥俄联军在法国巴黎兴建的凯旋门，仅仅是一座石造门也花费了近30年的时间。而几乎同时期的中国清朝乾隆皇帝为团结在蒙古、西藏地区的少数民族在承德兴建了几座喇嘛教寺院，其中规模最大的普陀宗乘之庙，是仿照全国喇嘛教的中心，西藏拉萨布达拉宫而兴建的，占地22

中国建筑木结构图

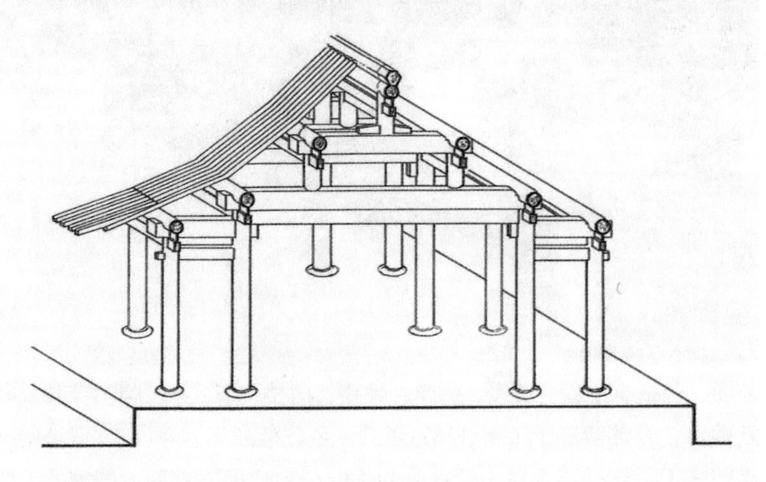

山西应县佛宫寺释迦塔

公顷，包括有主殿、群楼、佛堂、钟亭、门楼、塔、亭、牌坊等各式殿堂楼台，自乾隆三十二年(1767)开工，至乾隆三十六年(1771)，前后4年即完工。这并不说明中国古时的工匠一定比同时期西方国家的工匠高明，佛罗伦萨主教堂用石料建造高达107米的穹顶与尖亭，穹顶为里外两层，两层之间有供人上下的周圈台梯，而所有这些墙体、穹顶全部都由一块块石料垒筑而成，在教堂的表面，从上到下几乎都满布着精美的石雕，想像当时的施工难度就不难理解需要近50年的建造时间了。

大屋顶与斗栱

材料的不同，结构方式不同，建造出来的房屋形态自然不同。而即使用相同的材料与同样的结构方式，在不同国家与地区，有不同的民族背景，也会出现不同的样式。古希腊罗马的神庙宫室与教堂和中国的宫殿寺庙具有完全不同的形态。中国、日本、泰国的佛教寺庙，都用木料，结构方式也一样，佛殿、佛塔的形式与风格却迥异。这其中的原因，除了各地区不同的建造传统外，还有不同国家、不同民族在自然环境与人文环境上的差异，这包括地势、气候、生活习俗、宗教信仰、艺术爱好与传统等等多方面的因素。

中国古代建筑在建筑形态上最显著的特征就是中国建筑所特有的大屋顶。因为中国建筑采用的是木结构体系，用木料构成的屋顶部分在房屋的总体型中就相对地显得大些，房屋的面积越大，它们的屋顶也越高大。这种屋顶不但体型硕大，而且还是曲面形的，屋顶四面的屋檐也是两头高于中间，整个屋檐形成一条曲线，这也是中国建筑所

宫殿建筑弯曲的屋顶

北京紫禁城宫殿屋顶

特有的。在欧洲一些国家的乡村也有许多木结构的农舍，它们的屋顶也很大，有的屋顶高度甚至相当于屋身部分的三倍，看上去比中国建筑的屋顶还要高大，但屋顶面和屋檐都是笔直的。

硕大的屋顶，经过曲面、曲线的处理，显得不那么沉重和笨拙，再加上一些装饰，这样的大屋顶甚至成了中国古代建筑富有情趣的一个部分。古代文人将它们形容为“如鸟斯革，如翚斯飞”，如翚鸟展翅高飞，笨重的屋顶变得轻巧，这是古代匠人的一种创造。那么这种屋顶的独特形式是怎样产生的呢?目前至少有这样几种解释：

一是结构上的原因。中国古建筑为了避免雨水浸袭屋身，屋顶的四周屋檐伸出较远，这种屋檐是依靠上下两层称作椽子的木料挑出梁枋之外构成的。屋檐到四个角的位置，挑出的距离必然加大，因而用了比椽子尺寸更大的两层称作角梁的构件来支承，所以联接椽子头的屋檐水平线到屋角处必然会随着角梁的高度向上抬起，从而形成了屋檐两头起翘的曲线。但这并不能解释屋顶何以出现曲面。

二是建造上的原因。由于房屋的柱子不一样高，所以在柱子上架设屋顶不容易使屋顶保持平面，因而不如做成曲面。又一说法是屋顶的瓦铺设在椽子上，而椽子由一段段短木连续架在梁上，这些椽子的断面不大，日久天长很容易弯曲变形而使屋面变成曲凹不平，所以干脆一开始就将屋面做成曲面形，反可以掩盖日后因椽子而引起的变形。但是经过实际考察，这两种解释都与事实不符。在施工中，屋顶面做

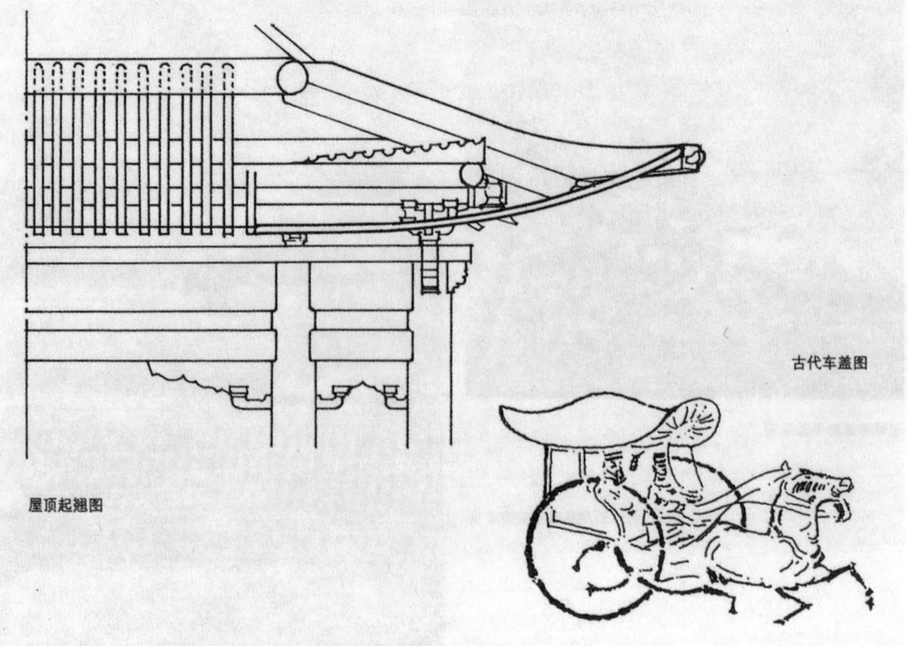
古代车盖图

屋顶起翘图

成平面比做成曲面更容易。一旦因椽子变形而引起的屋面起突不平的现象在曲面屋顶上同样发生而且也很显著。

三是说这样的屋顶便于采光和排水。《周礼·冬官考工记第六》中讲到古代的车盖时说："上欲尊而宇欲卑。上尊而宇卑，则吐水疾而霤远。"又说"盖已卑，是蔽目也"。古车上的篷盖有的用席篷，有的用麻布之类制作，顶上比较陡，到篷边向上挑起成为"上尊而宇卑"的曲线，这样的好处，一是可以不挡住乘车人的视线，二是可以使顶篷上的雨水排得更远。屋顶有如车篷，所以仿照车篷将屋顶做成曲面，也具有同样的效果。屋顶的檐口抬高可以使屋身多采纳光线，也便于从屋内张目远视，这确是事实。至于"上尊而宇卑"可以使雨水排得更远，这从物理学来讲也是对的，如果用一枚圆珠从上陡下平的轨道上下滑，那么这枚圆珠一定会比顺着直线的轨道下滑落得更远，这是因为越陡，圆珠所受到的地心引力会越大。但是雨水不是固体而是液体，而且下雨时整个屋顶都同时受到雨淋，满屋面的水自屋顶排下，这种因"上尊而宇卑"而导致排水远的现象几乎看不到。

第四说是由于房屋重檐的出现与发展而形成为曲面屋顶。中国早期的地上房屋多用夯土筑造屋身墙体和台基，为了保护这些墙和台基少受雨水浸害，除了屋顶的出檐以外，有的还在台基之下另造一排檐廊，形成上下两层屋顶。以后由于台基和墙体逐渐改用砖筑，同时也为了利于室内的采光，檐廊与房屋形成一个整体，廊上的屋顶也和房屋的屋顶相连，它们之间由开始的折线而逐渐发展成为曲线，于是房屋的曲面顶便这样产生了。

也有的说纯粹是出于美观的考虑而创造了这种曲面的大屋顶。

一种建筑形态的形成，有多方面的因素，材料、结构方式、建造技术、功能要求、审美趣味等方方面面的条件，经过相当长时期的实践才会产生出一种较为固定的形态。古建筑的大屋顶也是这样，我们从两千年前汉墓穴出土的明器上就可以看到当时房屋顶上的曲线，从以后留存下来的唐、宋、元、明、清各个时代的建筑上，都可见这种曲面形的屋顶，从城市到乡间，从宫殿、陵墓、寺庙到住宅、民房上都是这样。民间一些建筑上，不仅整个屋顶面是曲形的，四边屋檐是曲线的，连屋顶上的几条屋脊也是曲线的。南方有的寺庙、会馆建筑上，屋顶的四个屋角高高翘起，直冲云天，真变得"如鸟斯革，如翚斯飞"了。中国建筑的大屋顶从屋面、屋脊到屋檐没有一处不是曲线

福建寺庙建筑屋顶

的，找不出一处是僵硬的直线，硕大的屋顶变得轻巧了，成为极富神韵和具有表现力的一个部分。

中国古建筑屋身的最上部分，在柱子上梁枋与屋顶的构架部分之间，可以看到有一层用零碎小块木料拼合成的构件，它们均匀地分布在梁枋上，支挑着伸出的屋檐，这种构件称为斗栱，它是中国古代木结构建筑上的一种特有的构件。

为什么叫斗栱？在柱子与梁枋上因为要挑出屋顶伸出的屋檐，需

云南祝圣寺建筑的屋顶

要有一种构件支托住屋檐下的枋子和椽子，古代工匠用弓形的短木从柱子和梁上伸出，一层不够再加一层，弓木层层挑出使屋檐得以伸出屋身之外，这种弓形短木称为“栱”，在两层栱之间用方木块相垫，小方木形如斗，所以这种用多层栱与斗结合成的构件即称为“斗栱”。斗栱用在屋檐下可以使屋顶的出檐加大，用在梁枋两端下面，则可以减小梁枋的跨度，加大梁枋的承受力。

斗栱出现得很早，公元前5世纪战国时期的铜器上就有斗栱的形象。从汉代的石阙、崖墓和墓葬中的画像石所表现的建筑上，我们见到早期斗栱的式样。到唐、宋时期，这种斗栱的形制已经发展得很成熟了。山西五台山唐代佛光寺大殿是我国迄今留存下来最早的木建筑之一，大殿屋身上的斗栱很大，一组在柱子上的斗栱，有四层栱木相叠，层层挑出，使大殿的屋檐伸出墙体达4米之远，整座斗栱的高度

佛光寺大殿斗栱图

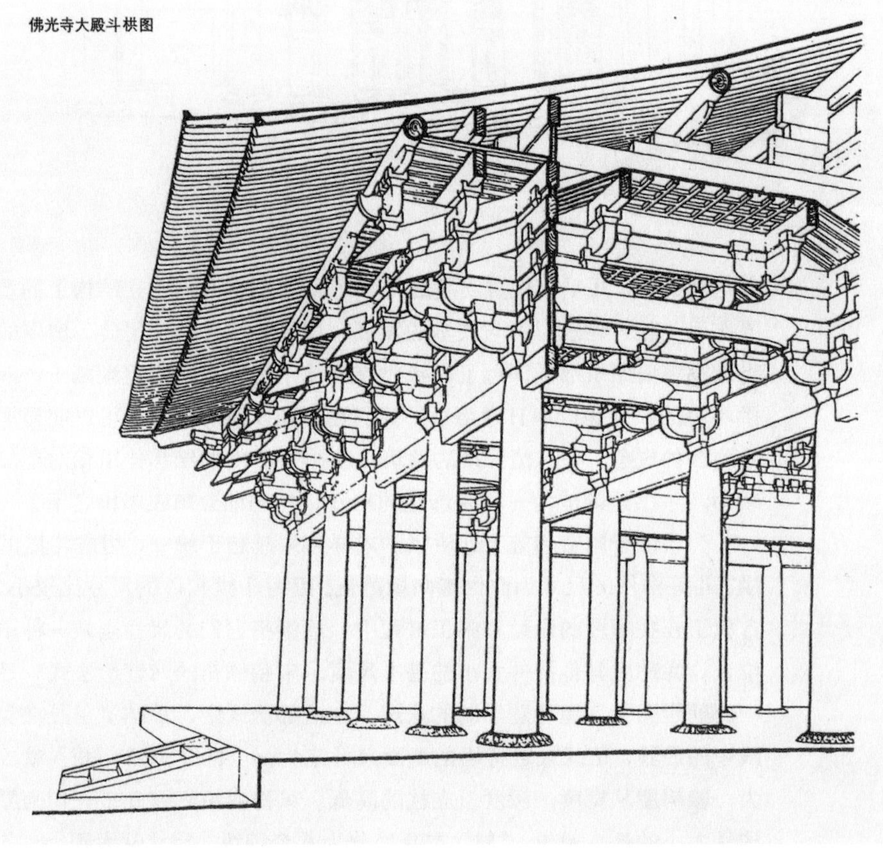

宋代建筑斗栱图

也达到2米，几乎有柱身高度的一半，充分显示了斗栱在结构上的重要作用。随着建筑材料与技术的发展，房屋的墙体普遍用砖，房屋的出檐不需要原来那样深远了，斗栱在屋檐下的支挑作用逐渐减少，斗栱本身的尺寸也因而日渐缩小，我们在宋朝以后的建筑上可以明显地看到这种现象。明、清时期的建筑，屋檐下斗栱的结构作用相对更加减小，斗栱逐渐成为一种装饰性的构件，均匀地分布在屋檐之下。

为了便于制造和施工，斗栱的式样越来越趋于统一，组成斗栱的栱、斗等构件的尺寸因而也走向规范化。因为斗栱构件的尺寸比较小，古代工匠在房屋的设计和施工过程中，逐渐将它们的尺寸当做一种单位，作为房屋其他构件大小的基本尺度。宋朝颁布的《营造法式》是一部朝廷关于房屋建造形制的法规，在这部法式中，总结了工匠在实践中的经验，正式规定将栱的断面尺寸定为一“材”，这个“材”就成为一幢房屋从宽度、深度、立柱的高低、梁枋的粗细到几乎一切房屋构件大小的基本单位。“材”本身又分为八个等级，尺寸从大到小，各有定制，因此一座建筑可以根据这座建筑的性质、规模而选用哪一等级的“材”，然后以这等“材”的尺寸为基本单位，可以计算出所用柱、梁、枋等构件的大小，算出房屋高度、出檐深浅等需要的数字。这种类似近代建筑设计与施工中应用的基本“模数”制，是古代工匠在长期实践中总结出来的经验，它不但规范了建筑大小的等级，而且还大大方便了房屋的设计与施工，保证了房屋从形象到工程上的质量。这种制度一直沿用到清朝，只不过清朝的斗栱构件名称和宋朝的不同，清朝是以梁枋上斗栱最下层坐斗上安放栱木的卯口宽度为基本尺寸，这个宽度称为“斗口”。清朝重要宫殿、坛庙等建筑的柱子粗细、高低，梁枋的大小，直到房间的宽窄都是以“斗口”为基本单位直接或间接计算出来的。

斗栱的确是一种很奇特的构件，一块块小木头组合起来居然可以挑托起那么沉重、那样深远的屋檐，这真是我国古代工匠一项了不起的创造。但是如果单纯从现代结构学来分析，采用这种复杂的斗栱来支托挑出的屋檐，不能不说是一种比较费力而笨拙的办法，实际上只需用一根木棍从柱子上斜出去就可以支撑住屋檐，既简单又省事。所

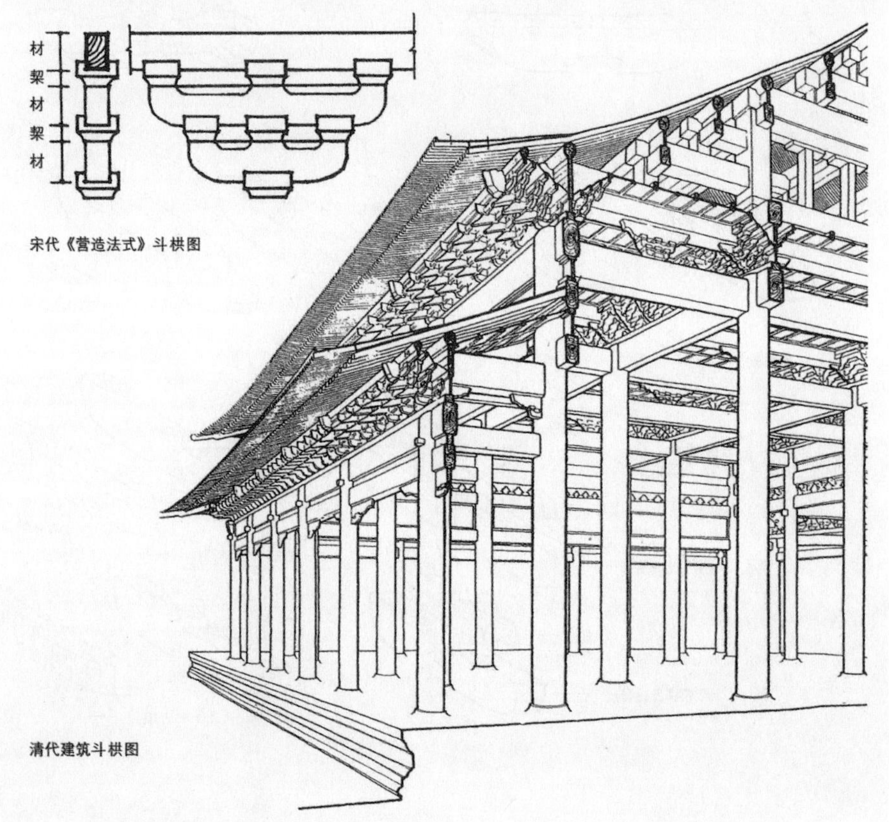

宋代《营造法式》斗栱图

清代建筑斗栱图

斗栱分件图

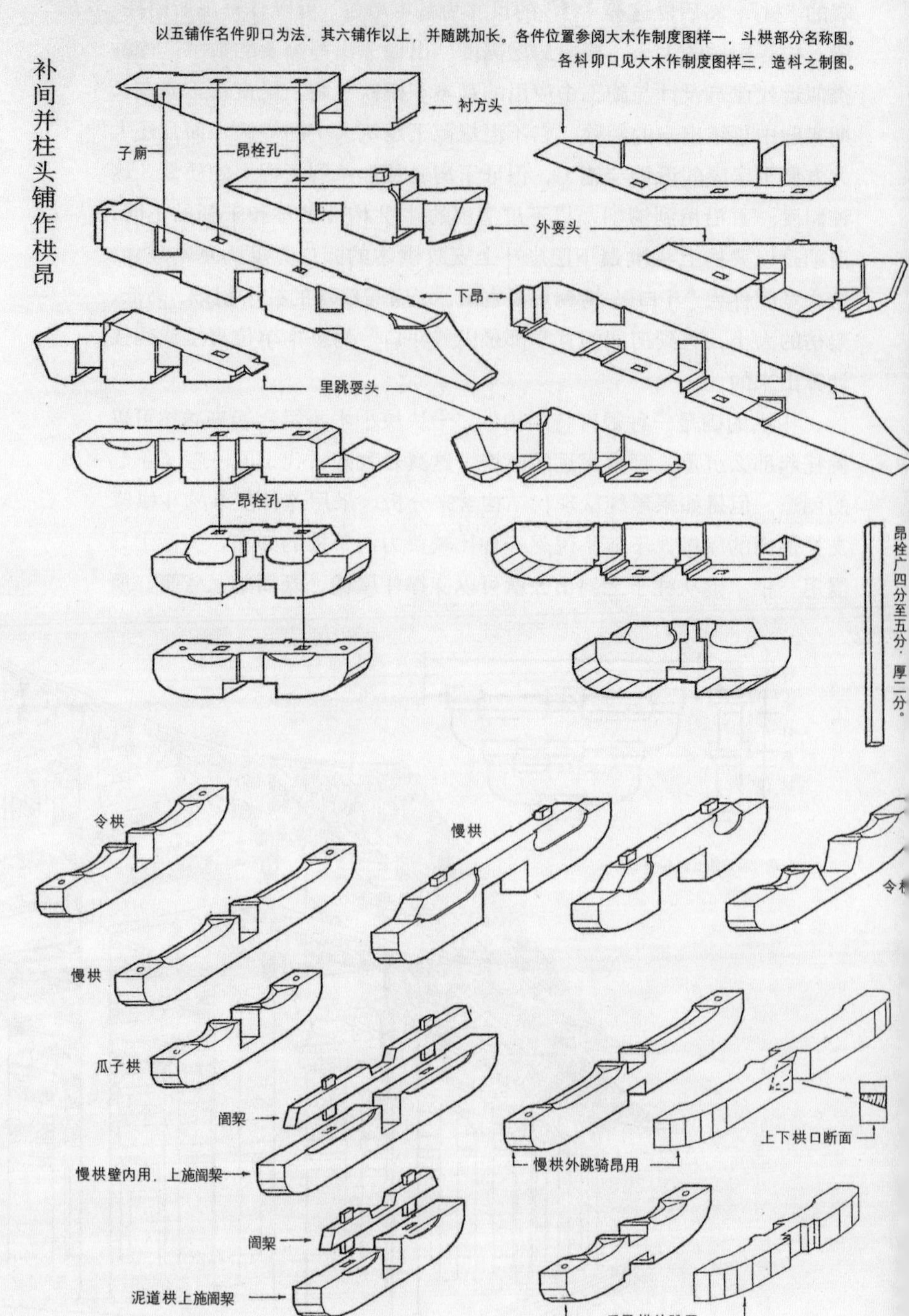
以五铺作名件卯口为法，其六铺作以上，并随跳加长。各件位置参阅大木作制度图样一，斗栱部分名称图。
各枓卯口见大木作制度图样三，造枓之制图。
补间并柱头铺作栱昂
子廂
昂栓孔
衬方头
外耍头
下昂
里跳耍头
昂栓孔
昂栓广四分至五分，厚二分。
令栱
慢栱
慢栱
令栱
瓜子栱
阇栔
慢栱壁内用，上施阇栔
阇栔
泥道栱上施阇栔
慢栱外跳骑昂用
上下栱口断面
瓜子栱外跳用

以在许多地方和民间建筑上都舍去斗栱而采用支撑木的办法。其实在后期的宫殿、坛庙建筑上也并不是在结构上非用斗栱不可，这时的斗栱主要成了一种装饰。明、清两朝有关建筑的法规中，还出现了哪一级朝官的用房上允许或者不允许用斗栱的明文规定，在营造中也将有斗栱的房屋称为大式作法，将没有斗栱的房屋称小式和杂式作法，用不用斗栱已经成为区分建筑等级高低的一种标志了。

浙江农村祠堂檐下支撑木

火烧太和殿

北京紫禁城中心的太和殿(在明代称奉天殿)建于公元1420年，它是紫禁城最重要的一座大殿，皇帝登基、完婚、做寿，以及每年的重大节日和朝廷大事时，皇帝都亲临此殿，举行隆重的仪式，接受文武百官的朝拜。但是就在大殿建成后的第二年，即1421年，太和殿就遭雷击而发生大火，不仅大殿本身，连同它后面的中和、保和两座大殿也全部烧毁。几年后三大殿才被修复，到了1557年，太和殿又一次遭受火灾，这次不仅三大殿，而且沿着两侧的配殿，一直烧到前面的太和门、午门，宫城中最重要的前朝部分三殿二楼十五门全部毁于火中。据文献记载，自紫禁城建成后直到清末的400多年中，宫内主要建筑发生比较大的火灾就达24次。

紫禁城水缸

清咸丰十年(1860)，英、法联军攻占北京，对圆明园先抢劫，后放火，使圆明三园陷入一片火海，园中数十个景点被烧毁，只剩下西洋楼景区的石造宫殿没有烧掉，经过一个世纪的沧桑，如今只有西洋楼建筑的石柱、石墙仍然立于园中，造成了后人把这些石柱、石墙当作为圆明园典型形象的误解。无数的亭、台、楼阁被毁于火海，而石墙、石柱却留存至今，说明了木结构建筑最大的缺点就是怕火。

明清时期对雷击而引起的火灾已有所认识，只是还没有找到防止它的科学办法。个别古塔上有自塔顶的铜器上引一条铁链埋于地下的做法，但是这种避雷的办法并不普遍。在紫禁城的宫殿中，倒是发现有在建筑屋顶的正脊中心部位，于脊瓦下埋入一宝盆，盆中藏有金属的小元宝和金币，币上刻着“天下太平”字样，这就是当时用在宫殿上的防雷措施了，殊不知这种铁制的宝盆，里面还放着金属元宝，不但不能保太平，反而还会引来天上的雷击而导致火灾。

一旦房屋起火，紫禁城的灭火措施就是在主要宫殿的四周和宫内主要的通道上设置大水缸，缸内常年储存有水，为了防止冬季水结冰，还在水缸下设有烧火的部位。但是房屋真正着了火，杯水车薪，水缸里的水哪能救得了蔓延成片的大火。外表涂金的水缸排列在殿堂前面成了一种只具有象征意义的摆设。

木结构的建筑除了怕火外，还怕潮湿与虫害。雨水如果经屋顶漏至下面的梁架，日久天长，会使木料腐蚀。南方地区有一种白蚂蚁，专喜好蛀食木料，如果不防备，区区小蚁可以把立柱与横梁蛀成空壳。

蜀山兀，阿房出

公元前221年，秦始皇统一中国，定都咸阳并开始大建宫室。据《史记·秦始皇本纪》记载：“秦每破诸侯，写放其宫室，作之咸阳北阪上，殿屋复道，周阁相属。”“……乃营做朝宫渭南上林苑中。先作前殿阿房，东西五百步，南北五十丈，上可以坐万人，下可以建五丈旗。周驰为阁道，自殿直抵南山，表南山之巅以为阙。”“咸阳之旁二百里内，宫观二百七十，复道甬道相连……”在二百里的范围内，二百余座宫观，都有复道相连，其宫室之多，气魄之大的确是空前的了。古代文献的描绘可能夸张，但我们从目前已整理出来的长达500米的阿房宫台基遗址和发掘出来的始皇陵兵马俑的庞大规模来看，当时秦皇宫室之大是无可怀疑的。而这二百多座宫室甬道全都是木结构的房屋，试想一下，要建成这些房屋该砍伐多少树木。晚唐诗人杜牧在他写的《阿房宫赋》中讲："六王毕，四海一；蜀山兀，阿房出。"一语道破了建咸阳皇宫所造成的后果。而且这还没有完。始皇死后，秦二世又继续营建皇宫。事隔15年至公元前206年，项羽引兵至咸阳，放火烧毁秦宫室，大火三月不灭。刘邦建立汉王朝后，重又大造宫室，长安城内，长安、未央、明光、长信等诸宫散置，不知用掉多少木料。两千多年的封建社会，一代又一代王朝的更替，一座又一座的皇宫建造，多少座蜀山的树木被砍光，到清代重建被大火烧毁的太和殿时，连大殿中心6根最重要的柱子都找不到这么粗的整根木料了，只得用细木料拼合成6根具有象征意义的蟠龙金柱。用细木加铁箍拼合成柱子，在技术上应该算是一个进步，但被用在这座最重要的大殿的中心部位却说明了当时木材资源已经匮乏到了何等程度，更意味着自然生态的破坏，这将给人类带来更为严重的后果。

木结构的建筑不论有多少优点与缺点，但它毕竟是中国古代建筑选择的结构体系，无数的工匠在这些木结构的建筑上发挥和表现了他们的聪明与才智，曾经创造出辉煌的建筑奇迹，从而使中国古代建筑在世界建筑的画卷中呈现出独特的风貌。

第二讲

北京——中国古代城市规划的杰作

周口店与北京人

20世纪的20年代，我国考古学家在北京西南房山县的周口店发现了中国猿人的遗址，在这里遗留着早期人类的化石，还有石锤和作砍斫、刮削等用的各种石器数万件；还发现了成堆的灰烬；这些实物证实了，很早以前，大约距今70至20万年以前，周口店一带就有人类居住和生活。考古学家称他们为“北京人”。同样也是在周口店的另一处山顶洞遗址里，考古学家又发现了多具完整的头盖骨和残骨，同时还有数十件石器和经过加工的、作为装饰用的骨器、砾石等。经过专家、学者的研究论证，这批山顶洞人距今5万年，与早期的猿人相比，他们使用的工具大大地改善了，已经掌握磨、锯和钻的技术，不仅知道利用自然火，还可以人工取火。他们还产生了审美观念，并出现原始宗教信仰的萌芽。

周口店“北京人”的发现告诉我们，在这块土地上，很早就具备了适宜人类生活的环境和条件。翻开北京地图，可以看到北京地区海拔50米，其西面和北面都有山脉相围，太行山自西蜿蜒而东，在北京之北形成为西山与燕山。长城就建造在这两条山脉的山脊之上，它们成了古时“塞内外”的分界线。西山、燕山之东南，地势由高到低，形成一块平原，其间有两条河流自北而南穿过，西边一条为永定河，东边一条为潮白河。我们的祖先就选择在西山之下，两河之间的这块平原之地生活了下来。这里不仅有适宜于劳动和生活的自然环境与条件，还是华北平原通向“塞外”的起点，通过北面的南口和古北口可以与塞外游牧民族来往接触，所以这里又逐渐成了古代边区的一个重要关

北京地区的长城

口。到公元前10世纪的周朝，这里发展成为燕国的都邑，称为蓟。自秦、汉至隋、唐，这里是汉族与少数民族的贸易中心，唐朝设为幽州治所，为节度使的府衙所在地，已经成为当时一座重要的边陲城市了。公元10世纪末，北方的辽民族势力扩大，当时的五代后晋王割让燕云十六州给辽国，辽人改幽州为南京，也称为燕京，成为北方地区的一个政治中心。公元12世纪初，金人自北方入侵，先灭辽，继而进攻宋，逼迫宋朝廷迁往江南的临安(今浙江杭州)，史称南宋。金人却把辽时的南京设为首都。1151年开始扩建辽城，将汴梁宫殿、园囿的建筑拆运到燕京，并掳劫了大批中原的工匠，模仿汴梁的城市和宫室的形制，大规模地改建了旧城，于1153年建成了金的新都城，称为"中都"，自此，北京开始了成为一个国家都城的历史。

金中都位置在现在北京老城外的西南位置，东西最长处4900米，南北最长处4500米，整体略呈方形，四周围有城墙，墙外有城壕。四面城墙各开有三座城门，东西、南北各座城门遥相对应。都城的宫城位于城内略南偏西处，平面为长方形，四面设有宫门，重要的宫殿均设置在中央的轴线之上。南宫门称应天门，它是宫城的正门，据文字记载，应天门面阔达11开间，为城楼式建筑，下面开有五座门洞，上面除中央的正殿楼外，左右还有向南展伸的两翼，形式与我们今天见到的紫禁城午门相似。应天门外有大道直达中都的南面中央城门，大道近宫城部分的两侧是朝廷官府、衙署的所在地。宫城中轴线之北正对着辽代建的天宁寺佛塔，可以看得出，金朝都城的建设沿袭汉民族历代的传统形制，而且强调了城市中轴线的布置与景观。

都城的祭祠建筑设在城外，城南墙外建有圆形祭坛，称“南郊”或“圜丘”，是祭天的场所。北城墙外建有方形祭坛，称“北郊”或“方丘”，为专祭地的场所。在东、西城墙之外分别建有祭日、月的方坛。城外除了有祭坛外，还在城的东北专门建有离宫区。这里原为一片沼泽地，在建设都城时，开辟为人工湖泊，在湖中堆筑琼岛，周围建造殿堂馆所，成为城外的一处风景地，就是现在的北海和中南海一带。

13世纪后，塞外的游牧民族蒙古族逐渐强大，其势力远及欧、亚两洲的一些地区，并于1206年建立了蒙古国。1215年，蒙古族骑兵突入南口，攻占了金中都，大肆破坏了这座都城，城内建筑被烧毁，只剩下东北郊的离宫区还保持完整。蒙古国的政治中心原来在和林(今蒙

金中都、元大都、明清北京位置图

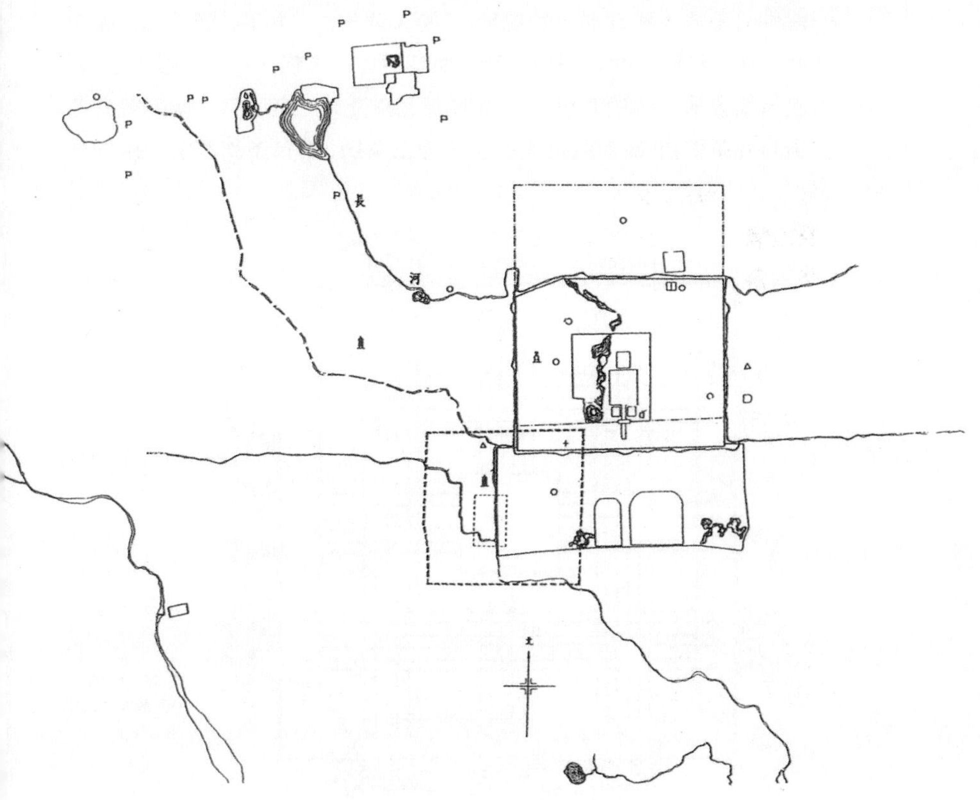

古人民共和国境内)和开平(今内蒙古自治区的正蓝旗)。元世祖忽必烈登位以后，于1271年改国号为元，并决心将中原地区作为他立国的基础，将元朝的都城迁到金中都，改称为大都，北京在历史上第二次成了一个国家的都城。

元大都的规划与建设

1264年，元世祖登位做了蒙古国的皇帝，年号为至元，他决心在金中都这块地方重新建设一座新城。他任命曾经主持过上都城(即开平)规划建设的汉人刘秉忠主持这座新城的规划，当时参加规划建造工作的还有阿拉伯人也黑迭儿。规划的指导思想和原则很明确，这就是遵循和继承汉族历代皇城规划的传统。因为忽必烈知道，作为一个游牧民族用武力打下了汉族的天下，要实行稳定的统治必须采用汉族统治者的传统办法，这种传统不仅表现在政治制度上，同时也必然反映在为政治服务的都城和宫室的建设上。

古代中国是以礼治国的国家，在《周礼·冬官考工记第六》里有一段讲的是古代建设都城的规矩："匠人营国，方九里，旁三门，国中九经九纬，经涂九轨，左祖右社，面朝后市，市朝一夫。"就是说，城市应该呈方形，每边九里，四边城墙上各设有三座城门，城内有九条直街与九条横街(或者理解为横竖各为三条街，而每条街都由三条并列

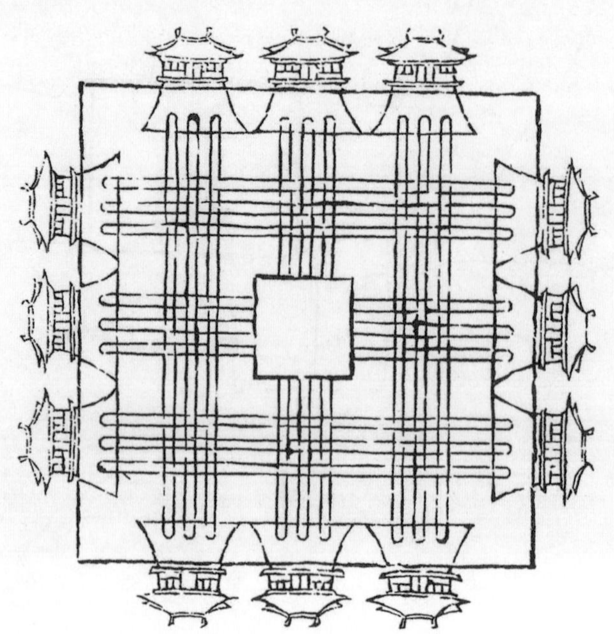

《三礼图》中的周王城图

的道路组成），街道之宽为车轨的九倍。城市中前面为朝廷部分，后面为商市部分，朝、市每边均为百步之宽。城市的左方有祖庙，右方为社稷坛。这种方整有序的城市规划一直为中国历代的封建王朝所依循并得到进一步的发展，我们从汉末三国时期的邺城、唐长安、宋汴梁一直到金中都都可以见到这种传统形式的城市。元大都也正是按照这种传统形式来进行规划和建设的。这时，原来的金中都已经被毁坏了，只留下了东北部的离宫地区，所以新的都城也正是以离宫地区为中心，开始规划与大规模地建设。

一座都城的选定与建设，除了必须考虑的政治和军事因素外，还必须具有相应的物质条件。中唐以降，南方的经济开始超过北方，北方的许多物资，包括粮食、纺织品、木料等，都要依靠南方供应，南北大运河就成了南货北运的重要通道。元大都更离不开这条运河，而且在规划时就要开辟河道使之与运河联通，以便使专门运送都城所需物资的船只可以直通至大都城的后市。同时，大都城区的朝廷与居民的用水量又很大，所以都城的供水就成了规划与建设大都时首先面临和必须解决的问题。

元朝伊始，因要将漕运的船只引向大都城的后市，水量需求大大增加，曾经想引用西北郊的永定河水进入河道，但因为永定河冬季水涸，夏季又山洪暴发，难于控制，必须寻找新的可靠水源。这个难题落到了一位水利专家郭守敬的身上。郭守敬生于1231年，祖父即精于算数与水利，守敬禀承祖业，亦精通水利学与仪象之术。他遍访京郊各地，细察山脉水源，终于在大都以北的昌平一带寻得新的水源。经过勘察地形，将城北之水引向城西北之瓮山泊，向东南经高梁河流至城内的海子，又在城里开了一条通惠河与南来的运河相连，并在中途设闸提高水位，使漕运船只能从地势较低的东南一直驶到什刹海，使城北的钟鼓楼地段成为名符其实的后市商业区。除这一条主要的供水河道以外，另外还将西北郊玉泉山的泉水引向城内，经过金水河流入太液池和宫城。专供皇城内宫苑使用。这一上一下的南北两条供水道既保证了漕运的通行，又解决了大都城的生活用水，实在是一项了不起的工程。排水问题也解决了，在城中的主要干道两边都用石料砌造宽约1米的明渠，将渠内的废水通过城墙下预先构筑的涵洞排至城外。

元大都的城址选在以金代离宫为中心的平地上，平面呈长方形，东西长6635米，南北长7400米，城的南墙紧贴金中都的北城墙。整座大

元大都图

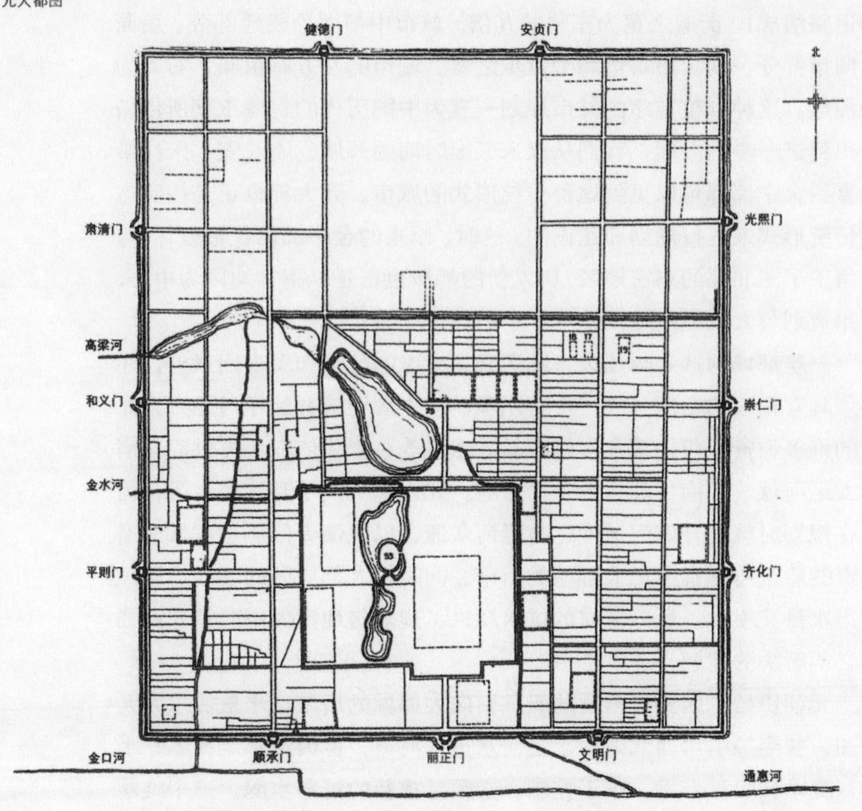

都有里外三层城垣，即外城、皇城与宫城。外城的东、南、西三面各设有三座城门，北面只开两座门，各座城门皆有城楼，门外还有瓮城，城墙四周有环绕的护城河，每座瓮城外皆设有吊桥跨过护城河，外城的四角都建有角楼。皇城位于外城内南面的中央地区，四周长达20里，皇城内包括有宫城、御苑和隆福寺、兴圣宫、太子宫等重要的寺庙。离宫处于皇城的中心地，太液池和池中的琼华岛成为皇城内主要的风景区。宫城位于皇城的东部，它的位置正处于大都城的中轴线上。宫城四周各开有一座城门，四角也建角楼。宫内建筑也分前朝与后宫两组布置，主要宫殿前后排列在中轴线上，其余殿堂呈左右对称形地分布在两侧。据文献记载，元大都的宫殿建筑使用了不少贵重的材料，如楠木、紫檀木及各种色彩的琉璃。建筑外形上还有工字形殿、盝顶殿；房屋上有喇嘛教题材的雕刻和绘画，殿堂内还挂有毡毯、毛皮、丝绸帷幕作装饰。所以在都城的总体规划和宫城布局上，元朝尽管遵循和继承了汉族的传统，但在某些建筑形象和装饰上仍然保持和反映了蒙古民族的生活习俗与艺术趣味。在皇城外的东、西两侧，位于东、西的齐化门和平则门内建有社稷坛与太庙。皇城之北的什刹海正是漕运的终点，许多经大运河运来的物资均集中于此，所以钟鼓楼一带成了商业中心。元大都正是按照中国的古制“左祖右社，面朝后市”来规划和建造的。

大都城内除了宫城与皇城之外，全城被若干条纵横的干道划分为矩形的街坊。其中以通向各座城门的街道为主干道。但由于南北两面的城门不相对应，城中又有皇城及海子水面相隔，有些干道不能贯通，形成丁字形街。这些纵横方向的干道将大都城划分为50个规整的街坊。这些坊既无坊墙，也没有坊门，只在每个坊内被东西方向的平行小巷所划分，这种小巷称为胡同。两条胡同之间相距约70米，胡同本身宽5–7米，胡同之间就是建设住宅的地方。在这样整齐划一的地段里，大都城的营造者选用了中国传统的院落式住房形式。这种住房可以很规则地排列在一起，既节省地皮，又适合北方地区生活的需要，元朝还规定每一住宅院落的占地面积为8亩，相当于5300多平方米。具有中国建筑文化特征的北京胡同与四合院住宅在大都城里出现了。

元大都于1267年开始建造城垣，至1284年在城内已经建成了官府、衙署、市肆等，第二年朝廷颁布了旧城(金中都)居民迁居新城的法令，展开建造街坊和住宅的活动。一座新王朝的都城逐渐繁荣而成为国内最大的城市。

明、清时期的北京

1368年，朱元璋建国称帝，国号为明。当年8月，大军攻下大都，宣告了元朝的灭亡。朱元璋将都城选定在江南的应天府(即南京)。将他的第四个儿子朱棣封往大都城，称燕王，这时大都改名为北平。朱元璋死后不久，嫡长孙朱允炆刚继承王位，燕王朱棣即起兵反叛。建文三年(1401)，朱棣攻陷南京，自称皇帝，年号永乐。朱棣称帝后，为了防御北方蒙古族的侵袭，也为了稳定和加强自身的政权，于永乐元年(1403)决定将都城迁往北平，并将北平改称为北京。永乐五年(1407)开始重建宫城，13年后完工，永乐十八年(1420)，正式由南京迁都北京，北京又一次成为一朝王国的都城。

明朝攻占元大都时，大都城内除宫城外并没有受到大的破坏，所以明成祖定都北京开始建设时只是在元大都的基础上进行了改建与扩建。元大都城区面积很大，但实际人口并不很多。皇城和朝廷官府、衙署集中在城的南部，热闹的商市处于城中心一带，几乎占地一半的城北地区划为街坊，但居住人口始终很少，所以明初当朱棣被封为燕王

明清时期北京图

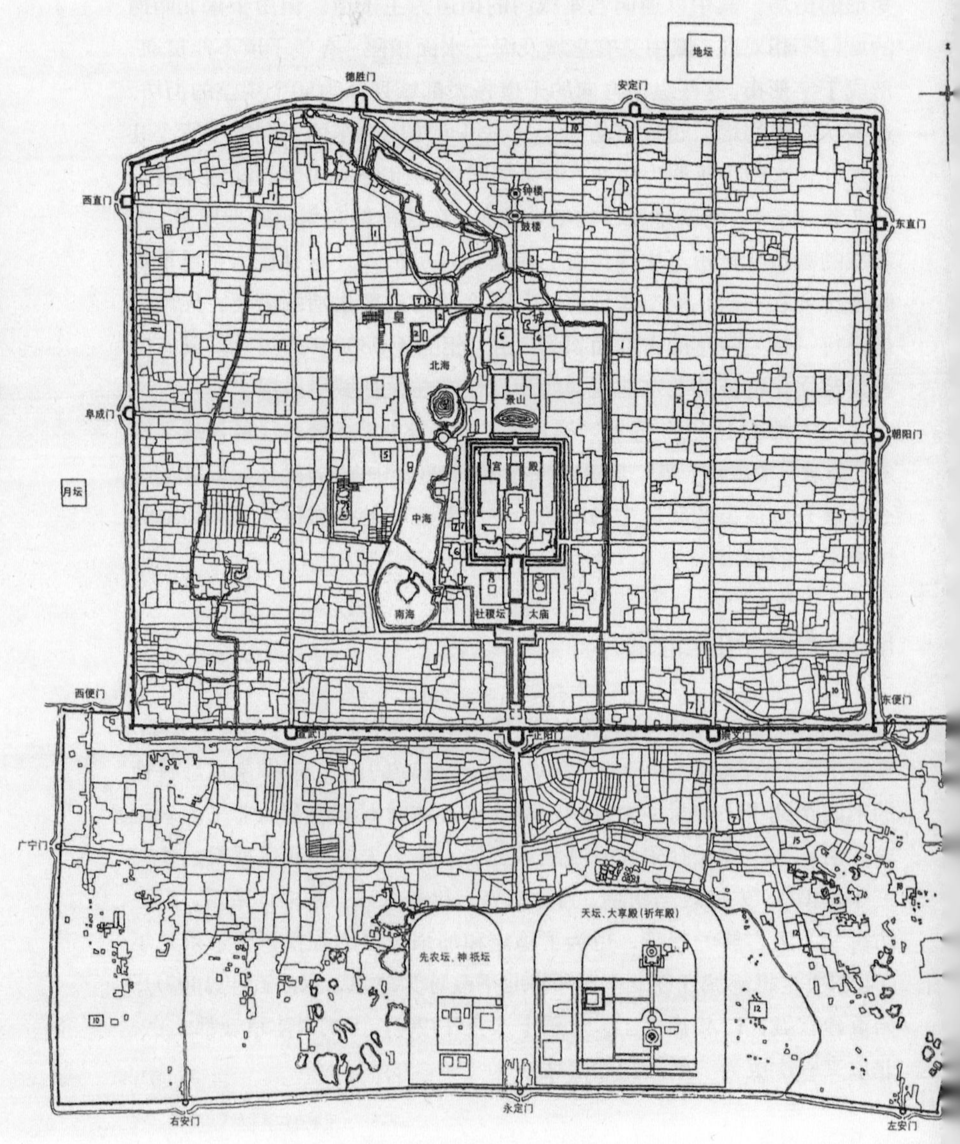

进驻大都时，就把北面的城区向南压缩了5里，重新筑造了北城墙。明永乐定都北京后，因为朝廷的衙署增多，皇城前面的位置不够容纳，所以把原来大都的南城墙向前扩了1里，因而使皇城南墙也往南移，形成了更加有气势的皇城正门前的御道与广场。同时又把位于东、西城墙内的太庙和社稷坛迁至皇城内、宫城前的两侧，使“左祖右社”的布局更为突出。经过这样改建后的北京城仍为一方形，东西长6635米，南北长5350米。城的四郊分别建了城南的天坛，城北的地坛，城东的日坛，城西的月坛，这是封建帝王按方位祭祀天地日月的场所。

可以看到，新的都城北京仍沿袭着中国城市传统的规整格局，只是面朝后市的商市发生了一些变化。元大都时南来的漕运船能够直抵什刹海附近的后市商业中心，后因这条供水线路年久失修，水流堵塞，不能满足航运的需要，漕运船只能停泊在都城以南的码头。于是，城东南的河道两岸逐渐成了货船的停泊点和货物的集散地，久而久之，它代替了都城内“后市”的地位而发展成为商业繁华中心。城南人口增多，新的胡同与四合院也相继而起，打破了原来的格局。

明中叶以后，为了加强对城外新发展区的管理，也为了防备东、北方民族日益增强的武力威胁，在北京城的四周加筑一圈外城，为了利用元大都的北城墙作为新的外城墙，将外城墙建造在离原城墙5里的位置。这项工程从南面开始，由于工程花费巨大，而这时的朝廷已经难以支付，于是决定改变计划，在南面的外城筑造完成后即折而向北，在东西两边仅比原城宽出600—700米处与南面的老城墙相接。1553年完成了这项半途而止的工程，北京城的平面从此呈现凸字形。原来的老城称为内城，新扩建的南城称为外城，外城东西宽7950米，南北长3100米。城南的天坛与先农坛以及新形成的商业区围在外城之内，而城东、西、北门外的日、月、地三坛仍处于内城之外。

整座北京城以皇宫所在的宫城为中心，宫城外面围着皇城，皇城之外围着内城，形成了内外三重城圈。皇城仍在元大都皇城的位置，只是向南扩充了1里，而在重新建造宫城建筑群时，为了纠正元大都宫城中轴线被什刹海隔断的缺点，有意将轴线往东移了约150米，使新宫城的轴线可以由皇城外的正阳门经过宫城直接贯通至皇城北面的钟、鼓楼，在加筑外城时又将南面的永定门也坐落在轴线之上，如此构成了一条由南而北，贯穿全城的中轴线，从最南的外城永定门开始，纵穿外城，经内城南面的正阳门直抵皇城正门天安门，进入皇城穿过宫城

北京正阳门与前门

越过横在轴线上的景山，出皇城北门地安门直抵城北的鼓楼与钟楼。其间，宫城里的重要殿堂都被放在轴线之上，两旁对称地配列着寝宫厅馆，左祖右社也分居在轴线左右，这一条长达8公里的城市轴线真可谓世界少有，中国都城规划模式在这里可以说被应用和表现得淋漓尽致。

明代北京城的城市道路仍维持元大都的系统，主干道对着城门，纵横交叉，将内城划分为375个街坊。居住区仍然在这些街坊的条条胡同里。与元朝不同的是明朝城内人口大大增加了，据《顺天府志》记载：明洪武八年(1375)，北京在户人口32.3万余人，至明嘉靖、万历年间(1522—1620)上升到接近百万。人口增加与城区面积的压缩使元朝规定的每所住宅占地8亩的规定无法实现。胡同之间，占地6亩、4亩甚至更小的四合院相继出现。元朝城内的商业区后市一带，专门设置了为宫廷服务的手工业作坊，形成内市。随着手工业和商业的发展和市民生活的需要，城内增加了如东西市四牌楼等新的商业区。商业行业相对集中，形成了专营某类货物的米市大街、猪市大街、菜市口、磁器口等商区，这些名称一直保留到现在。除此之外，寺庙和人口较集中的地区，还有定期的庙会和集市，城市生活比元大都时大大地活跃和丰富了。

1644年，清兵入关，攻占了北京，明朝灭亡。清朝统治者不像过去改朝换代的帝王将旧朝廷的宫室统统毁坏，入关后的第一任清朝顺治皇帝全盘接收了明朝的都城和宫室，只把原已毁坏的宫殿加以修复，在各座殿堂的匾名旁并列地加上一行满文，清朝廷成了这座都城的新主人。

随着清王朝的进京，大批王公子弟与满清八旗军士也大量进入北京。清朝对皇室子弟不采取分封的办法，沿袭唐、宋古制，将他们集中在京城，给他们建造专门的王府，这些皇族子弟能享受种种礼遇厚禄而无自己的地盘，虽有名号而无军政实权。在这种制度下，北京出现了大量王府。王府尽管也是一种四合院的住宅形式，但它的规模比一般住宅大得多，还占据着内城比较中心的地段，所以本来在明朝内城多住着官吏、贵族、地主与富商，一般平民多住在外城，到了清朝，变为满族住内城，一般汉族及平民多被挤往外城居住了。

北京的商业进一步发展，城内的商业区和各种集市更为繁荣。尤其在外城，运输船只在通州停靠，通州成为商品货物的集散地，出现了许多仓库与商铺。行业性的会馆周围逐渐形成了珠市口、大栅栏等新的商业中心。相应地，居民也集中在这一带，新的街坊形成了。由

天安门

天安门前的华表

紫禁城午门

景山上的万春亭

于河道的影响和经济自发性的发展，这些街坊不像内城那样规则，坊内的胡同也没有那么整齐，出现了随不同地段而建造的多种形式的四合院，但是它们并没有改变北京的严整规划，并没有影响北京原有的格局。

北京的供水与排水，明、清两朝仍旧沿用着元大都时的系统。原来主要的供水渠道因淤塞而水流减少，影响到漕运的河道。清朝中期曾经专门进行过疏浚，将西北郊的瓮山泊扩大而修筑成昆明湖，借以拦蓄水流，提高水位，经高梁河输向京城，但它主要是保证了皇城宫苑和宫城的用水，城市居民只能依靠井水。

北京城，是一座完全按照传统礼制规划建造的城市。我们不妨沿着中轴线来观察与体验一下北京古城的风貌。

步入最南端的永定门，左右是先农坛和天坛两座坛庙。经过外城中央笔直的大街，两旁为鳞次栉比的市楼，通过一座横跨在路中央的五开间大牌楼和一座石桥，迎面为高耸雄伟的正阳门。穿过正阳门和前面的大清门才进入到皇城前的御路，这御路长达500余米，左右两旁围列着连续的廊子，因此称为千步廊。御路的北端突然变宽，在皇城大门天安门前构成为一个T形的广场。天安门城楼南面横列着金水河，河上的五座金水桥正对着天安门城楼下的五座城门。金水桥前排列着两对石狮和耸立着一对华表。从永定门起，人们经过这一起一伏高低相间的门、楼，一窄一宽变化着的空间，在进入皇城之前就已经体验到了这座封建

北京鼓楼

北京北海琼华岛与白塔

王城的气势。这只能称作进入皇城的前奏，高潮还在后面。天安门作为皇城的大门，是一座城楼式的建筑。面阔九开间的大殿坐落在高大的城台之上，双层檐的琉璃瓦屋顶，从最上面的屋脊至城台地面共高33.7米，这样一座体形宏伟、色彩华丽的大门充分展示了皇城所具有的气魄和威势。走进天安门，经过又一道端门才来到宫城的大门午门的前面。这是一座与天安门不相同的城楼式宫门，高大而且雄伟，它预示着宫城的无比宏丽与神秘。从午门起，宫城内的中轴线上排列着一道又一道门，一座又一座殿，走过大大小小的、宽窄相间的广场与庭院，经历太和殿的高潮和寝宫、御园的余韵，走出宫城而登至景山。景山是京城中轴线上的一座小山，它正处于整座内城的中心点上，站立在这异峰突起的景山中央的万春亭里，向南可以展望到中轴线上的层层宫阙，它们在两边灰色的四合院住宅中间，显得鲜明而突出。向北望去，景山下的殿堂，皇城的北门地安门，一直可以看到中轴线北端的鼓楼与钟楼。这贯穿全城，长达8公里的中轴成了整座北京城的脊梁。在它的东侧有三海组成的宫苑，以它们活泼而妩媚的形体调剂了中轴线的单一；成片的街

北京德胜门箭楼

坊住宅在四面烘托着皇城；散置在城区的座座寺庙又打破了街坊的单调；整座城市被周围的城墙维护着，那一座座突起的城楼又将城墙点缀得富有生气。宫城宫殿的琉璃屋顶，组成为金色的海浪，在阳光下闪闪发光，宫苑湖水波光潋滟，远近寺庙白塔的倩影，城墙上座座巍峨的城楼组成了一幅京城迷人的空间景象。

第三讲

从四合院到紫禁城

中国古建筑采用木结构体系。因此与西方建筑相比，建筑个体的平面多为简单的矩形，单纯而规整，形体也并不高大。普通的住房，寺庙的佛殿，园林的厅堂，宫殿殿堂莫不如此。相比而言，即使是宫城中的宫殿也没有罗马的浴场、高直的教堂那样复杂的平面构成和雄伟的外观形象。宫殿、寺庙、园林、住宅各类建筑不同的功能上的需求，不靠单体建筑的平面和体形，而是依靠它们所组成的不同群体来适应和满足。如果说西方古代建筑艺术主要体现在个体建筑所表现的宏伟与壮丽上，那么中国古建筑艺术则主要表现在建筑群体所表现出来的

河北承德普陀宗乘之庙

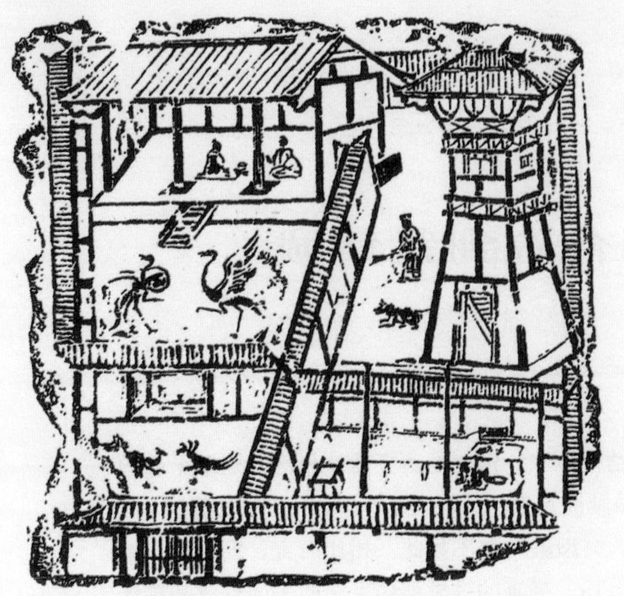

汉画像砖上院落建筑

博大与壮观。

建筑群体的组合采取的是什么形式呢？一般来讲，它采取的是由单幢房屋围合成的院落形式。两千年前汉朝墓中的画像砖上，就出现了这种院落式的群体。庭院分左右两部分，左面部分又分前后两重院落，由四周的房屋和廊屋围合而成，从前面的大门进院穿过中间的房屋再到后院的主要堂屋；右面应当是附属部分，这里有厨房、水井，还有一座高起的楼台，想必是作瞭望之用；画面上有席地坐在堂屋中的主人，在侧院扫地的仆人，还有鸡、雀、狗等牲畜，看来这应当是一所官吏或富户的住宅。这座住宅表现了中国古代建筑群体的最基本形式，由房屋四面围合成院，即四合院，不同类型的建筑正是由这种最基本的四合院单位组合而成的。

人们对不同类型的建筑有不同的需要：住宅要解决人的吃、喝、睡等生活要求；寺庙要满足信徒与僧侣从事宗教活动的需求；宫殿需要全面地为封建帝王政治、宗教、生活、游乐各方面创造适宜的环境与场所。另一方面，住宅要安宁舒适；寺庙要神秘肃穆；宫殿、坛庙要宏伟气魄。所以，尽管都是以四合院组合而成的建筑群体，也会以大小及组合方式的不同创造出丰富多彩的形态。其中规模最大、形态最为复杂的四合院群体就是北京明、清两朝的宫城——紫禁城。

紫禁城的规划

1403年，明成祖朱棣任命侯爵陈珪和工部侍郎吴中负责北京和紫禁城的规划设计。

任何一幢或一组建筑，决定其规模和内容的自然首先是它们的功能需要，宫殿建筑也是如此。紫禁城是封建帝王执政和生活之地，具有多方面的功能。第一是办理政务，需要有举行各种礼仪和处理日常政务的殿堂、衙署、官府；第二是生活起居，包括皇帝、皇后、众多的皇妃、皇子和太祖、太后生活、休息用的寝宫、园林、戏台等；第

北京紫禁城平面

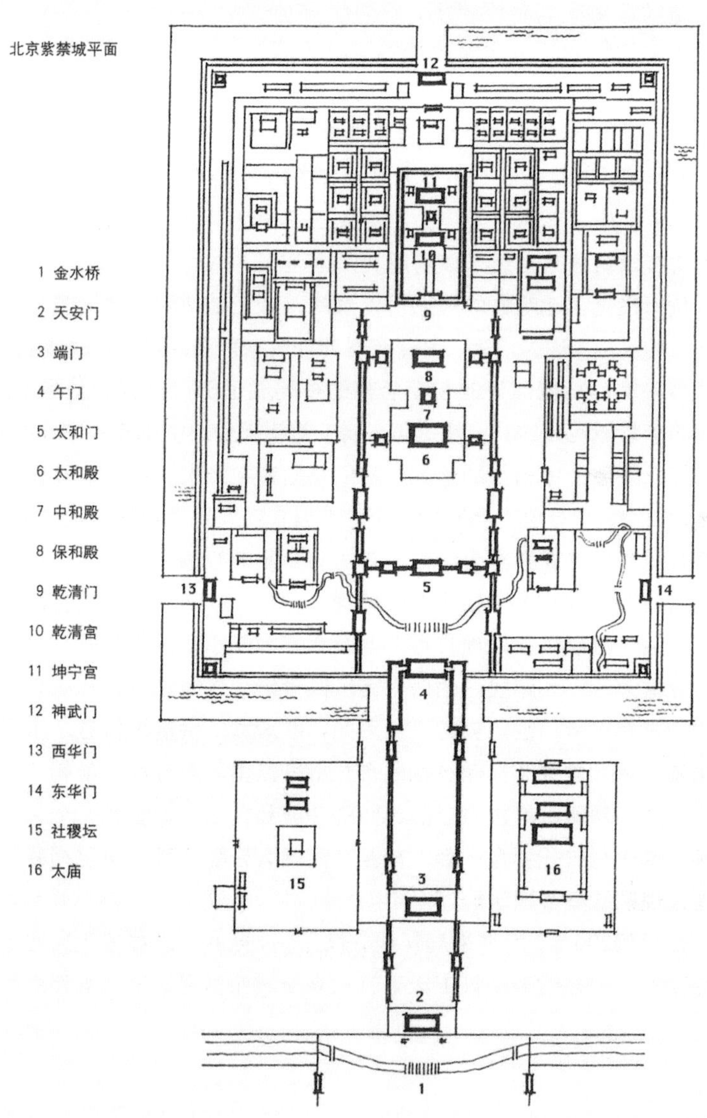

紫禁城前朝三大殿

三是供皇帝及家族进行宗教、祭祀活动与念书习武的场所，如佛堂、斋宫、藏书阁、射骑场等；还有为以上各项内容服务的设置，包括膳房、作坊、禁上房、库房以及庞大服务人员的生活用房。据统计，在紫禁城内所有建筑总共有近千幢房屋。

从历代皇宫建筑群的规划可以看到，帝王处理政务的殿堂总是放在宫城的前面，称为前朝；生活起居部分放在后面，称为后寝或后宫；这种合乎实际功能需要的前朝后寝的布局成了历代皇宫的基本格局。明朝的紫禁城也是这样，在这里，属于前朝部分的主要有太和、中和、保和三大殿位于中轴线的前部，它们是皇帝在重大礼仪和节日召见朝廷文武百官，举行盛大典礼的地方，不但有庞大的殿堂和广阔的庭院，还要有做各项准备和作为储存设备的众多配殿与廊庑。

后寝部分有处于中轴线上的乾清、交泰、坤宁三座宫，它们是皇帝、皇后生活起居和处理日常公务及举行内朝小礼仪的场所。三宫的两边有供太后、太妃居住的西六宫；供皇妃居住的东六宫和供皇太子居住的东西六所；供宗教与祭祀用的一些殿堂，供皇帝休息、游乐的御花园以及大量服务性建筑也散布在后寝区里。所有这些前朝、后寝两部分的各种建筑都按照它们不同的功能和性质分别组成一个又一个院落，前后左右并列在一起，相互之间既有分隔，又有甬道相联，组成庞大规模的皇宫建筑群。

公元前206年，汉高祖刘邦建立汉王朝。他的下臣在咸阳兴建起宏大的宫室。刘邦因为刚打下天下就大兴土木而感到不妥，丞相萧何对他说："天子以四海为家，非令壮丽无以重威。"(《史记·高祖本纪》)可见古人早就知道宫殿建筑需壮丽宏大以显示皇天之重威。明朝帝王通过紫禁城所要表现的正是这种一代王朝的无上权威与宏伟的气势。

当时的规划者是采取什么手法来实现这种要求的，遗憾的是没有发现保留至今的一手文字与图像资料，我们只能通过对紫禁城的具体研究与分析去探讨当时规划的思想与手法。

紫禁城后寝三宫

紫禁城建筑布局

在中国古代，礼可以说是统治者用以治国的根本。礼制是什么？《礼记》第一篇《曲礼上第一》说得很清楚："夫礼者，所以定亲疏、决嫌疑、别同异、明是非也。"又说："道德仁义，非礼不成。教训正俗，非礼不备。分争辨讼，非礼不决。君臣、上下、父子、兄弟，非礼不定。"礼是决定人伦关系，明辨是非的标准，是制定道德仁义的规范。礼不仅是一种思想，而且还是一系列行为的具体规则，它不仅制约着社会伦理道德，也制约着人们的生活行为。这些规范的核心思想和主要内容就是建立一种等级的思想和等级的制度。

在一部《礼记》中也可以见到不少有关建筑形制的规范与要求。《周礼·冬官考工记第六》中将城市分为天子的王城，诸侯的国都和宗室

午门

与卿大夫的都城三个级别，规定："王宫门阿之制五雉，宫隅之制七雉，城隅之制九雉。经途九轨，环途七轨，野途五轨。门阿之制，以为都城之制。宫隅之制，以为诸侯之城制。环途以为诸侯经途，野途以为都经途。"这是说王城的城楼高九雉，每雉高一丈，即高九丈；诸侯城楼按王城宫隅之制即高七雉；宗室都城城楼则按王城门阿之制，只能高五雉。王城的经途即南北向大道宽九轨，可并行九辆车；诸侯城的经途相当于王城环城道路的宽度，即宽七轨；而宗室都城的经途，只能有王城城外道路的宽度，即五轨之宽。

《礼记·礼器第十》中讲："有以大为贵者。宫室之量，器皿之度，棺椁之厚，丘封之大，此以大为贵也。"又说："礼有以多为贵者。天子七庙，诸侯五，大夫三，士一。""有以高为贵者。天子之堂九尺，诸侯七尺，大夫五尺，士三尺。"规定从宫室、器皿的大小，死后坟头的高低，棺椁的厚薄都有等级的区别，越大越高贵。在宫室、庙堂的建造中，又以建筑群的规模和房屋之高低为贵贱的标准。

为了让礼在实践中具有可操作性，历代统治者制定了各种更为具体的规章制度，并将它们列入国家的法典。唐朝的《营缮令》中规定：都城每座城门可以开三个门洞，大州的城正门开两个门洞，而县城的门只能开一个门洞。帝王的宫殿可用有鸱尾装饰的庑殿式屋顶，五品以上官吏的住宅正堂只能用歇山式屋顶，六品以下官吏及平民住宅的正堂只能用悬山式屋顶。明朝在建国之初即对亲王以下的各级官民的宅第规模、形制、装饰都有明确的制度。《明会典》中规定：公侯，前厅七间或五间，中堂七间，后堂七间；一品、二品官，厅堂五间九架；

三品至五品官，后堂五间七架；六品至九品官，厅堂三间七架。

“间”指房屋的宽度，两根立柱中间算一间，间数越多，面宽越大。“架”是指房屋的深度，架数越多，房屋越深。“庑殿”、“歇山”、“悬山”都是中国古代建筑的一种屋顶形式，根据它们不同的构造和形式，按庑殿、歇山、悬山、硬山分别代表房屋由高级到低级的不同等级。所以，等级制在建筑上通过房屋的宽度、深度，屋顶形式，装饰的不同式样等被表现出来，建筑往往成了传统礼制的一种象征与标志。与其他类型的建筑相比，宫殿建筑的象征与标志作用自然会表现得更为明显和突出，所以我们首先从礼制的秩序与等级来探讨紫禁城的规划与建筑布局。

先从位于中轴线上的各座城门、院门说起。午门是整座宫城的大门，位于紫禁城的最南面。高高的城台上，中央有一座九开间的大殿，在它的两翼各有13间的殿屋向南伸出，在这殿屋两端各有一座方形的殿堂，这种呈门字形的门楼称为“阙门”，是中国古代大门中最高级的形式。午门大殿用的是庑殿重檐式屋顶，这也是屋顶中最高级的式样。午门作为紫禁城的大门，同时又是皇帝下诏书，下令出征和战士战后凯旋向皇帝献俘的地方。每遇宣读皇帝圣旨，颁发年历书，文武百官都要齐集午门前广场听旨。官员犯死罪，传有“推出午门斩首”之说，其实明、清两朝执行死刑斩首示众的地方是在离午门有相当距离的菜市口，午门广场只是对官员执行“杖刑”的地方。午门城台下正面有三个门洞，左右城台各有一门称为掖门。正面中央的门洞是皇帝专用的门道，除皇帝外，皇后在完婚入宫时可进此门；各省举人汇集京城

神武门

接受皇帝殿试，中了状元的进士可由此门出宫，这算是特许的了。百官上朝，文武官员进出东门，王公宗室进出西门。如遇大朝皇帝升殿，朝见文武百官人数增多，和皇帝殿试各省晋京的举人时，才把左右掖门打开，文、武官分别进出东、西两掖门，各省举人则按在会试时考中的名次，单数走东掖门，双数走西掖门。一座午门的五个门洞也表现出了如此鲜明的等级制度。

紫禁城的后门为神武门，位于中轴线之北。神武门原称玄武门。玄武为古代四神兽之一，从方位上讲，左青龙，右白虎，前朱雀，后玄武，玄武主北方，所以帝王宫殿的北宫门多取名玄武门。清朝第二任皇帝康熙名玄烨，为了避讳，将玄武门改为神武门。神武门也是一座城门楼形式，用的最高等级的重檐庑殿式屋顶，但它的大殿只有五开间加周围廊，也没有左右向前伸展的两翼，所以在形制上要比午门低一等级。

太和门

午门的北面是紫禁城前朝部分的大门太和门。太和门不是宫城之门而是一组建筑群体的大门，因此它没有采用城楼门的形式，用的是宫殿式大门。大门坐落在白石台基之上，面阔九开间，进深四间，上面是重檐歇山式屋顶，这是在屋顶中仅次于重檐庑殿顶的等级，大门之前的左右两边各有一只铜狮把门，铜狮坐落在高高的石座上，张嘴瞪目，形态十分雄伟，增添了这座大门的威势。明、清两朝的帝王除在重大节庆日必须亲临太和殿举行大朝仪式外，平日遇到需下诏颁令

乾清门

时往往在这座太和门内接见文武百官。所以太和门除了作为前朝的大门外，还有“御门听政”的用处。

紫禁城后宫部分也有一座大门称乾清门，它位于前朝保和殿的北面，也是一座宫殿式大门。面阔五开间，单檐歇山式屋顶，也有白石台基，门前左右也有一对铜狮子把门。但它毕竟是后宫的大门，所以在屋顶形式、面阔大小、台基高低、铜狮子的形态上都比太和殿要低一等级。在礼制规定的许可范围内，为了不失后宫大门的身份，特别加建了两座影壁呈八字形联接在大门的左右，与乾清门联成为一个整体，使这座宫门也颇有气势。

我们再看一下中轴线上的几个庭院、广场和广场上的主要建筑。从午门进紫禁城，首先来到一个横向的广场，面积有26000平方米。北面

太和门前金水河

为太和门，左右两边各有门廊围合成为封闭性的庭院。在广场的中间，横列着一条称为金水河的小河，横贯东西，将广场分为南北两半。河上架着五座有汉白玉石栏杆的石桥，正对着太和门。紫禁城里并没有自然河道，这条金水河从何而来？

原来在中国人的环境观念中，背山面水是一种理想的模式，甚至以风水的形式被固定下来，即使没有自然的地势环境，也要人工创造出相应的条件以求得吉祥与安宁。紫禁城在兴建时，用挖掘护城河的泥土在宫城的北面堆筑了一座景山，又从护城河中引出水流，自紫禁城的西北角流入宫中，并让它流经几座重要的建筑前面，以造成背山面水的吉利环境。于是，在这座重要的太和门前出现了这条金水河，河道弯曲如带，也称为“玉带河”。当年皇帝御门听政，文武百官清早就立候在这条玉带河的南面，等帝王驾到，即从太和门的左右两侧台阶上门听旨。玉带河不仅具有风水作用，也有排泄雨水、供水灭火的功能，它横贯太和门前，无疑也增添了环境的意趣，加强了广场的艺术表现力。

进入太和门到前朝部分。先是一个十分宽广的庭院广场，紫禁城的中心大殿太和殿就坐落在广场之北。太和殿是宫城最重要的一座殿堂，皇帝登基、完婚、寿诞，每逢重大节日接受百官朝贺和赐宴都要在这里举行隆重的礼仪。其后的中和殿是帝王上大朝前做准备与休息的场所。中和殿北面的保和殿是皇帝举行殿试和宴请王公的殿堂。太和、中和、保和三大殿组成为紫禁城前朝的中心，无论在整体规划与使用功能上都处于整座宫城最重要的位置，尤其以太和殿最为突出。

太和殿面阔11开间，共宽60.01米；进深5间共33.33米；通高

太和殿

35.05米；建筑面积2377平方米，它是中国留存的古建筑中，开间最多、进深最大、屋顶最高的一座大殿。屋顶自然用的是最高等级的重檐庑殿式，台基有三层，共高8.13米，三大殿共用这座大台基。三层台基的四周有石栏杆相围，台基的前后左右设有台阶，其中前后的台阶有左右并列的三道，中央一道为专供帝王上下的御道，御道上雕着九条龙纹。在最上面的一层台基上，位于太和殿的前方，还布置着象征国家长治久安、江山永保的铜龟、铜鹤、石嘉量、日晷和成排的铜香炉。每当大朝之日，庞大的仪仗队罗列广场，旌旗招展，百官上朝，钟鼓齐鸣，殿前香烟缭绕，这气氛是颇具感染力的。试想当年朝廷百官或各路使节要觐见皇上，先在午门或太和门外候旨，然后经几道门阙进入广场，穿过仪仗队，爬上高高的三层台基才能进到太和殿，这

紫禁城三大殿下石台基

种环境造成了一种威慑力。当年的规划者和匠师们就是这样运用最大的广场，最高的台基与建筑，最讲究的装饰，通过环境的经营，及建筑本身的形象与装饰使紫禁城威武壮观。

后宫也有三座主要的大殿。最前面的是乾清宫，在明朝和清朝前期这里是皇帝、皇后的寝宫，有时皇帝也在这里接见下臣，处理日常公务。其后是交泰殿，为皇后接受皇族朝贺的地方。最北面的坤宁宫为皇后居住的正宫。清朝时将它分作东西两个部分。西半部分按满族习俗，沿墙设大炕，室内安置大锅，每逢祭日，皇室在这里杀猪、做

米糕、喝酒祭祀诸神。东半部为皇帝结婚用洞房，设有龙凤喜床，双喜字影壁等。三座宫殿同处于中轴线上，并且坐落在同一座台基上。乾清宫与坤宁宫用的是最高等级的重檐庑殿式屋顶。按礼制，后宫比前朝要低一等级，所以这里的台基只有一层。乾清宫前面的庭院远没有前朝的那么宽广，在乾清门与大殿之间还连着一条甬道，使人们进入后宫大门后直接可以走到乾清宫而不必由庭院登上高高的台基。凡此种种，都可以使人明显地感到这里是供帝王生活的寝宫，不需要前朝宫殿群那样地威严而宏伟。

紫禁城的规划与建筑布局运用了五行学说的观念。阴阳五行是中国古代的一种世界观和宇宙观。古人认为世上万物皆分阴阳，男性为阳，女性为阴；方位中前为阳，后为阴；数字中单数为阳，双数为阴等等。在紫禁城，属于阳性的帝王执政的朝廷放在前面，将皇帝、皇后生活的寝宫放在后方，这不仅适应使用功能方面的需要，也符合阴阳之说。前朝安排了三座大殿，后宫部分只有两座宫(即乾清和坤宁二宫，交泰殿是后期加建的)，符合单数为阳，双数为阴之说。

古人认为世界是由金、木、水、火、土五种元素所组成。地上的方位分作东、西、南、北、中五方；天上的星座分为东、西、南、北、中五官；颜色分为青、黄、赤、白、黑五色；声音分作宫、商、角、徵、羽五音阶。同时还把五种元素与五方、五色、五音联系起来组成有规律的关系。例如天上五官的中官居于中间，而中官又分为三垣，即上垣太殿，中垣紫微，下垣天市，这中垣紫微自然又处于中官之中，成

乾清宫

了宇宙中最中心的位置，为天帝居住之地。地上的帝王既然自称为天之子，这天子在地上居住的宫殿也应该称为紫微宫。汉朝皇帝在都城长安的未央宫即别称紫微宫。明、清两朝把皇帝居住的宫城禁地称为紫禁城自然是事出有据了。五官除中官外，东官星座呈龙形，与五色中东方的青色相配称青龙；西官星座呈虎形，与西方的白色相配称白虎；南官星座呈鸟形，与南方朱色相配称朱雀；北官星座呈龟形，与北方玄色(黑色)相配称玄武。所以青龙、白虎、朱雀、玄武成了天上四个方向星座的标记，也成为地上四个方位的象征，因而也成了人间的神兽。秦汉时期已经有了四神兽纹样的瓦当，成为当时用在宫殿上的特殊瓦当。唐朝长安的皇城和宋朝汴梁的宫城，它们的南门都称为朱雀门，北门都称为玄武门。明、清朝紫禁城的午门也称为“五凤楼”，凤本属鸟类，所以午门也是朱雀门，北面的宫门自然称玄武门。

五种颜色中，除了东青、西白、南朱、北黑以外，中央为黄色，黄为土地之色，土为万物之本，尤其在农业社会，土地更有特殊的地位，所以黄色成了五色的中心。在紫禁城，几乎所有的宫殿屋顶都用黄色琉璃瓦就不奇怪了。

除了礼制和阴阳五行学说之外，紫禁城的规划者和营造者还采用了哪些原则和相应的手法呢？我国著名的建筑史学家傅熹年教授从紫禁城院落面积和宫殿位置的模数关系上进行了探讨*。他对紫禁城主要院落和重要建筑仔细测量与分析，发现了一些现象：

首先，测得后寝二宫组成的院落东西宽118米，南北长218米，二者之比为6∶11；由前朝三大殿组成的院落东西宽234米，南北长437米，二者之比同样为6∶11；而且后者的长、宽都几乎为前者的二倍，即前朝院落的面积等于后宫院落的四倍。其次，在后宫部分的东、西两侧各有东西六宫和东西五所，经测量，这东、西两个部分的长为216米，宽为119米，这尺寸与后宫院落大小基本相同。由此可以看出，前朝院落与东西六宫、五所的面积都可能是根据后宫院落大小而定的。傅教授认为，中国封建王朝的建立，对皇帝来说是“化家为国”，所以以皇帝的家，即后宫为模数来规划前三殿与其他建筑群，这是完全可以理解的。

另外，如果在后宫院落和前朝院落的四角各划对角线，那对角线的

---

* 傅熹年：《关于明代宫殿坛庙等大建筑群总体规划手法的初步探讨》。《建筑历史研究》第三辑，中国建筑工业出版社，1992年4月。

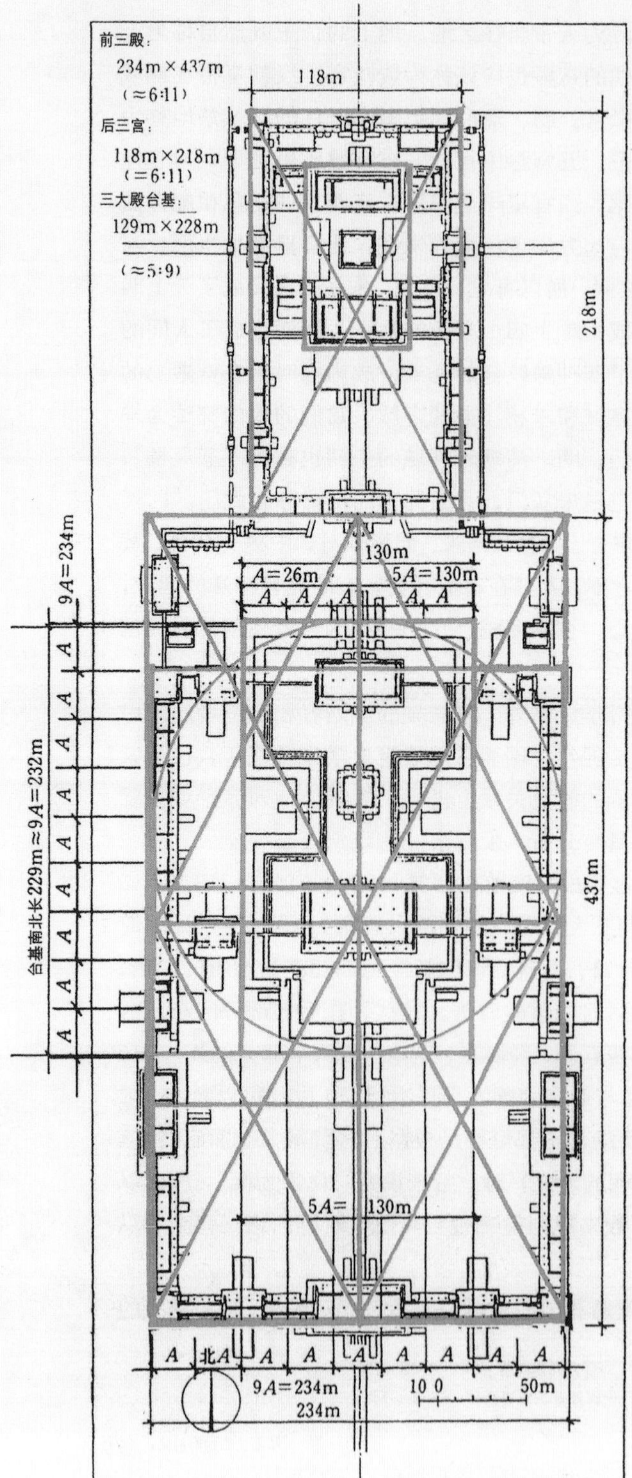
前三殿：
234m×437m
（≈6:11）
后三宫：
118m×218m
（≈6:11）
三大殿台基：
129m×228m
（≈5:9）
118m
218m
130m
A=26m
5A=130m
9A=234m
台基南北长229m≈9A=232m
437m
5A=130m
9A=234m
234m
北
10 0 50m

紫禁城平面分析图

交点正落在乾清宫和太和殿的中心。这很可能是一种决定建筑群中主要殿堂位置的设计手法，中心之前为庭院，之后安排其他建筑以突出主要殿堂的地位。这种现象在北京智化寺、妙应寺等重要寺庙中同样存在。傅教授还发现，前朝三大殿共处的工字形大台基，其南北之长为232米，东西宽130米，二者之比为9∶5。按阴阳之说，单数为阳，阳数为九属最高，五居中，所以古代常以九和五象征帝王之数，称“九五之尊”。在这座重要的台基上采用此数，应当说不是设计者的无意巧合。

紫禁城作为明、清两朝的宫城，占地达72万平方米，近千幢的房屋面积也有16万平方米，要把这样多的建筑安排妥当，使它们既能满足宫廷各种物质功能的需要，又要合乎礼制，创造出表现封建帝王权势的空间环境，当时的规划和营造者必然采取了各种技术与艺术手段，在缺乏确切史料的情况下，我们只能通过多方面的研究探讨，从而揭示出古代营造者们的规划思想与具体的设计手法。

紫禁城的建造

明永乐五年(1407)，明成祖朱棣下令营建宫城，对于这样一项庞大的工程，除了首先要进行的总体规划和建筑设计以外，其次就是采集建造房屋所需的材料。

建筑材料中最重要的首先是木料。建造宫殿所需木料不仅要求数量多而且要求尺寸大、质量好。而当时这类木材的产地多在浙江、江西、湖南、湖北和四川一带。从山上森林砍伐的木材需要经各地区的河道先运送入长江，顺长江之水由西而东漂送到南北大运河，再经运河北上，从产地到北京，往往需要三四年的时间。经水运的木材还需经过晾干方能存入仓库备用。

除木料外，宫殿需要大量的砖、瓦、石、灰等。宫城城墙和台基要用大砖，庭院地面需要多层砖铺砌，宫殿墙砖用的是打磨得十分规整的灰砖，重要殿堂室内地面用的是一种特殊高质量的“金砖”。据统计，建造紫禁城共需用砖8千万块以上。这些砖不可能都在京城附近烧制，如殿堂铺地的金砖为江苏苏州所产，这种金砖的制造需要特殊的工艺，从选泥、制坯、烧窑、晾晒一直到验收、运输都有严格的要求，产品质地坚硬，外形方整，敲之出金属声，故称“金砖”。这些砖也靠运河北运，朝廷一度规定，凡运粮船只经过产砖地，必须装载一定数量的砖才能放行。宫殿所需琉璃瓦数量大、品种多，制作也很复杂。为了使用方便，多在京城附近设窑烧制。现在北京南城的琉璃厂，京郊门头沟的琉璃渠都是当年设窑烧制琉璃构件的旧址。除此以外，北京城内如今还能寻找到与当年建造宫城有关系的遗址，例如西城的大木仓胡同和地安门外的方砖厂胡同就是五百多年前储存南方运来的木材和方砖的库房遗址。

建筑材料中最难采集和运输的是石料。大量的台基、台阶、栏杆所需要的石料称为汉白玉，这种白色石料产地集中在河北的曲阳县一带，距离北京有400里之遥。巨大而沉重的石料远距离运送，在当时的技术条件下确非易事。聪明的工匠想出了旱船滑冰的办法，即在沿路打井，利用冬季天寒地冻，取井水泼地成冰，用旱船载石，在冰上用人力拽拉前进，但仍费时费力。三大殿前后的御道石，长达16米，宽3.17米，重有200余吨。据史料记载，运送这块宫城中最大的巨石，动用了民工两万余人，沿途挖掘水井140余口，拉拽旱船的民工排成了一里长的队伍，每日才能移动5里路，从曲阳运至北京就耗费白银达11万两。后来创造了一种有16个轮子的大车装运石料，用1800头骡子拉车，这样总算节省了人工和白银，但每日也只能前进6.5里。

备料工作一直持续了近十年，现场施工才大规模地开始。当时动用了从全国各地召集来的十万工匠和几十万的劳役，在这块几十万平方米的场地上，木构梁架的架设，宫城、房屋墙体的筑造，室内室外地面的铺砌，石料的加工与雕镌，门窗安装，雕梁画栋，全面而有秩序地展开了。明永乐十八年(1420)，这座庞大的紫禁城建成完工。如果把备料与现场施工加在一起，前后用了13年。这说明到明、清时期，中国的建筑业，无论在设计，还是在施工组织、施工技术方面都已经达到了一个很高的水平。

历史给我们留下了一座完整的紫禁城。如今这座庞大的宫殿已经失去了当年皇权的威势，不再具有那种对臣人百姓的威慑力量了，展现在我们面前的是一片金碧辉煌的古代建筑精品，它反映了古代工匠无比的智慧与创造力，反映了中国古代悠久的文明。

第四讲

从兵马俑到清陵

说起古代陵墓，人们就会想到西安的兵马俑。兵马俑是用泥土烧制而成的秦始皇陵墓的守陵卫队，公元前221年，秦王嬴政打败了关东六国，统一了全国，成为中国历史上第一位统一王朝的皇帝。秦始皇即位后，在咸阳大建宫室，同时，也开始了帝陵的建设，一直到公元前210年秦始皇去世，二世即位。

秦始皇陵墓的主体在今陕西省临潼骊山主峰的北麓，外观上为一方锥形的夯土台，南北长350米，东西345米，台高达47米。陵体四周筑有两层城垣，内城四周共长2525米，外城周长6294米。至于陵体内的状况，至今还没有发掘，我们通过《史记·秦始皇本纪》中对

秦始皇陵兵马俑

陵墓的一段描绘能了解到：陵墓的地宫内放满了珍珠宝石，宫殿与馆所有雕刻；天花与地上有日月星辰和江河湖海的印记，并且以水银充填江河之中；为了防止对墓室的破坏，还令匠人制作了弓箭安在门上。根据考古学家近年用科学方法对墓室探测，证明墓内确有水银贮存，看来文献的描述并非虚构。

我们见到的兵马俑是考古学家在上个世纪的70年代发现的，它位于陵体外垣的东侧。仅这一次发掘出土的就有陶俑上千件，陶马上百匹，战车几十辆，陶俑手握的兵器近万件。这些陶俑、陶马比真人、真马稍大，陶俑是分解为头、手、身体等几个部件，分别塑造烧制，然后组装而成。他们分作弓卒、步兵、骑兵、战车兵几组分别组成方阵，威武壮观地埋在地下。目前，新的发掘工作又在进行，可以想像，这一支守皇陵的卫队将是一支十分庞大的队伍。

陶俑替代真人殉葬，不能不说是一种进步。但是《史记 · 秦始皇本纪》又告诉我们，在秦始皇下葬后封闭陵墓时，“葬既已下，或言工匠为机、藏皆知之，藏重即泄，大事毕，已藏，闭中羡，下外羡门，尽闭工匠藏者，无复出者”。为了怕制作机弩矢和埋藏宝物的工匠泄露建造的机密，他们被留在墓道之中。这么一座动用了七十万人力兴建的始皇陵，其中的秘密被埋入了地下。

汉墓的贡献

汉朝王陵仍沿承秦制，一是在帝王登位的第二年即开始兴建自己的陵墓，二是墓室仍深埋地下，上起土丘以为陵体。汉武帝于公元前140年登位，在位54年，他的茂陵就建造了53年。陵体本身高36.3米，每边长251.4米，陵体之上原来还建有殿屋，陵体外围四周有墙垣，每边长达418米。西汉的皇陵大多建在咸阳至兴平县一带，至今都没有正式挖掘过。

我国的考古学家在全国各地陆续发现和发掘了一批大小不等的汉墓。1974年，在北京丰台区发现了一座汉代的燕王墓，墓的外形为一大土丘，高有20余米，直径约100米，经发掘，地下的墓室由墓道、甬道、回廊、椁室等部分组成，最外面贴土坑是一层用大长木枋组成的墓壁和墓顶；在回廊内又有一层用方10厘米，长约90厘米的方木棍垒积起来的木墙，在这层木墙之内才是棺椁部分，这座燕王墓共有两层

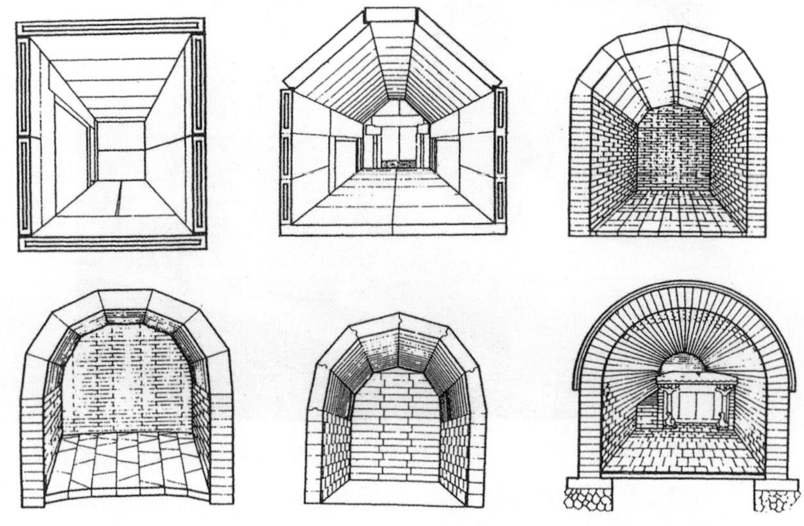

汉墓结构图

椁与五层棺，结构相当讲究。这种几乎全部用木料构成的地下墓室可以说代表了木构地宫的最高形式。

其他各地发掘的一些汉墓有些改成了砖或石的结构。地下墓室多为长方形，有斜向的墓道通向地面。墓室的地面、四壁及室顶都用长条形的空心砖或石料铺砌。这些砖和石料宽0.6米—0.8米，厚约0.2米—0.3米，长约1.5米，它们一块接着一块搭砌在墓室的四壁和顶部，砖、石表面上多雕刻有各种纹样，因此称为画像砖和画像石。纹样的内容既有人物、虎、马、朱雀、飞禽等动物的单独形象，又有描绘人们进行劳动、游乐、生活的场景。如墓主人打猎、出行、收租、宴乐；农民的

汉墓画像图案（人物）

汉墓画像图案（建筑）

霍去病墓前石雕　伏地卧马

播种、收获、煮盐，还有表现一些神话故事的情节。画像砖和画像石的雕法均为线雕和浅浮雕，即用刀在砖、石的表面上刻画出印，或者将底面作一些处理以使形象更显明。它们充满在墓室四周，虽没有秦始皇陵地宫里的“上具天文，下具地理”那样的豪华，却真实地反映了当时的社会状况和市俗生活。

这种由大型空心砖和石料构筑的墓室在制作工艺上比较费事，而且墓室的宽度也受到限制，于是逐渐改为用板材斜撑使墓顶成为宽度较大的折面，继而发展成为弧形的发券顶。这时小块的砖、石代替了大型的砖、石板材，墓壁上的装饰也由雕刻而逐步发展成为彩绘，就是在砖壁上先抹一层白灰，在白灰面上再进行黑白或彩色的绘画。

茂陵之东1公里处有一座霍去病墓。霍去病为西汉名将，18岁即为侍中，曾六次出击匈奴，为汉王朝累立战功，被封为骠骑将军。汉武帝为他建造府第，霍去病说“匈奴未灭，无以家为”，谢而不受。年仅23岁即战死，武帝为记其功劳，特在茂陵之邻建墓厚葬，并在他的墓前立了系列石雕，其中有脚踏匈奴的立马、前蹄腾起的跃马、伏地的卧马、舔犊的母牛、长鼻的卧象、机警的伏虎、矫健的卧牛、尖嘴的野猪以及石蟾、石鱼等16件。该系列石雕不仅展现了早期粗犷而写意的石雕风格，也使我们第一次看到了这种由石雕组成的墓前神道。通常，墓前神道的最前方为左右一对石阙，然后是马、虎、骆驼、羊等动物，神道之后才是陵墓的地上建筑部分。石阙形象有如一块石碑顶上安有木结构形式的石屋顶，阙身和阙顶上不但雕有柱、枋、斗栱、椽子、瓦等木建筑的构件，还附有人物等花纹。四川雅安高颐阙是现存实例中最为精美的一例，阙身为一大一小拼为一体，称为子母阙。阙位于墓前神道的前方，成为陵墓的入口标志，在有的汉墓前还立有石柱，也是墓前的一种标志性建筑。

汉代的陵墓是保留至今惟一一种汉代建筑类型。汉墓中出土大量画像砖、画像石和明器，为我们提供了那个时代建筑的形象资料。画像砖、画像石上所描绘的生活环境，免不了出现各种建筑的形象。明器是一种陪葬的器物模型，除了墓主人所用的器具以外，也有建筑模型。从中我们可看到那个时代的四合院、多层楼阁和单层房屋，各种屋顶、门窗以及它们的结构和装饰的形式。因此，汉代陵墓在古代建筑历史的研究中占有重要的地位。

唐宋时期的陵墓

唐朝作为中国古代封建社会中期的强盛王国，不仅在其都城长安的规划和宫殿建筑上表现了它的威势，也在陵墓建筑上反映了这一时期的博大之气。唐朝的皇陵在总体上继承了前代的形制，以陵体为中心，陵体之外有方形陵墙相围，墙内建有祭祀用建筑，陵前有神道相引，神道两旁立石雕。但它与前代不同的是选用自然的山体作为陵体，代替了过去的人工封土的陵体。陵前的神道比过去更加长了，石雕也

汉代高颐阙

更多，因此尽管它没有秦始皇陵那些成千上万的兵马俑守陵方阵，但是在总体气魄上却比前代陵墓显得更为博大。

唐高宗和皇后武则天合葬的乾陵是唐皇陵中最突出的代表。乾陵位于陕西乾县，它选用的自然地形就是乾县境内的梁山。梁山有三峰，其中北峰最高，南面另有两峰较低，左右对峙如人乳状，因此又称乳头山。乾陵地宫即在北峰之下，开山石辟隧道深入地下。北峰四周筑方形陵墙，四面各开一门，按方位分别为东青龙门、西白虎门、南朱雀门、北玄武门，四门外各有石狮一对把门。朱雀门内建有祭祀用的献殿，陵墙四角建有角楼。在北峰与南面两乳峰之间布置为主要神道。两座乳峰之上各建有楼阁式的阙台式建筑。往北，神道两旁依次排列着华表、飞马、朱雀各一对，石马五对，石人十对，碑一对。为了增强整座陵墓的气势，更将神道引伸往南，在距离乳峰约3公里处安设了陵墓的第一道阙门，在两乳峰之间设第二道阙门，石碑以北更有第三道阙门，门内神道两旁还立有当年臣服于唐朝的外国君王石雕群像60座，每一座雕像的背后都刻有国名与人名，这些外国臣民与中国臣民一样都要恭立在皇帝墓前致礼，所不同的是在他们的顶上原来建有房屋可以避风雨。这座皇陵以高耸的北峰为陵体，以两座南乳峰为阙门，陵前神道自第一道阙门至北峰下的地宫，共长4公里有余，其气魄自然是依靠人工堆筑的土丘陵体所无法比拟的。至于乾陵地宫内的情况至今未能详知。经过探测，可以知道隧道与墓门是用大石条层层填塞，并以铁汁浇灌石缝，坚固无比。唐高宗时逢唐朝盛期，朝廷好大喜功，这时建造的乾陵地宫内想必埋藏了不少当世稀宝，这些只有等待日后的

唐乾陵神道，远处为北峰

河南巩县宋陵

发掘才能展现于世人面前。

宋朝皇陵的制度与前代不同，规定每朝皇帝死后才能开始建陵，而且必须在7个月内完工下葬。所以尽管皇陵本身的形制还是以陵台为中心，四围有陵墙，四面有门，南门外设神道，道旁立石人、石兽，最前面也立双阙门，但是在规模上比唐朝皇陵要小得多。北宋皇陵8座，

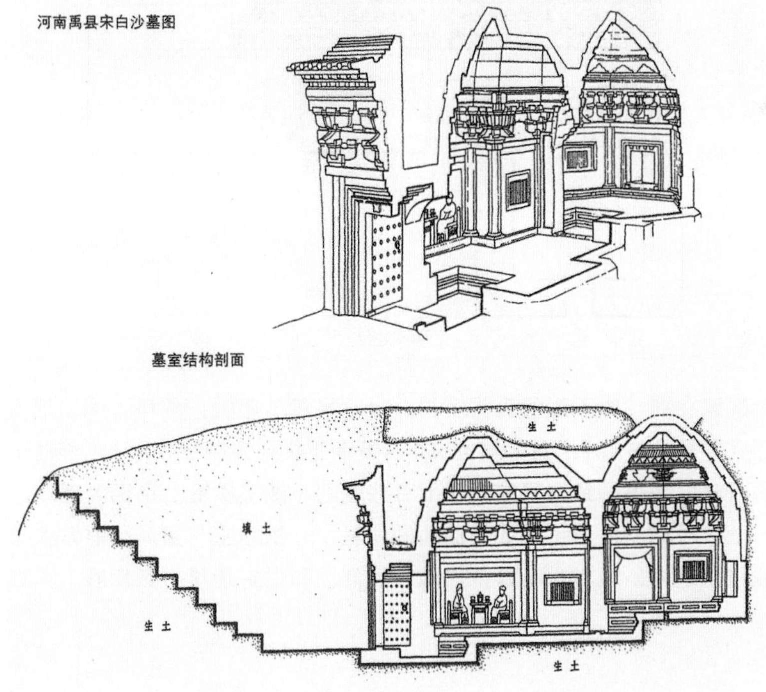

河南禹县宋白沙墓图

墓室结构剖面

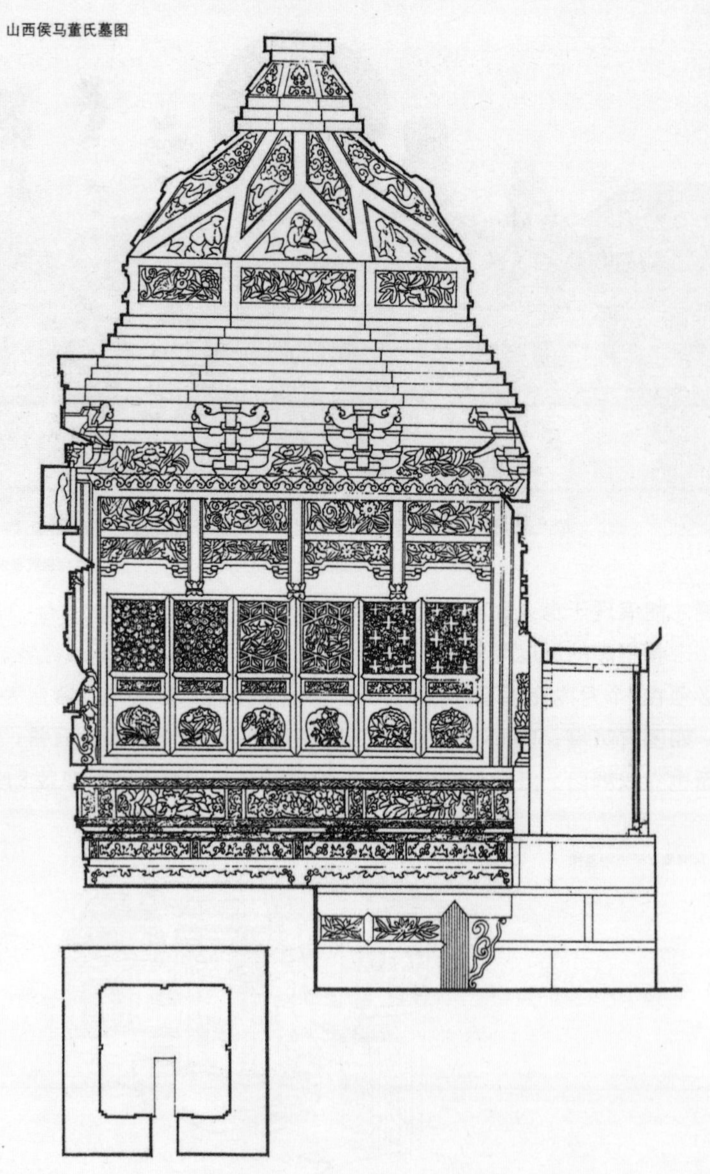
山西侯马董氏墓图

全部建在离汴梁不远的巩县境内。一座皇陵从选址、备料、施工到安葬完毕只允许有7个月的时间，所以各座皇陵不仅制度相同，连神道上的石刻内容也一致，只在大小上有些差别，施工质量上也稍欠精致。

宋时期，由于手工业和商业的发展，一批地主与富商的财富大大地充裕起来，城市生活繁荣，城市的商业和住宅建筑得到发展，这在一些地主、富商的坟墓中得到了反映。建造于北宋元符二年(1099)的河南禹县白沙一号墓可以说是这一类墓的代表。墓室分前后墓室，全部用砖筑造，前室为方形，后室为六角形，屋顶用砖叠涩筑成盝顶形和藻井形，下有斗栱过渡到墙体，四周墓壁上用砖作出梁柱及门窗的式样，还有墓主人夫妇对饮等装饰砖雕，而在所有这些砖制构件的表面均有五彩的彩画，前室表现的是主人宴乐、后室为主人梳洗及整理财物等，反映了古代住宅前堂后寝的传统布局。整座墓规模不大，前有长约6米的甬道下到墓室，前后室宽均不足3米，但墓室做工细致，装饰华丽，十分形象地反映了墓主人生前的生活和环境。

处于北方金朝的一些地主坟墓，也具有同样的风格。如山西侯马的董氏地主墓，墓室呈方形，边长仅2.2米，但四壁均充满砖雕，下面有须弥座，座上为并列的几扇格扇门，上有垂柱花罩，顶上由伸出的斗栱支托着八角藻井。在所有这批构件上又都用起伏的砖雕，表现出主人、仆人、武士、乐伎等各种人物的动态以及植物花卉、几何形体的装饰花纹。一幅墓主人生前生活场景的画面都浓缩在这小小的一间墓室里。在这一地区的多座墓中都表现出这种式样与风格。

明十三陵

明太祖朱元璋在位31年，死后下葬于孝陵。孝陵位于南京城东钟山主峰之下。陵墓前为长达1800米的神道，神道上依序排列着大金门、石碑、石像生、石柱、文臣与武臣直到棂星门。进门过金水桥到达陵墓中心区，由南至北布置着大红门、祾恩门、祾恩殿、方城明楼、宝城，地宫即位于宝城之下。这些建筑均排列在一条南北中轴线上，北面正对着钟山的主峰。地面建筑除神道两边的石雕外均已毁坏，但孝陵的这种布局却成了明清两朝皇陵的标准格式。

明成祖朱棣在迁都北京的同时，即令下臣寻觅宝地修建皇陵。明皇陵的地点选择在北京昌平县以北的天寿山南麓，这里山势环抱，地域开阔，所以自朱棣以后的13位明朝的皇陵除代宗陵外，先后都在这里兴建，合组成为一个庞大的皇陵区，统称为明十三陵。

昌平县位于北京之北，县境内的天寿山，呈东、西、北三面山势环抱状，向南一面开扩，形成一个环形的环境，明朝陵区即选择在这里。首先建造的是明永乐皇帝的长陵，位于环形地势的北端，后有主

明十三陵石牌楼

山峰依托，前呈开畅之势，坐北朝南，占据了最中央的位置。长陵建成后不到10年，明宣宗在位时，在陵区的南端立起了一座“大明长陵神功圣德碑”，并在碑后开辟了神道，安放了一系列石雕。此后又经过几代皇帝的经营，才使陵区逐步完善。原来作为长陵前的神道成了整个陵区的共同神道，各座皇陵都在天寿山下寻找自己的位置，呈放射形分布于山之南麓，形成中国历史上最大的陵区。

陵区的总入口位于南面两座对峙的小山包之间，最前方为一座五开间的大石牌楼作为陵区的大门，牌楼遥对着天寿山的主峰。从此向北，经大红门、碑亭、18对包括有马、骆驼、象、武将、文臣等的石象生直至棂星门，全长约2.6公里。神道沿着山间地势又考虑到四周的

明十三陵碑亭

明十三陵神道

山景，蜿蜒而行，到18对石象生这一段才取直正对前方的棂星门，造成极为神圣而肃穆的视觉与心理环境，进入棂星门后，有一条大道穿过河滩地段直去长陵，同时在这条道上先后有分道通达其他各陵。

长陵的规模居13座陵墓之首，超过了孝陵，但形制与孝陵相同。最前方为大门，其后为祾恩门、祾恩殿、方城明楼、宝顶，其中最重要的是祾恩殿。祾恩殿是祭祀先皇的大殿，它在皇陵中的地位相当于紫禁

明长陵祾恩殿

城中的太和殿。它面阔九开间，进深五间，虽赶不上太和殿的十一开间面阔，但宽度达66.75米，还超过太和殿6米多。大殿坐落在三层白石台基之上，用的是重檐庑殿式最高等级的黄琉璃瓦屋顶。大殿室内60根立柱，全部用整根楠木制成，其中直径最大的达1.17米，比现存太和殿内柱子的质量为高。顶上全部用井字天花，红棕色的楠木柱子配上青绿色的天花，使殿内充满了肃穆的气氛。尽管这座大殿在面阔、柱子用料超过太和殿，屋顶、台基也用了最高等级的式样，但是它毕竟为陵墓的大殿，所以在大殿四周没有那么多配殿与廊庑，没有那么大的广场，没有那么高的台基，在总体环境上，远不及太和殿那样宏伟与气魄。皇帝生前用的太和殿与死后用的祾恩殿成了目前留存下来最大的两座古建筑。

1956年，考古人员发掘了定陵的地宫。定陵是明万历皇帝的陵墓。万历皇帝在位48年，是明朝在位最长的一位帝王，他初登王位，即亲自到天寿山下选定了墓地，经6年而建成。据史料记载，当陵墓建完之日，这位皇帝亲临现场，当他见到地面上有巍峨的殿楼，地下宫室全部用石料筑造，坚固异常，欣喜之下，竟下令在地宫里设宴，与群臣饮酒庆贺，这大概是中国历史上绝无仅有的事了。如今经发掘的定陵地宫确也规模很大，前殿、中殿、后殿排列在中轴线上，中殿左右还各有一座配殿，各殿之间均有甬道相连，总面积达1195平方米。中殿陈设有万历皇帝与两位皇后的宝座，宝座之前有石造的五供和燃点长明灯的大油缸。后殿为地宫正殿，殿内横列着石造棺床，床上放置皇帝与两位皇后的棺椁，以及盛满各种殉葬品的木箱。整座地宫皆用石筑造，中央三座墓室之间都设置石门，每门均有两扇石门扇，每扇均高约3米，宽1.7米，重约4吨。门的上方还有用汉白玉石雕刻而成的门罩。

明代皇陵与唐陵、宋陵以及以前各朝的皇陵有什么不同呢？首先，明陵仿唐陵也是选择以大山为靠背而成的有利环境，但它没有开山做地宫、以山为宝顶而是在山前挖地藏地宫，在地宫上堆土而成宝顶。不同于秦汉皇陵的方锥形陵体的是，明陵做成圆形的宝顶，宝顶之上不建陵殿，所有陵墓地面建筑全部列在宝顶之前，形成前宫后寝的格局。其次，明皇陵与宋皇陵一样，都集中建造在一起，但它与宋陵不同的是，各座皇陵既各自独立，又有共同的入口，共同的神道，它们相互联系在一起，组成为一个统一的庞大皇陵区，既完整又有气势。

祾恩殿内景

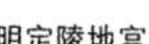

明定陵地宫

清朝的东陵与西陵

清朝的两位开国皇帝清太祖努尔哈赤和清太宗皇太极还没有取得全国政权时，就已经意识到，作为满族如果想要统治文化较自己民族先进的汉族，必须学习和采取汉族的政治与经济制度。他们在沈阳建造了自己的宫殿，也建造了自己的陵墓福陵和昭陵。这两座陵墓与明

沈阳清福陵

沈阳清昭陵

陵一样，前有神道，后是陵门、隆恩门、隆恩殿、明楼、宝顶一系列地面建筑，地宫深埋宝顶之下。

公元1644年，清兵入关，清朝全盘接收了明朝的皇城与宫城，同时开始经营自己的皇陵区。入关后的第一任清朝皇帝顺治当时只有7岁，去世时也不过24岁，就在这短短的时间里，这位年轻皇帝仍亲自去京郊各地选择墓地，最后选定在京东的燕山之下，地属河北遵化县，开始了清孝陵的建造。等到几十年后清康熙皇帝的景陵相继建成，这里即形成为一个陵区，称清东陵。东陵承袭明陵制，各座皇陵既独立又相互联系，在规模最大的孝陵前面有一条长达500米的神道，它既为孝陵所有也成为诸陵共有的前导。

清朝第三任皇帝雍正也在东陵选定了陵地，地处其父康熙帝的景陵之旁，但雍正认为此地风水不佳，土质又差，命臣下另觅陵址，最后在河北易县的泰宁山下寻得一块宝地。为了掩饰这种破坏“子随父葬”古制的举动，他又会意臣下制造易县与遵化均与京城相距不远，可称并列神州的舆论。于是，以雍正的泰陵为开端，在易县又出现了一座清西陵。到下一任乾隆皇帝建陵时本应随父而葬在西陵，但他又怕从此下去荒废了东陵，对不起祖先，于是决定葬在东陵，并立下规矩，其子之陵应在西，其孙之陵应在东，形成父子分葬东西的格局，以达到陵虽分东西而又一脉相承，不离古制。于是，清东陵与清西陵分别有清朝五位和四位皇帝的陵墓。

清朝皇陵中，有两座陵值得介绍。一座是乾隆皇帝的裕陵。乾隆时逢清朝鼎盛时期，国力强盛，国库充实，因此所建陵墓之宫室用料都很讲究，陵地所占面积也大，达46.2万平方米，工程进行了十多年。裕陵的地宫早年被盗，其中所藏殉葬宝物损失殆尽，但所幸地宫建筑仍保存完好。整座地宫全部由石料筑造，前后进深达54米，由明堂、穿堂与金券三部分组成，其间有四道石门。在这座地宫的所有四壁、顶上和门上几乎都布满了石雕装饰。四道门的八扇门板上分别雕着八位菩萨像，门券洞的东西两壁雕有四大天王像。走进主要的金券部分，在拱形的顶上刻着三朵大佛花，花心由佛像和梵文组成，外围有24个花瓣。东西两头墙上雕有佛像与八宝图案。金券的四周墙壁上则满刻印度梵文的经文和用藏文注音的番文经书，梵文共647字，番文有29464个字。所有这些佛像、菩萨像、经文、装饰图案分布在地宫的四壁、屋顶和门上，它们和谐而统一，精美而庄重，把整座地宫装饰成了一座地下的佛堂，反映了清朝盛期建筑技术与艺术的高超水平。

另一座是慈禧太后的菩陀峪定东陵。清朝制度，凡皇后死于皇帝之后的另立陵安葬，陵地定在皇陵两侧，所以咸丰皇帝的两位皇后慈安和慈禧二陵均在咸丰皇帝的定陵东侧，故称定东陵。两座陵动工于同治十二年(1873)，经6年建成。有隆恩门、隆恩殿、明楼、宝顶和地宫，相当宏丽。但掌握朝廷大权的慈禧仍不满意，在她度过60大寿时，竟下令将已建成的菩陀峪定东陵的地面殿堂拆除重建，经14年之久到慈禧死时才完工。经过重建的隆恩殿全部用金丝楠木与花梨木筑成，殿内外的梁、柱、门、窗均不施彩绘而保持木料本色，梁、枋和天花表面用金丝绘出龙、祥云、花卉等纹样，据统计大殿内外共有金龙2400多条，原来殿内的大立柱上也装饰着鎏金盘龙和缠枝金莲，十分华丽，可惜现已剥落。在大殿的内墙上还镶嵌着贴金的雕花面砖，刻有“五

河北遵化清定东陵隆恩殿

定东陵隆恩殿台基石刻

福捧寿”、“四角盘长”、“万字不到头”等内容的装饰花纹。隆恩殿下的石台基也布满石雕，台基四周的栏杆望柱头雕凤，而在望柱身上雕有一条龙，龙首向上仰望着凤凰；在栏板上雕的也是凤在前，龙在后；在台基正中的台阶中央也有凤在上龙在下的雕刻。据统计，在四周的69块栏板的两面共有138副这种“凤引龙追”的石雕。菩陀峪定东陵的殿堂虽然在外形上体量并不很大，色彩也不华丽，但在建筑所用材料上，装饰的精美程度上，装饰内容的用意上却超过了一般的皇陵，鲜明地反映了这位两朝垂帘听政的太上皇后的权欲。

从秦始皇陵到清朝的东陵与西陵，众多的陵墓留了下来，使我们有幸认识古代中国的陵寝建筑形态。但是通过这些陵墓也同样使我们看到历史的艰辛与苦难。始皇陵动用了70多万苦工。茂陵前后建造了53年，花费了巨大的财力与人力。明朝建造紫禁城从产石地运送一块御道巨石到北京，需两万民工经历近1个月的时间。同时期建造的明陵，所用石量比宫城还多，巨大的石碑和石象生，这些石料从曲阳经北京到天寿山下，更不知要花费多少人力。明定陵，建造了6年，日用军工与民工3万人，木料运自云南、贵州与四川，“一木卧倒，千夫难移”，从遥远的西南运抵陵区，不知要丧失多少百姓的生命，所用大量石料均采自河北，“寻山美匠夜经营，采石壮夫日憔悴……尽日攻山石将断，野外人家无一片”，这就是当年采石匠人的真实写照。定陵的建造共花费白银八百余万两，相当于当时两年的全国田税收入，这还不包括地宫内大量的珍贵殉葬品，一顶镶着五千多颗珍珠的皇冠，其上的一块宝石就价值五百两白银。所以，一座皇陵，包括地上的宫殿和地下的地宫和地宫内的殉葬品，都是用无数工匠与百姓的血汗与生命换来的。

第五讲

祭　祀

中国古代对天地山川的祭祀可以追溯到很早。远古时期的人类，经常会遇到雨雪风暴的袭击，他们对这些来自自然界的灾害既缺乏科学的认识，更无法抵御，于是产生了对自然天地的恐惧与企求感，产生了对冥冥上天与苍茫大地的崇敬，这就是人类早期的原始信仰。中国进入农业经济社会以后，人类主要从事农业生产，更加重了对天地自然的依赖。风调雨顺，五谷丰收；久雨使江河泛滥，不雨而赤地千里，颗粒无收；自然界的变化直接决定着农作物的丰歉，也决定着人间的祸福。于是对自然天地的崇拜进一步得到强化，随之而起的是产生与发展了对天、地、日、月的祭祀。

祭祀天地之礼很早就已存在。早在夏代(约公元前21—前16世纪)就有了正式的祭祀活动，在以后的历朝历代都受到统治者的重视。《五经通义》中说："王者所以祭天地何?王者父事天，母事地，故以子道事之也。"帝王将自己比作天地之子，祭天地乃尽为子之道，所以皇帝称为"天子"，是受命于天而来统治百姓的，所以祭祀天地成了中国历史上每个王朝的重要政治活动。《左传》中说："春秋之义，国有大丧者止宗庙之祭，而不止郊祭，不止郊祭者不敢以父母之丧，废事先之礼也。"皇帝去世或皇帝生母去世均称国之大丧，大丧期间，停止祭祖活动，但不能停止祭天地之礼。古代将祭祀天地日月皆称为郊祭，即在都城之郊外进行祭祀，这是因为天、地、日、月均属自然之神，在郊外祭祀更接近自然，而且可以远离城市之嚣哗，以增加肃穆崇敬之情。

祭祀天地既是朝廷重要的政治活动，还成为帝王的专利。《礼记》中规定，"天子祭天地，祭四方，祭山川，祭五祀"，而诸侯只能"祭山川，祭五祀"。还规定"非其所祭而祭之，名曰淫祀，淫祀无福"(见《礼记·曲礼下第二》)。所以，非帝王而祭了天地非但属越礼的行为，还无效应。祭祀天地既然有这样重要的地位，因此在历朝规划和建造都城时，都将这些祭祀场所放在重要的位置。按礼制关于郊祭的原则，把祭天场所放在都城的南郊，祭地场所放在北郊。这是因为在阴阳关系中，天属阳，地属阴；而在方位中，南属阳，北属阴，所以在南郊祭天，北郊祭地，一上一下，一南一北，一阳一阴，二者相互对应。另外《礼记·祭义第二十四》中说："祭日于东，祭月于西，以别外内，以端其位。日出于东，月生于西，阴阳长短，终始相巡，以致天下之和。"所以祭日于城之东郊，祭月于城之西郊，这样祭祀天、地、日、月各得其位，以达到天下之和。

作为明、清两个朝代的都城北京，正是按照传统的古制来布置祭祀场所的。天、地、日、月皆属自然之神，当然适宜于在露天祭祀，为了祭祀仪式的隆重与方便，都在祭祀场所的中心，自地面上堆筑起一个高出地面的土丘作为特定的祭祀地，这就是祭祀所用的"坛"。北京的天坛、地坛、日坛与月坛分别在都城的南、北、东、西四郊，明朝中叶在原来都城之南加建一圈外城墙，才把天坛包在外城之内。

北京天坛

在对天、地、日、月的祭礼中，祭天最为隆重，所以天坛在诸祭坛中规模最大，建筑也最讲究。天坛始建于明永乐十八年(1420)，与紫禁城同时完成。后经明嘉靖和清乾隆时期几次修建，但总体规划与建

天坛斋宫

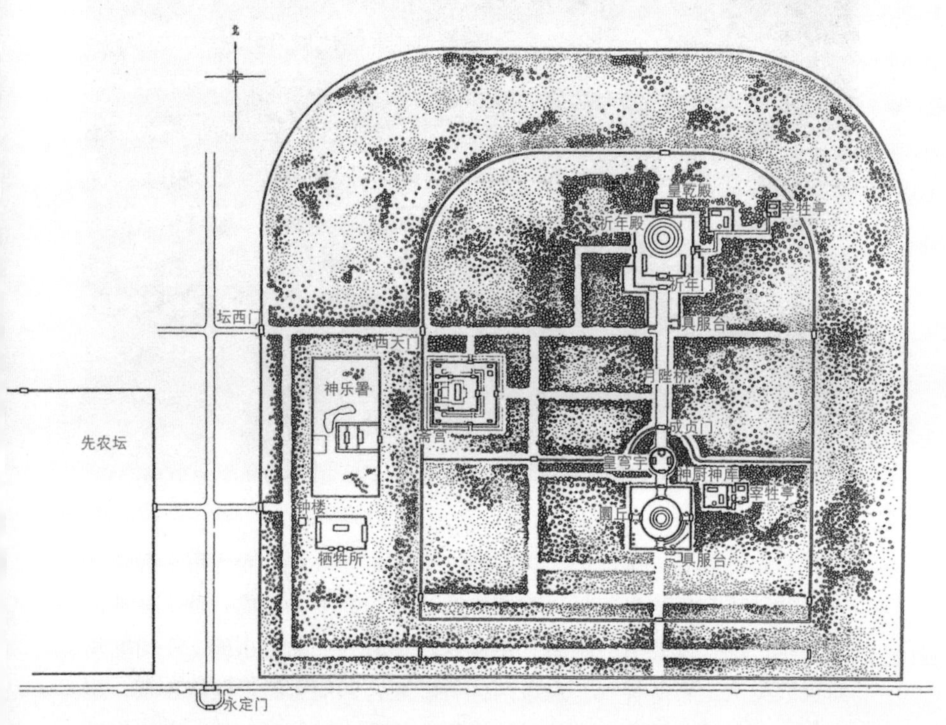

北京天坛平面

筑布局始终未变。占地面积达4184亩，约相当于紫禁城面积的四倍。

天坛的正门位于西面居中位置，与北京城中轴线永定门内大路相连。进西门直往东是第二道西天门，路南有一组斋宫建筑。这是一组供皇帝在祭天前居住的地方，每年冬至前一天，皇帝出紫禁城来到斋宫，在这里沐浴和斋戒，表示对祭天的虔诚之心与神圣之意。

举行祭祀仪式的建筑布置在天坛的偏东地区，呈南北中轴线布局。最南端的圜丘，是一座露天的圆形坛，明永乐初建时，坛为青色琉璃筑造，清乾隆时改为三层石筑坛台，并且加大了圆坛的直径。现在的圜丘为上下三层白石平台，每层的四周都围有石栏杆；圜丘四周没有房屋建筑，只有里、外两道矮墙相围，两道矮墙的四面各有一座石造的牌楼门。这圆形的圜丘平台就是皇帝举行祭天的中心场所。

祭天大典在每年冬至的黎明前举行，皇帝亲临主祭。这时，坛前的灯杆上高悬着称为望灯的大灯笼，里面点着高达四尺的大蜡烛。《周礼》规定："以禋祀祀昊天上帝。"(《周礼·春官宗伯第三》)所以在圜丘

天坛圜丘

的东南角特设有一排燎炉，炉内放松香木与桂香木，专门用来燃烧祭天用的牲畜与玉帛等祭品，香烟缭绕，鼓乐齐鸣，造成一种十分神圣的气氛。圜丘以北有一组皇穹宇建筑，主殿为一圆形小殿，平时在里面置放昊天上帝的神牌。主殿两侧有配殿，四周有圆形院墙相围，形成为一个圆形的院落。这面围墙用细砖筑造，做工很精细，所以当两人站在围墙内不同的地点贴墙讲话时，由于墙面的连续折射，可以相互很清楚地听见对方的声音，这里成了天坛有名的回音壁，这种效果并不是当初有意造成的。

天坛另一组祭祀建筑祈年殿位于皇穹宇之北，中轴线的北头，是皇帝每年夏季祈求丰年的地方。主殿为祈年殿，在明永乐初建成时还是一座长方形的大殿，实行天地合祭，明嘉靖时实行天地分祭，才将祈年殿改为圆形，专作祈丰年之用。大殿屋顶三层，上层为青色，中层为黄色，下层为绿色。到清乾隆时将三层瓦顶均改为一色的青琉璃

圜丘坛面

瓦。祈年殿下面有三层白石台基，坐落在院落的靠北居中，前有祈年门，后有皇乾殿，左右各有配殿，四周有院墙相围，形成一组祭祀建筑群。

圜丘与祈年殿，一个祭天神，一个祈丰年，分别位于同一条中轴线的南北，它们之间用一条长达360米的“丹陛桥”的大道相连。这条大道宽30米，高出地面4米，两旁广植松柏，人行其上，仰望青天，四周一片起伏的绿涛，由南往北，仿佛步入昊昊苍天之怀，集中体现了这个祭天环境所要达到的意境。丹陛桥将两组具有不同祭祀内容的建筑连接在一起，成为一组完整的祭祀建筑群体。

天坛除了以上斋宫与祭祀建筑群外，还有位于西门内的神乐署与

自圜丘北望

牺牲所，这是供舞乐人员居住和饲养祭祀用牲畜的地方。在圜丘之西和祈年殿的东北也各有一组宰牲亭和神厨神库的建筑，它们是祭祀时屠宰牲畜和制作祭祀食品、储存祭祀用具的地方。此外，天坛内大部分地区都种植了松柏等长青树木。几组祭祀建筑在占地达280公顷的坛区内只占很小一部分，大片的绿色丛林使天坛有了一个与紫禁城完全不同的环境，这就是祭祀天地所需要的肃穆环境。

天坛的斋宫、圜丘、祈年殿和神乐署、牺牲所等附属建筑在物质

皇穹宇殿

功能上满足了祭祀的要求，那么它们如何满足帝王在祭祀方面的精神要求呢?在这里，我们可以看到古代工匠应用了多方面的象征手法而达到了这方面的要求。这种象征性手法集中表现在形象、数字与色彩三个方面。

古代中国人相信天圆地方之说，昊昊上天是圆的，四面八方无边无限，苍茫大地是方的。在天坛，圆与方的形象被大量运用。天坛里

祈年殿全景

外两道围墙，都是上圆下方，因为苍天在上，大地在下。圜丘三层平台皆为圆形，而其外两层矮墙却是内圆外方；皇穹宇的大殿与围墙都是圆的；祈年殿建筑与台基皆圆形，而其外院墙为方形。

世上万物皆分阴阳，天为阳，地为阴，数字中单数为阳，所以帝王祭天自然要用阳数中最高数字即九。圜丘最上一层即举行祭天大礼之场所，坛面全部用青石铺砌，中央一块圆石为心，围绕中心石的四周皆用扇面石，一层一层逐层展开。第一层为9块扇面石，第二层为9乘2共18块扇面石，第三层为27块，直至第九层81块。三层平台四周皆有石栏杆，最上一层的四面栏杆，每面各有9块栏板，四面共36块；第二层每面18块，下层每面则27块。三层平台之间皆有台阶上下，每层台阶皆为9步。祈年殿为祈求丰年之地，所用数字多与农业有关。圆形大殿的柱子分里外三层，最里层为4根大立柱，象征着一年四季；中层12根立柱象征一年12个月；外檐12根柱象征一天12个时辰；中、外两层24根柱子又象征一年24个节气。中国社会长期以农业为经济基础，农业生产的丰歉的确与天时季节密不可分。

苍天是蓝色的，土地是黄色的，这成为人们精神上的象征依据。天

祈年殿

坛的许多建筑上用了蓝色。圜丘四周的矮墙墙顶用的是蓝色琉璃瓦；皇穹宇、祈年殿的屋顶也全部用蓝琉璃瓦；连皇穹宇和祈年殿两组建筑的配殿与院门的屋顶也用了蓝琉璃瓦。

中国古代的陵墓和坛庙多喜好在陵区和坛区里广植松柏长青树种，松柏苍绿之色，久而久之逐渐带有了肃穆与崇敬的象征意义。在天坛内，如果说形象与数字的象征意义较隐晦，人们不能很明白地领悟到其中的含义，那么在色彩上却不一样。色彩表现的象征意义是人们从自身的经验中能够体验得到的。天坛的苍绿环境，由白色与蓝色组成的建筑形象，使整个天坛具有一种极肃穆、神圣而崇高的意境。中国古代工匠在这座祭天祈丰年的特殊建筑上发挥了他们无比的创造力，给我们留下了一颗建筑史上的明珠。1998年，天坛这一世界建筑艺术中的珍宝被联合国教科文组织列入“世界文化遗产”名录。

社稷坛

帝王祭祀社稷由来已久，《周礼 · 考工记》中的“左祖右社”制，反映了古代把祭社稷放在与祭祖先同样重要的位置。何谓社稷，《考经纬》称：“社，土地之主也，土地阔不可尽敬，故封土为社，以报功也。稷，五谷之长也，谷众不可遍祭，故立稷神以祭之。”在以农业为主的古代中国，祭祀社稷十分重要，早期将太社与太稷分置两坛而祭，直到明永乐定都北京，才把社与稷合而祭之，设社稷坛于紫禁城之右，按古制形成“左祖右社”的格局。

社稷坛面积360余亩，其中主体建筑由社稷坛、拜殿与戟门三者组成，居于全坛的中轴线上。因为祭祀是坐北向南进行，所以最北为戟门，为社稷坛的正门。戟门之南为拜殿，供帝王在祭祀时避风雨之用。拜殿之南为社稷坛，是举行祭祀仪式的地方。坛为方形土台以象征地方之说，边长15米，高出地面约一米，台上铺设五色土，《周礼》中说：“以玉作六器，以礼天地四方，以苍璧礼天，以黄琮礼地，以青圭礼东方，以赤璋礼南方，以白琥礼西方，以玄璜礼北方。”(见《周礼 · 春官宗伯第三》)在这里也是在东、南、西、北四个方向分别填铺青、红、白、黑四种颜色的土，而以黄色土居中。而且这五色之土皆由全国各地纳贡而来，以表示“普天之下，莫非王土”，帝王一统天下的威望。方坛四周有一道坛墙相围，坛墙很矮，墙面上贴以琉璃砖，也是按东、南、

北京社稷坛

社稷坛四周坛墙

西、北四个方位，分别为青、红、白、黑四种颜色，在每面围墙的中部各有一座石造的棂星门。这样的布置不但使祭坛有一个限定的空间，而且也使祭社稷之坛更具气势。

山岳之祭

据考古学家论证，原始人类都选择生活在山丘河谷地带，因为人类生活既离不开水，也离不开山林，山林有野兽飞禽可供狩猎，有树木可供建屋之材与燃料。《礼记》中说："山林、川谷、丘陵能出云，为风雨，见怪物，皆曰神。”(见《礼记·祭法第二十三》)在《尚书大传》中说得更具体：“山，草木生焉，禽兽畜焉，财用殖焉。生财用而无私，为四方皆伐，无私与焉。出云雨以通乎天地之间，阴阳和合，雨露之泽，万物以成，百姓以飨。”山林能畜养牲畜，生长草木，山林能形成云雨，润泽大地，所以人类很早就对自然山林产生了情感，对山岳产生了敬畏与崇拜之情。这就是人类最初的山岳观与山皇崇拜，由此自然就产生了对山岳的祭祀。

如同对土地、五谷的祭祀不可泛祭而集中于社稷一样，祭祀山岳也必然会集中于少量的具有代表性的名山。春秋战国时期，位于齐国与鲁国之间的泰山成为当时帝王祭祀的名山，以后，这种由帝王主持的祭山活动逐渐集中到几处有名的山岳。到了汉武帝时期，按照当时儒学所提倡的五行学说，把全国名山也集中于五处，经过一个时期的筛选与变动，形成了全国性的固定的五岳，这就是东岳泰山(山东)，南岳衡山(湖南)，西岳华山(陕西)，北岳恒山(山西)，中岳嵩山(河南)。五岳成了众山之首，成了朝廷举行山岳之祭的对象，自然也在这几座名山修建了相应的庙宇专作祭祀之用。山东泰安有岱庙，湖南衡山有南岳庙，陕西华阴有西岳庙，河南登封有中岳庙。北岳庙有两座，一在北岳恒山所在地山西浑源，另一座建在河北曲阳，遥祀恒山。

泰山封禅

五岳中，以东岳泰山最著名。早在春秋战国时期(前770–前221)，泰山正位于齐、鲁两国之间，海拔1548米，在那个地区就算是最高的山岳了，山顶高出云端，传说是仙人、天帝居住之处，所以当时周王对泰山进行了隆重的祭祀，其中最高的形式就是封禅大典。

何谓“封禅”，据《白虎通》释为：“封者，增高也。下禅梁甫之山，基广厚也……天以高为尊，地以厚为德。故增泰山之高以报天，附梁甫之基以报地。”帝王亲登泰山顶筑台祭天称为“封”，再到泰山附近的梁甫山设坛扫除以祭地称为“禅”，帝王通过这些活动祭祀天地之神以求得统治地位的巩固，而且每换一个帝王都要举行这样的祭祀，这就是封禅的目的和它所以得以连绵相传的原因。《史记·封禅书》中记载了秦始皇在公元前244年前往泰山进行封禅的经过，这是目前历史上有文字记载的最早的帝王封禅活动。秦朝之后的汉武帝也是一位热衷

泰山

于封禅活动的封建皇帝，曾前后七次亲往泰山举行隆重的仪式。封禅成了历代封建王朝十分重要的一项政治活动。泰山南麓下的岱庙就是举行这项封禅大典与祭祀泰山神的场所。

泰山又称岱山，所以东岳庙也称岱庙。它的创建年代应该很早，在唐、宋、元、明、清各朝都有重修与改建，现存建筑，除少量碑石外，

岱庙遥参亭

岱庙石坊

多为唐以后物。岱庙为一组规模相当大的建筑群体，主要供祭祀用的建筑排列在南北中轴线上，群体四周有高城墙相围，在城的四角还建有角楼。岱庙最前面的入口是“遥参亭”，这是一小组建筑，由石牌坊、南山门、正殿、配殿和后山门组成。这里原称“遥参门”，宋朝在门内建造了一座“草参亭”，后该亭虽毁，但却将这组入口处的建筑称作“遥参亭”。所谓“遥参”是指从这里抬头远眺，可见岱顶历历在目，有如遥参泰山之神。

出“遥参亭”群组，在后山门与岱庙大院之间立有一座石造的“岱庙坊”。此坊建于清康熙十一年(1672)，通高12米，宽9.8米，总体略呈方形，造型端正，但近观则可见石坊通身几乎都有石雕装饰。从坊顶的屋脊开始，檐下的斗栱、横梁、立柱到柱两边的抱鼓石，石坊下的基座，处处布满各式花纹浮雕，内容有双龙戏珠、丹凤朝阳、麒麟送宝等传统题材以及大量植物花卉纹样。

过岱庙坊即从正阳门进入岱庙大院。院中主殿称天贶殿位于大院的中轴线上，在前面有配天门与仁安门，后有后寝宫。天贶殿面宽九间，48.7米，进深近20米。建于宋真宗大中祥符二年(1009)。这里是祭

岱庙天贶殿

祀东岳泰山之神的地方，历代有72座御碑亭，亭内石碑刻载着清朝乾隆皇帝的多首登岱诗。这些诗碑连同岱庙中保存的其他历代留下来的石碑是研究泰山封禅祭祀的重要史料。

东岳泰山论山之高不及北岳恒山，论山之险不如西岳华山，论山体、山景之自然美不及安徽黄山，但因为它是历代帝王行封禅大礼的重地，故吸引了大量名人墨客的造访与游览，留下了大量有关封禅的史料，以及极有历史文化价值的石刻石碑，使泰山在五岳之中具有更多的人文内涵与价值。如今泰山也被联合国教科文组织列入《世界文化与自然遗产》名录。

其他几处山岳的祭祀庙宇规模也都不小。河南登封的中岳庙占地约10万平方米；湖南衡阳的南岳庙占地98500平方米，建筑群前后共分七进，这些庙的主殿形制等级也很高，南岳庙、中岳庙和在河北曲阳的北岳庙大殿都是面阔九开间，坐落在大石台基之上，台基四周均围以石栏杆，殿前中央均为左右并列的台阶，中间为雕石的御道。尽管各朝皇帝并不都亲临祭祀这些庙宇，但它们作为朝廷祭祀山神的重点场所，在形制上都采用了仅次于皇宫、皇陵建筑的等级，成为中国古代建筑中很重要的一批庙宇。

第六讲

祖庙与祠堂

在中国两千年的封建社会中，宗法制度始终是封建专制的基础。宗法制度的主要内容是以血缘的祖宗关系来维系世人，以祖为纵向，以宗为横向，以血缘关系区分嫡庶，规定长幼尊卑的等级，在皇帝世袭的制度下构成了封建社会特有的家、国密不可分的关系，形成了从上到下的重血统、敬祖先、齐家、治国、平天下的宗法社会意识。无论是帝王的祖庙还是庶民的祠堂都是提供实行宗法统治的场所，从祖庙到祠堂都是宗法制度的物质象征。

祖庙

皇帝祭祀祖先的场所就是祖庙。祖庙的规模，在《周礼》中有规定："古者天子七庙，诸侯五庙，大夫三庙，士一庙，庶人祭于寝。"天子祭祖的七庙就是祭始祖、高祖、曾祖、祖、父的五庙加上祭远祖的昭穆二庙。至于宗庙的位置，在《周礼·冬官考工记》的《匠人》中提

北京太庙

太庙正殿

到“匠人营国”时说：“左祖右社，面朝后市。”就是说在王城中，祖庙的位置应在王城中央宫城的左方，它与社、朝、市分别位于王城中的重要位置。而且在《礼记》中还规定：“君子将营宫室，宗庙为先，厩库为次，居室为后。”在营建宫室中，首先应该建造宗庙，反映了宗庙在宫室中的地位。遗憾的是，早期的宗庙没有一座留存至今，我们今天能见到的最早的只有北京皇城内明代的太庙了。

元朝大都就是按照古代王城的制度规划的，“左祖右社”把太庙和社稷坛分别放在都城的东西两边。明朝永乐年间改建北京时，将太庙和社稷坛移到皇城里紫禁城前的左右两边。太庙位于皇城内天安门与端门的左方，里外有三层围墙，西边有门与端门内庭院相通。在第一、二道院墙之间种有成片柏树，形成太庙内肃穆的环境。在第二、三两道院墙的南面正中设有琉璃砖门与戟门，戟门之内才是太庙的中心部分。这里有三座殿堂前后排列在中轴线上。前为正殿，是皇帝祭祖行礼的地方，每年在岁末大祭时，将寝宫中供奉的祖先牌位移入殿内举行隆重的祭祀仪式。大殿面阔原为九开间，清朝改为十一间，用的是最高等级的重檐庑殿屋顶，坐落在三层石台基上。我们在前面已经讲过，只有紫禁城的前朝三大殿、长陵的祾恩殿、天坛的祈年殿这三处大殿用的是三层台基，如今，太庙也是这样的规格，说明了祭祀祖先在封建制度中的重要地位。正殿之后为寝宫，是平时供奉皇帝祖先牌位的地方。最后为祧庙，按礼制，这里供奉着皇帝的远祖神位，清朝入关进北京后，把满清在东北没有称帝时期的先后几位君主追封为皇帝，他们的神位就供奉在这里。在中轴线的两侧各有配殿，殿中存放祭祖的用具。太庙如今已成为北京市的劳动人民文化宫。

祠堂功能

按《礼记》规定，帝王、诸侯、大夫、士各设有不同数目的宗庙进行祭祖活动，而庶人不允许设专门的庙，只能在家里祭祖。直到明朝，宗法制度进一步强化，朝廷才允许庶民建宗祠，《明会典·祭祀通例》中规定："庶民祭里社、乡厉及祖父母、父母，并得祭灶，余皆禁止。"从此以后，老百姓有了专门祭祖的地方，称为祠堂。到了清代，祠堂大量出现，分布在各地。祠堂的功能，清雍正皇帝在《圣谕广训》中说："立家庙以荐蒸尝，设家塾以课子弟，置义田以赡贫乏，修族谱以联疏远。"家庙即祠堂，它的首要功能就是祭祀祖先，通过祭祖达到敬宗收族的目的。设家塾、置义田、修族谱都是宗族的任务，这些任务又往往在祠堂或通过祠堂完成。不少地方，一族的私塾学堂就设在祠堂里或附属在祠堂旁；一族的公共义田也通过祠堂进行管理；凡修宗谱，一族之长在祠堂做出决定，选出合适人选，并在祠堂举行一定的仪式，焚香致词，宣告续修宗谱的开始。

宗族的作用自然还远不止这样几项，我们在各地的族谱中可以看到，其中多有不同的族规族法内容。某地的《范氏族谱》中有"宗禁十条"："禁抗欠钱粮"、"禁毁弃墓田"、"禁违逆父兄"、"禁冒犯尊长"、"禁立嗣违法"、"禁詈骂斗殴"、"禁寓留盗匪"、"禁赌博造卖"、"禁奸淫伤化"、"禁健讼匪为"。某地的《费氏族谱》中也有罚例十二条，其中如："忤逆不顺大患也，责四十板锁祠内一月；再犯，锁责如前，公议暂革出祠，俟其悛改复入；三犯鸣官处死。""兄弟有序，以弟犯兄不恭，责三十板，以兄凌弟不友，责十板。""侵蚀族内钱谷器物，除追赔外，轻者议罚，重者议责"。"纵妇不孝翁姑，不和妯娌者，查出重责。"* 在北方的碑文中也有相似的族规。这些族规书刻在族谱和碑石上，但执法却都在祠堂。犯族规者在祠堂前打板子，然后锁在祠内；浙江武义郭洞村何氏家族一不肖子孙与其嫂通奸被族人发现，于是族长们入祠作出决议，将不肖子孙绑来，在祠堂前被活活烧死。

---

* 转引自张研：《清代族田与基层社会结构》，中国人民大学出版社 1991 年 9 月版。

明清两朝，朝廷对农村的行政管理实行的是里社制与保甲制，朝廷通过他们征收钱粮赋税，派遣差徭，维护治安。这种官方的行政机制似乎与宗族制度发生矛盾，其实他们之间并无矛盾。因为在广大农村，血缘村落占大多数，村民都隶属于一族或数族，离开宗族，保甲制度就成了空壳。宗族的族规族法除了有维护本宗族财权、人权的内容外，绝大部分皆旨在维护封建礼制和社会公共秩序，这些内容完全符合封建皇朝的利益。而且不少族长或族中士绅还担任了保长、甲长。所以宗族组织，不仅在它所维护的利益上，而且在组织上也成了封建专制统治的基础。

祠堂形态

宗族制度赋予祠堂多种功能的要求，祠堂则为这些功能的实现提供必要的场所。

祠堂首要的功能为祭祖。祭祖需要的空间较大，在中国南方浙江、安徽、江西等地，祠堂多为中国传统的合院式建筑，主要建筑在中轴线上，前为大门，中为享堂，后为寝室，加上左右的廊庑，组成前后两进两天井的建筑组群。享堂为举行祭祖仪式的场所，寝室供奉祖先牌位。

浙江武义郭洞村的何氏宗祠，就是这样的三座厅堂两进院子，在每年农历二月和八月要举行春、秋两次祭祖活动。祭祖时，在寝室供奉祖先牌位的神龛前设供桌三张，桌上摆香案烛台，神龛两侧放供品

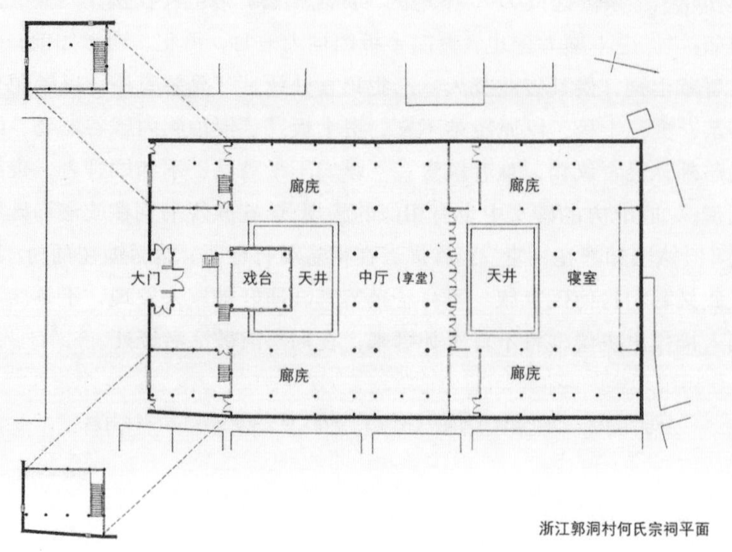

浙江郭洞村何氏宗祠平面

何氏宗祠外貌

一猪一羊。祭祀主持人由最有威信和财力的族人担任，并配备辅助祭祀者十余人，规定参加祭祀者必须是秀才以上的族人，靠钱买得学历的族人也允许参加，凡没有读过书的“白生”只能在年老时才能参加。祭祀仪式于上午开始时，将祠堂中厅的格扇门打开，使中厅、寝室连为一片，由主祭人向神龛上香，率领众族人向列祖神位跪拜、献酒、献食品，由专人念祭文。这过程需前后进行三次，称为初献、亚献和终献。三献完毕后烧纸钱、撤供品，祭祀族人散去，待到中午再回祠堂聚餐庆祝。

浙江兰溪诸葛村是三国时期诸葛亮后裔的聚居村落。村里有大小祠堂十多座，其中最讲究的是诸葛氏族的总祠堂称丞相祠堂。每年冬至和清明节，族人都在这里祭祀他们的先祖诸葛亮，其中尤以冬至节祭礼最隆重，它的内容和仪式与郭洞村何氏族人的祭祀相似，只不过所列供品更多，祭祀人跪拜、上香、祭酒、奉食、进汤等等的礼仪更为繁复，而且主祭人与祠堂还要准备印糕等礼品分送祭祀者与亲友。所以这座祠堂规模很大，总深达45米，宽有42米，总面积1900平方米，其中的享堂是一座四面凌空的中庭，空间很高大，寝室建在高出地面5米的台地上，使整座祠堂显得很有气势。宗族通过祭祖达到了敬宗收

何氏宗祠戏台

族的目的，而且我们从这些祭祖的礼仪中可以看到，宗族通过主祭人的选择，祭祀人的限定，还宣扬了长幼有序鼓励读书的思想，进一步树立了宗族的权威，使祠堂成了代表宗族权力的神圣场所。山西西文兴村的“柳氏祠堂仪式碑记”上明确规定：“一祠堂，世世主于宗子不得分析，如有损坏及时修理，当洒扫洁净，严加锁闭，非参谒勿擅开入。”“子孙入祠堂，当正衣冠，即如祖考之在上，不得嘻笑、对语、疾步。”

祠堂有了足够的空间供祭祖之用，同时也满足了宗族议事、审断族人犯事等等的功能要求。但是这类祭祖、断案等活动不但内容严肃，而且直接参与的族人也十分有限。所以为了让更多的族人能参与活动，受到教化，逐渐出现了一些娱乐活动。江西婺源汪口村有一座俞氏宗

浙江诸葛村丞相祠堂外貌

祠，号称婺源之最，俞氏宗族每年初都要在这里举行隆重的祭祖仪式，伴随着祭祖同时还把年初的祭祖与新春的群众喜庆活动结合起来了，祭祖先、猜灯谜、发糖饼、唱大戏，除不肖子孙外，从老到幼参与其中，热热闹闹，既受到教化又得到娱乐，同样达到了敬宗合族的目的。*汪口村的做法在许多地区都带有普遍性，于是一些宗祠里出现了戏台，一般都设在门屋后，隔着天井面对享堂，享堂和两边的廊庑成了观戏席位。

除了祭祖与娱乐庆典活动相结合外，有的地方宗祠还与宗教活动发生了联系。浙江建德新叶村，每年农历三月三日，村里都要举行迎神活动，这一天新叶村的叶氏族人齐集村边的玉泉寺，把寺中的三圣(协天大帝、白山大帝、周宣灵王)迎到村中宗祠供奉，到次年的农历二月初二，再请回寺中。迎送的队伍敲锣打鼓，彩旗招展，浩浩荡荡地行进在田间，形式十分隆重。三圣的小型细木雕像每年轮流供奉在不同的宗祠里，族人争先恐后地到宗祠抢先拜祭，宗祠的后堂满是香火烛光，前堂上演着连台好戏，宗祠外货摊聚集，人头攒动，三月三成了族人的欢庆节日，宗祠成了节日的中心。

祠堂还是族人举行各种礼仪活动的场所，如婚丧嫁娶。在一些地方，男方娶媳，在迎入村后，新娘需先进祠堂拜祖后才能进男方家门；婚后三日回娘家或新郎上女方家，都要先入对方家族祠堂拜祖。人死入殓之后，棺木须在祠堂内暂厝，举办丧事后才能入葬；有的老者，生前已备好的棺木也放在祠堂内，待死后再用。这些礼仪当然也渗透着

---

* 陈志华、楼庆西、李秋香：《婺源乡土建筑》，台湾汉声 1998 年 5 月版。

丞相祠堂中庭

浙江新叶村迎神活动

封建的礼教，如再嫁的寡妇则不许入祠堂；死者棺木存放在祠堂中的位置需随年龄大小而定，长者在厅堂，越年轻越在前。

作为祭祖之用的祠堂，它的功能随着社会生活的发展而被扩大和延伸了，它既是宗族的象征，又实实在在地成了村民活动的中心。

美轮美奂

祖庙与祠堂为祭祖和其他活动提供了适宜的空间场所，另一方面，它们还须满足宗法制度在精神方面的需求。北京的太庙以其广阔的庭院、成片的柏树林营造了肃穆的空间；太庙的三重院墙，一进又一进

诸葛村大公堂大门图

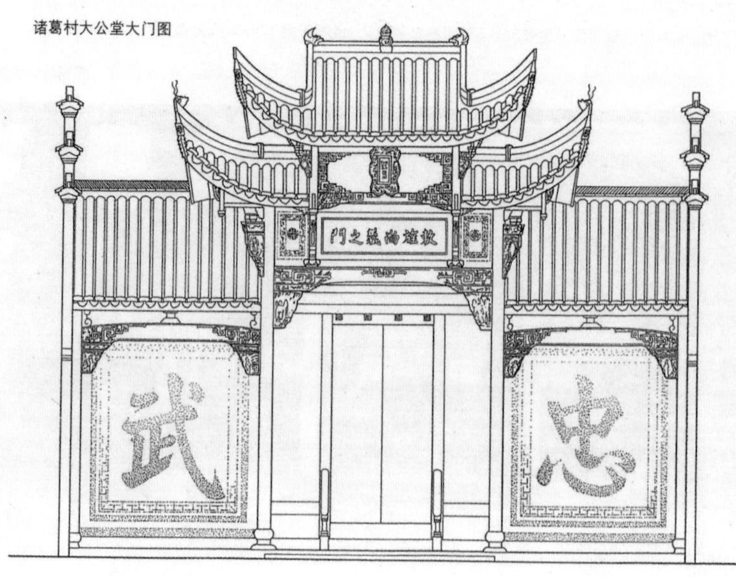

不同形式的院门和排列规整的建筑群体组成了令人肃然起敬的环境；太庙大殿用重檐庑殿屋顶，用三层白石台基，用十一开间的面阔表明了它的等级身份；太庙从总体环境到建筑形象都显示了皇家祖庙的身份与气势。

各地的祠堂也能显示出一个宗族的地位与权势。这种显示往往表现在祠堂的规模、建筑的形象、建筑的装修与装饰等等方面。浙江的诸葛村中除有氏族总祠堂和一座专门奉祀诸葛亮的纪念堂——大公堂以外，还有十余座各房派的分祠堂。这些祠堂在规模上都比一般住宅大，但各祠堂之间也因财力、势力的不同而显出差异，我们只要观察这些祠堂的大门就可以清楚地看到这种差别。

大公堂大门

丞相祠堂的大门为五开间的门屋式，进深三开间，大门设在前檐柱和金柱的位置，中央三开间设门，檐柱间设签子栏杆，金柱间安板门，门外两稍间做成精致的磨砖影壁呈八字形分列左右。按清朝庙制，三品以上官员的宗祠才能建五开间的厅堂，现在丞相祠堂的门屋、中庭和寝室皆有五开间，想必是按照诸葛亮为蜀汉丞相的身份建造的。祠堂位于村东南入口的大道旁，隔塘相望，五间门屋，歇山式屋顶，灰砖八字影壁，两侧连着白墙，既显示了一代丞相名人望族的气势，又不失诸葛亮澹泊明志、宁静致远的气度。大公堂是诸葛亮的纪念堂，每年也在这里举行春、秋两祭，但是在村里，它的地位没有丞相祠堂高。大公堂的大门为三开间门屋式，在中央开间的位置把檐柱升起高出屋面，在上面做成重檐歇山式屋顶，构成一座牌楼门式的大门。高起的牌楼门，四面屋角直冲青天，黑色的瓦，素色的梁柱，配上两侧的粉白墙面，整座大门虽没有五彩缤纷的装饰，但却显得热闹而活泼，无论从远处隔水塘相望还是近观，其形象都显得十分突出。诸葛村的春晖堂、雍睦堂都是各房派的分祠堂，它们的大门虽比不上丞相祠堂与

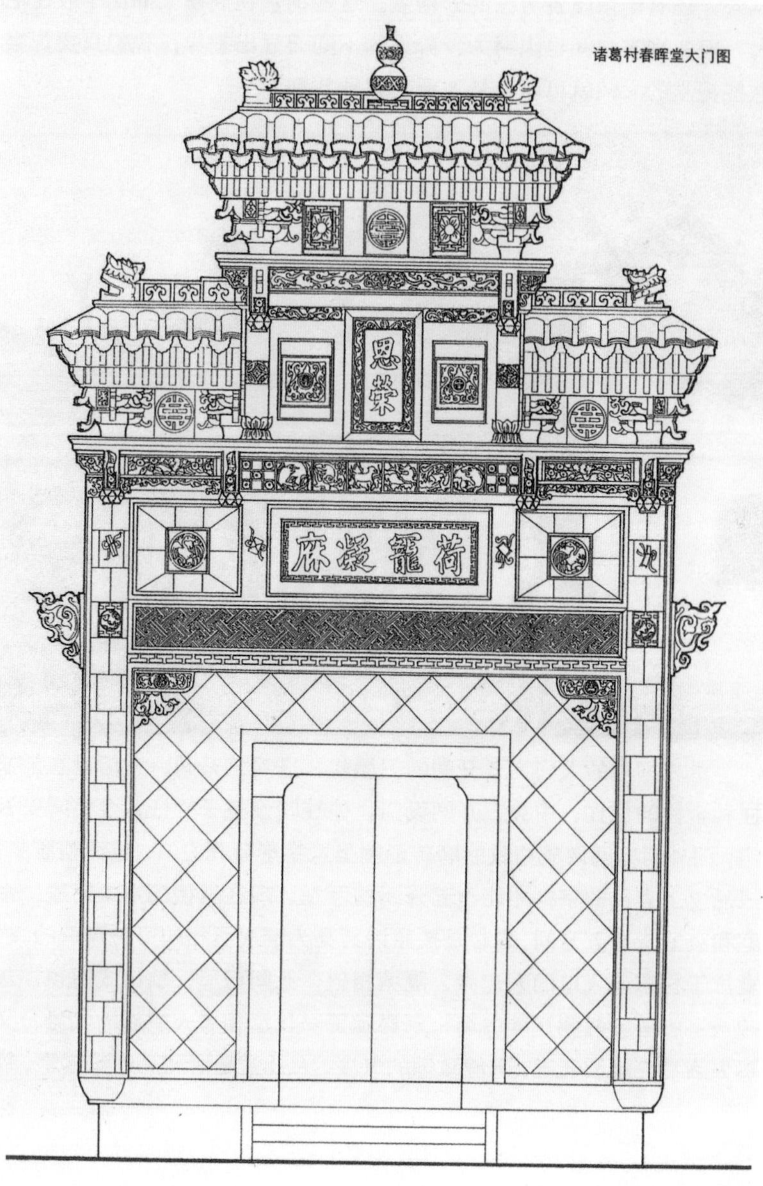

诸葛村春晖堂大门图

诸葛村雍睦堂大门

大公堂，但也都进行了装饰。这三座祠堂用的都是牌楼式大门，但它们与大公堂大门不同的是用砖作而不是木结构，用灰砖模仿牌楼的形式贴砌在祠堂正面的墙上，牌楼的梁与柱紧贴墙面，而牌楼顶部却高出墙头凌空而立，在梁、枋和柱头上多用砖雕作装饰。其中春晖堂与雍睦堂用的是两柱一开间，上面有三座屋顶，而崇行堂则用四柱三开间，上面有五座屋顶，显得更有气魄。据说春晖堂的砖门楼还是从江苏苏州定制运到诸葛村的，所以做工比其他两座祠堂的门楼精细。诸葛村的诸葛族人，自古出外做药材生意的很多，明清以来，他们的经营市场日益扩大，在江苏境内就开有多处药店，见多识广的诸葛族人

诸葛村丞相祠堂中庭木雕

丞相祠堂寝室牛腿

把外地优秀的建筑材料与技艺引入本乡本土也是情理中事。

祠堂的装修与装饰除了表现在门脸上以外，也表现在祠堂的梁架结构、门窗、槅扇等部位。诸葛村丞相祠堂的中庭四周一圈檐柱都由石料制造，庭中央四根金柱分别用柏木、梓木、桐木与椿木，谐音“百子同春”。中庭的横梁上有突起的回纹和植物花卉的浅雕作底。梁下两端都有雕花的梁托。梁上小柱左右有弯曲的“猫梁”，在最上面的脊爪柱两侧还有一对木雕的狮子。檐下的牛腿都满雕着人物、动物与植物纹样，连牛腿的斗栱都布满了回纹等装饰。这座空间宏敞的中庭由于这些装饰，显得十分华丽。

祠堂装饰的内容，也十分广泛。有龙与凤组成的“龙凤呈祥”；有龙与鱼组成的“鲤鱼跳龙门”；有用仙鹤、鹿、蝙蝠、牡丹、莲荷、石榴、寿纹、万字纹等表现出来的长命百岁、吉祥如意、多子多福等内容；有表现文人志趣的琴、棋、书、画，还有以人物、动植物组合表现出传统神话、故事情节的成幅木雕。这种现象并不奇怪，因为任何一个较大的氏族，总会有中科举的仕子、做买卖的商人、本乡本土的地主以及广大劳动的族人。因此要在共同的祠堂中表现一个宗族的理想、追求、志趣，必然是多方面而不会是单一的。当然在某些地区或者某个氏族的祠堂装饰内容会表现出一些自身的特点。如诸葛村丞相祠堂的寝室檐下牛腿，没有中庭牛腿上那样的人物、动物的组雕，而是在回纹中填以博古架，架上陈列着各式小型盆景，构图简洁有序，粗中有细，内容与形式都具有较高的品位，与寝室所供奉的诸葛亮先祖的身份与志趣十分贴合。

广州陈家祠堂

广州陈家祠堂是广东省七十二县陈姓氏族的合族祠堂，它不但规模大，而且以装饰华丽丰富而著称于世。

陈家祠堂建于清光绪十六年至光绪二十年(1890—1894)，它是广东陈姓氏族祭祀祖先的地方，同时也是办学供陈姓子弟读书的场所，所以又称陈氏书院。整座祠堂占地13200平方米，祠堂建筑部分面宽与纵

广州陈家祠堂

陈家祠堂寝殿龛罩

深均为80米。建筑布局为前后三进，左右三路，有大小厅堂、厢房、斋房共18座，加上前后院的空廊，围合成六个庭院，整齐有序。第一进的中央为五开间的正厅，祠堂大门设在金柱的中央开间，板门两扇，黑漆门板上画着彩色的两尊门神，门两边门枕石上立着高大的石鼓。中进为聚贤堂大厅，面阔五间27米，进深三间加前后檐廊共16.7米。这座大厅也是族人聚会议事的地方。后进为供奉陈氏祖先牌位的正厅，同样是面阔五开间27米，进深16.4米。厅内后墙檐柱间安有五座高大的木雕龛罩，罩下供奉祖宗的牌位。这前后三座厅堂都处于祠堂的中央轴线之上，每座厅堂的左右两侧均有东西小厅，小厅堂的东西两边是排列整齐的厢房与斋房，它们的规模都比厅堂小，是当年陈氏子弟读书的地方。

陈家祠堂建筑上的装饰不但分布广，上至梁枋小柱、门窗，下到栏杆、台基、柱础无处不装饰，而且装饰门类也多，除了常见的木雕、石雕和砖雕以外，还应用了灰塑、陶塑、玻璃刻花、铜铁铸件等。首先是木雕，集中应用在房屋的梁架和门窗上，在首进正厅的梁上有几组表现历史故事的成组木雕，其中有“王母祝寿”、《三国演义》中的曹操大宴铜雀台等内容。在一、二进厅堂的屏门格扇上的格心和裙板上都有成组的木雕，大部分表现的是“岳飞大战金兵”、“三顾草庐”、“血溅鸳鸯楼”、“三打祝家庄”等历史故事，也有用人物、动物、植物、器物组成表现出“渔舟晚唱”、“福寿双全”、“儿孙永发”等题材的组雕。

在首进东、西厅的金柱中央开间有雕木落地花罩，罩上雕的是连绵不断的缠枝葡萄。在后进正厅的后壁上，每一开间的两柱之间都有木雕龛罩，用精细的木雕，表现出祖先牌位的神圣地位。

石雕在陈家祠堂用得相当广泛。前后几座厅堂的檐柱和柱间的横梁用的都是石料。石柱方形，但四个角都作了不同线角的讹角处理；柱下面的石柱础由多层石礅与瓶形组合，造型灵巧；柱上伸出的梁头有人物、动物的成组雕刻。柱间横梁都为月梁形，四个角也有讹角处理；梁身面上满布花草纹浮雕；梁柱之间的雀替用回纹与植物等组成；梁上的礅托雕刻成狮子等形。在这些厅堂的檐柱之间，除了中央开间有台阶上下通行以外，都设有石造栏杆。这种栏杆与我们在北京紫禁城所见的石栏杆不同，这里的栏杆望柱的间距很长，两根立柱之间，只有两根栏杆望柱紧贴在石柱上，望柱之间由通长的栏板相连；在栏板上和其上的扶手、其下的地栿上都有石浮雕作装饰；扶手与地栿上多为连续的植物、器物花纹，而栏板上多为有故事情节的石雕或暗八仙等内容。一座厅堂的两面，都由这些石柱、石梁和石栏杆所组成，由于这些柱、梁、栏杆的用料尺寸都不粗大，再加上都经过讹角的处理与雕刻装饰，所以在总体造型上没有石结构那种浑重感而显得华丽而轻巧。但是在聚贤堂前的月台上，我们却见到另一种风格的石栏杆。这里的石栏杆在结构上与北方的官式石栏杆相同，间距约一米多的望柱，排列在台基四周，柱间连以扶手、栏板、地栿，台阶两边的栏杆与地面相接处有抱鼓石相扶。但是它与官式栏杆不同的是在几乎所有的部件上都加了石雕装饰，而且石雕大部分采用的是深雕和透雕的手法。雕

陈家祠堂有铸铁构件的石栏杆

刻的内容也极其多样，有龙、狮子、麒麟、朱雀、仙鹤、飞鸟、琴、棋、书、画、松、竹、花、草等，而且它们的组合十分随意而没有规律，例如栏杆望柱头上有的是狮子，有的却是满盛杨桃、橘子、佛手、菠萝等的水果盘。这些栏杆的栏板还特别用了铁铸构件，铸造出透空的雕花，这些嵌镶在石料中的深色调的金属栏板使栏杆整体造型更加显得繁杂而缛重。

在祠堂的砖墙上都有砖雕作装饰。进祠堂首先见到的是大门东西两侧厅房外墙上各有三幅大型砖雕，中央的一幅高2米，宽4.8米。西墙上雕的是《水浒传》中梁山泊好汉汇集于聚义厅的场面；东墙上雕的是"刘庆伏狼驹"的历史故事。两幅大砖雕都有30多个人物分布于殿堂楼阁之中，姿态、衣着，甚至于面部神态都不雷同，雕功之细，令人叫绝。而且在砖雕的中心部分应用深雕与透雕手法，而在边框则用浅浮雕雕出花卉、钱纹等作为边饰，使中心的大幅画面更为突出。在这两幅砖雕左右两侧还另有二幅略小一点的砖雕作为陪衬，它们所表现的内容除松雀、凤凰、飞鸟、梧桐、杏柳等具有象征意义的题材外，还有古代名家的诗词书法。这左右厅堂墙上的大型砖雕已经不属于建筑上的装饰而成了独立的雕刻艺术品了。此外在厅堂两侧的山墙头上，尽管面积很窄小，但也充满了砖雕，而且还是应用高、低、透等几种雕法表现具有故事情节的场面。

广东石湾的陶塑外表使用琉璃釉彩，可以制造出黄、绿、褐、宝蓝等多种色彩。清朝以来，在广东、香港、澳门地区多喜用这种陶塑做重要建筑的屋脊装饰，在屋顶上可以塑造出各种人物、动物、植物等形象，既生动又漂亮。陈家祠堂充分应用这种民间技艺，在前后九座厅堂的11条屋顶正脊上全部用陶塑做装饰，其中最重要的是聚贤堂的正脊。这条屋脊全长27米，脊高2.9米，如果加上脊下的基座则总高达4.26米，相当于一层楼的高度了。在这条脊上，塑造出"加官进爵"、"和合二仙"、"麒麟送子"、"群仙祝寿"等等传统题材的内容，其中包括224个人物和他们所处的亭、台、楼阁环境，还有用缠枝瓜果象征子孙连绵，用牡丹、寿带象征荣华富贵等等。在其他十条屋脊上也是充满了人物、动物和建筑的场景。这些绚丽的屋脊仿佛是飞舞在空中的彩龙，使整个祠堂充满了热闹而欢乐的气氛。

祠堂九座厅堂正脊以外的各条垂脊都用灰塑作装饰。灰塑是用石灰堆塑各种形象，它要求在现场制作，匠人可根据不同部位、不同需

陈家祠堂外墙上的大幅砖雕

要进行创作，装饰形象和内容都比较自由，所以它也用在祠堂除厅堂以外的厢房、斋房、走廊的屋脊上，廊门的屋顶和厅堂正脊的基座上。例如在第一进庭院两边廊屋的屋顶上就有灰塑的屋脊装饰，表现出一组一组的历史故事，各种神兽、瑞兽、花鸟植物、山水图案等等。由于灰塑工艺的特点，这些装饰起伏都很大，外表施以色彩，装饰效果尽管很突出，但总体形象不如石雕和陶塑那样细致。

在陈家祠堂东西厢房的门窗上专门用了刻花玻璃做装饰。在玻璃上刻画是广东、闽西等地的传统民间工艺，在有色玻璃上用车花、磨砂、吹砂和药水腐蚀等方法刻画出各种花饰，装在门窗扇上，借助于光线的明暗，从室内观赏，具有很强的装饰效果。表现在祠堂厢房门窗上的刻画内容多为各种植物花卉，蓝色的玻璃，白色的刻画，适于陈氏子弟在厢房内读书所要求的环境。

陈氏总祠堂从屋顶到柱础，从墙面到门窗无处不有的装饰，从内容到形式与宫殿、坛庙等官式建筑的装饰相比，都有些什么特征呢？

从内容看，表现的多是中国古代封建社会的礼制、宗法制度和传统的理想追求与伦理道德。龙凤呈祥、五福捧寿、和合美好、多子多孙、荣华富贵等等传统题材在祠堂的装饰里经常出现，更多的则是在

陈家祠堂的刻花玻璃

百姓中广为流传的《水浒传》、《三国演义》、《岳飞传》等小说中深受百姓崇敬与喜爱的故事和人物题材。这些题材尽管也没有超出传统伦理道德的范围，但它们更多地反映了普通百姓的思想与追求。从表现的形式看，虽然传统的龙、凤、麒麟、狮子、蝙蝠等动物，松、竹、牡丹等植物以及历史上的文臣武将，古代的亭台楼阁占了相当的数量，但还有许多普通的飞鸟禽兽，民间流传的独角狮，地方生产的杨桃、佛手、香蕉等瓜果，反映“镇海层楼”、“琶洲砥柱”等羊城景色的地方建筑以及普通百姓的形象也大量地出现在装饰里。而且那些龙、凤等传统的动物、植物形象在这里也变得不那么规则了，神龙的形象可以放在装饰的任何部位；屋顶上的狮子一反它威武之势，仿佛是在表演民间的狮子舞，露出一副可逗可乐的神态；屋脊上的鳌鱼凌空倒立，嘴中还伸出两根长须；那些房屋山水、植物瓜果更突破了程式化的格式，从形象到组合都更加随意自由。聚贤堂正厅屋顶上的那条长27米的屋脊，那鳞次栉比的建筑和穿插其中的二百多人物组成了一幅世俗生活的长卷，一幅立体的“清明上河图”。

从陈家祠堂总的建筑风格和装饰风格来讲，它表现的是广东的地方风格，同时又反映了清朝晚期在艺术上精细而繁缛的追求。正像一个朝代的宫殿建筑代表了那个时代在建筑技术与艺术上的最高成就一样，作为全广东陈姓氏族的总祠堂，它花费大量钱财，由当地最有成就的能工巧匠，应用上等的材料，积四年时间建成，它把这个地区的民间传统技艺与时代风格集中和淋漓尽致地表现出来。现在陈家祠堂已经成为广东民间工艺馆，在这里专门陈列广东地区各种民间工艺品供人观赏，其实，这座祠堂本身，就是一件最大的、最集中地表现了当地民间传统工艺的工艺品。

第七讲

佛教建筑与佛山

佛教诞生于公元前6世纪至前5世纪的古印度，传入中国，大约是在汉朝，很快受到广大百姓的信奉，也得到统治者的重视与扶持。朝廷组织专人传译经书，讲习教义，到魏晋南北朝时期(公元5—6世纪)形成了佛教在中国传播的第一个高潮。据记载，当时南方的梁朝就有佛寺2846所，出家僧尼82700余人；北方的北魏有寺院3万余座，僧尼200余万人。唐朝是佛教在中国发展的盛期，几代帝王都崇信佛教，他们在京都设立译经院，聘请国内外高师，培养了大批高僧、学者；在各地兴建官寺，僧人受到礼遇，使中国佛教不仅自身得到发展，而且还传向朝鲜、日本和越南。随着佛教的盛行和佛寺的增多，僧尼特权的扩大，势必危及朝廷利益，所以在北魏太武帝、北周武帝和唐武宗时曾先后发生过禁佛事件。但这种较大规模的禁佛事件在历史上只占很短时间，事件过后，佛教仍然得到重视与发展，并且逐步与中国本土文化相融合形成了具有中国特色的佛教，佛寺建筑因而也成了中国古代建筑中很重要的一个组成部分。

佛教石窟

石窟是开凿在山崖壁上的石洞，是早期佛教建筑的一种形式。印度早期佛寺多用这种形式，有学者研究其原因是因为印度炎热的夏季很长，崖窟地处偏僻，不但窟内冬温夏凉，而且环境幽静，适宜修行，同时修建石窟节约费用，又坚固耐用。印度佛教石窟的形式有两种，一种为精舍式僧房，方形小洞，正面开门，三面开凿小龛，供僧人在龛内坐地修行；一种为支提窟，山洞面积较大，洞中靠后中央立一佛塔，

云冈石窟中的中心塔柱

塔前供信徒集会拜佛。

佛教最早是沿着古丝绸之路传入的，丝绸之路既是一条古代的贸易通道，同时也是一条文化交流之道，所以中国早期的石窟寺也随着佛教的流布出现在这条古道的沿途。现在发现最早的石窟是位于新疆的克孜尔石窟，开凿于3世纪末或4世纪之初。窟的形状多为印度的支提窟形式，窟中央有一塔柱，窟中壁画上所表现的佛像也带有明显的印度阿旃陀艺术风格。

敦煌石窟

另一处早期石窟就是丝绸之路上的敦煌石窟。敦煌位于甘肃省河西走廊的西端，是中国通向西域的出入关口，又是丝绸之路南北道的汇合点，佛教随着商贸很早就传到了这里。对于往来于茫茫荒漠的商人来说，祈求佛主保佑平安的愿望更为强烈，宗教的要求加上有利的经济条件，使这里的石窟得以连绵不断，从5世纪的南北朝时期一直到14世纪的元代，莫高窟成为中国规模最大、持续时间最长的古代石窟。

随着佛教的传入，黄河流域也出现很多石窟，其中比较著名的有甘肃永靖的炳灵寺石窟、天水麦积山石窟、山西大同云冈石窟、太原天龙山石窟、河南洛阳龙门石窟、巩县石窟、河北邯郸响堂山石窟等。

敦煌石窟内景

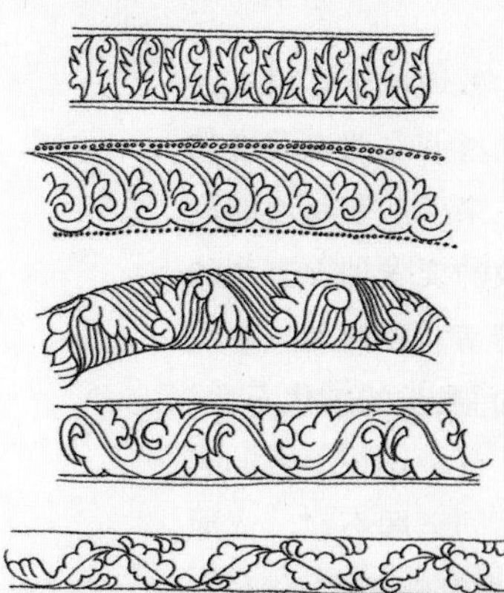
敦煌壁画中卷草纹样

敦煌壁画中唐代装饰纹样

唐朝末年发生唐武宗的禁佛灭法后，中原地区佛教受到打击，石窟的建设转向南方，四川地区成了石窟的集中地区，先后开凿了广元千佛崖石窟、大足北山石窟、宝顶山石窟等，一直延续到明朝。

分布在中国从北到南广大地区的佛教石窟寺，不仅记录了中国佛教的发展历史，这些石窟里大量的壁画、雕塑以及其他文物还反映了中国古代的艺术与文化。尽管这些绘画、雕塑并非出自名家之手，但它们在中国古代艺术史中仍具有重要的意义，因为从不同时期的作品可以看到外来的佛教艺术与文化怎样与中国本土艺术、文化相融合的过程。

敦煌石窟最早开凿于公元366年，北魏之前的洞窟尽管不多，但从窟中塑像与画像上仍可以看到西域艺术的影响，人物面部直鼻薄唇，大眼、宽额，四肢粗壮；人物的衣饰有印度式、波斯式。但是在这里却没有出现那种在新疆克孜尔石窟中见到的丰乳、细腰、大臀的外来舞女与菩萨形象。到了北魏以后的石窟壁画中人像和塑像却变得面目清瘦、肢体修长了，他们的服装也变得更为中式化了。唐朝中国佛教盛行，这时期敦煌所开凿的石窟也最多，现存唐窟占全窟总数的60%。这个时期的佛、弟子、菩萨等形象又脱离了那清秀单薄之形而变得丰满而生动了。许多菩萨像都是头戴宝冠，胸垂璎珞，手足戴环钏，体态富有曲线，衣着轻薄长裙，有的还露出上身，显出丰润肌体，表现出女性之柔美，与刚健的天王像形成强烈对比。这种在人物形象逐步汉化的现象同样也表现在石窟中大量应用的装饰纹饰上。在早期的敦煌石窟里，见不到原来在中国铜器、玉器、漆器以及建筑上常用的一些装饰纹样，例如饕餮、夔纹、龙纹、云纹等，而是佛教的火焰、卷草等纹样。随着石窟的发展，这些外来的火焰纹、卷草纹的形态也开始起了变化，它们由原来石雕的比较僵硬的形态逐渐变得柔和了，逐渐具有中国传统装饰中云气纹、水波纹那种行云流水般的飘逸风格了。而且这种风格逐渐发展从而创造出了唐代的卷草纹样。这种唐草将火焰纹、卷草纹与中国本土的植物花卉、传统的云气相结合，形成一种唐代所特有的雍容华丽的装饰纹样。这种中外文化融合的现象不是偶然的。因为创造这些石窟艺术的是中国的工匠与艺匠，他们尽管创造的是外国传来的佛像，描绘的是佛国的景象，但是他们并没有见过真正的佛，也没有见过印度、西域地区的佛教艺术形象，他们所依据的只

敦煌莫高窟第148窟壁画所示唐代佛寺

能是他们所熟悉的中国的贵人、中国的环境，他们所画出的佛、菩萨、弟子只能是这些现实中贵人的升华；他们所表现的佛国净土世界，无论是精美的亭台楼阁，还是青山绿水、鸟语花香，都是现实环境的净化与理想化。那些华丽的花饰纹样也只能是由这些熟练地掌握了中国传统花饰技艺的工匠才能创造出来。

这些石窟表现在建筑上的价值并不仅仅在于它本身是建筑的一个类别，更重要的是在它的雕刻与壁画中反映了我国早期的建筑活动与

龙门石窟奉先寺

形象。从敦煌石窟壁画所描绘的佛教故事场面和大量的装饰图集中，从龙门、云冈和其他石窟雕刻中所表现的佛像、人物、动植物和各种花饰所组成的环境里，我们可以看到古代城镇、宫殿、寺庙、园林、住宅、街市的形象，可以发现古时殿、堂、楼、馆、亭、台、榭、阁、店铺、桥梁等等不同的建筑式样，还可以见到古代房屋施工的场面等等。在中国古代留存下来的建筑实例很稀少的情况下，这些资料的价值更显得珍贵。在敦煌莫高窟中有一幅《五台山图》，表现了五代时期五台山佛教寺院的兴盛场面，但目前在五台山只剩下两座唐代的寺庙殿堂，昔日的兴盛已经见不到了。

古人曾经这样描绘石窟寺："青云之半，峭壁之间，镌石成佛，万龛千窟，虽自人力，疑是神功。"众多石窟寺的建造正是这样的情景。

云冈石窟位于山西大同，这里是北魏迁都洛阳前的都城，古称平城。石窟约在公元460年开始挖凿，终止于公元524年，前后经历60余年，共凿大小窟龛数百座，沿着武周山麓，东西连绵1公里。全窟分为三个阶段，早期反映了印度犍陀罗风格，后期逐渐中国化，每个阶段都创造出具有代表性的形式而成为北方各地石窟的典型，称为"平城模式"。

北魏孝文帝自平城迁都河南洛阳后，即开始了龙门石窟的经营，自公元500年开凿洞窟，经唐、宋、金各朝绵延四五百年，共开凿石窟

四川乐山凌云寺大佛

1352座，造像达97300余尊，另外还有碑碣3600余块。龙门石窟最大的石刻是奉先寺的卢舍那佛像。大佛像开始凿造于唐高宗时期，完成于武则天时期。武则天为了利用佛教为她夺取政权造舆论，所以特别重视这座石佛像的镌造，她为此捐助“脂粉钱”两万贯，像成之后还亲临开光仪式。佛像总高17.14米，光头部就高达4米，像两旁造有弟子像二座、菩萨像二座、天王及金刚像各二座，这些像也高达10米。造像时先从山崖开凿出深41米、宽36米的露天场地，光此项开山工程就花了3年9个月的时间，开出石料三万余方。

为了使佛像更具神力，石窟造像越造越大，而且由窟内发展到窟外，这一趋势在唐朝得到发展。四川乐山凌云寺的大佛是中国最大的石佛像，石像依凌云山天然岩石雕成，从江边崖底直至山顶，也就是由佛像脚下之座到头共高71米，光佛鼻即高5米多，肩宽28米，佛的脚背上可站立上百人，为目前世界上第一大佛，人称是“山是一尊佛，佛是一座山”。从唐先天二年(713)开凿，到唐贞元十九年(803)才完成，共经历四代皇帝，历时90年。原来佛像全身有彩绘，像外建有七层楼阁遮盖，明代楼阁烧毁，只剩下大佛露天屹立于岷江之畔，只有在江心方能观其全貌。

甘肃天水麦积山石窟有近200个洞窟几乎全建于峭壁之上，层层叠叠的洞窟都有栈道上下相联系。最上层的洞窟离地100米，最高的栈道离地也有70米，上下栈道共有20段，长达800多米。这些栈道全都依靠插入石壁的木梁支撑，在木梁上架设木板供人行走，在这些宽约1—1.5米的栈道外侧还装有栏杆，人们伫立山脚，仰望石壁，这万龛千窟，这悬壁栈道，不仅会为石窟所表现的佛教艺术所倾倒，也会为这浩大的工程而惊叹：“虽自人力，疑是神功。”此景此情，也许正是佛教艺术所要追求的意境。

佛寺与佛殿

在中国，占主要地位的佛教建筑还不是石窟而是大量的佛教寺庙。

相传在东汉永平七年(64)，汉明帝遣吏赴西域求法，当他们陪同天竺高僧驮着佛经、佛像回到洛阳时，先是住在当时专门接待外国来客的鸿胪寺，第二年才另建住所。因高僧为西方来客，所以仍以寺相称，因负佛经、佛像来中国的是白马，因而定名为“白马寺”，这应该是中

河北正定隆兴寺

国第一座佛寺建筑，从此之后，原来作为中国官署的名称“寺”，逐渐便成为佛教建筑的专称了。同时，由于佛教的迅速传播，一时专门的佛寺还很少。不少官吏、富商将自己的住宅献出来当作寺院，被称为“舍宅为寺”。在这种合院式的建筑里，前厅成了供奉佛像的佛殿，后堂作为学习佛经的经堂，厢房、后院成了僧人居住生活用房。中国传统的四合院给佛教提供了活动的场所，满足了佛事活动的基本要求，于是这种合院式建筑群组便成了中国佛寺的基本形式。

随着佛教的发展，佛寺的内容也日益增多，其规模也越来越大。寺院的大门、供奉天王的天王殿、供奉佛与菩萨像的大雄宝殿、诵经修

浙江宁波保国寺

行的法堂与经楼，按佛教的规则先后排列在寺院的南北中轴线上，在它们的两边和四周布置着待客、存物、僧人居住和生活用房。有的寺院还在前院两边建有悬挂钟、鼓的钟楼与鼓楼，在中轴线上或两边加建观音殿、毗卢殿等殿堂。总之，佛寺的发展并没有打破这种院落式的建筑格局。现在留存下来的早期寺院，如河北正定的隆兴寺、天津蓟县的独乐寺、浙江宁波的保国寺、天童寺都是这样的布局。

四合院的群组适应了佛教的要求，群组中的建筑同样也满足了供奉佛像和进行佛事活动的需要，所以，中国传统的殿堂建筑也成了佛

山西五台佛光寺大殿内景

寺殿堂的形式。山西五台山的佛光寺大殿，建于唐大中十一年(857)，是中国现存最早的两座木建筑之一。大殿面阔七开间34米，进深17.66米，殿内沿着后墙设有贯穿中央五开间的佛坛，坛上供奉着佛及菩萨塑像30余尊。山西大同上华严寺大雄宝殿和善化寺大雄宝殿都建于辽、金时期，距今有800多年的历史，它们都是长方形的殿堂，殿内设坛供奉佛像，在坛之前有较大的空间供佛徒进行佛事活动。

正如同石窟寺的佛像越雕越大一样，佛殿中的佛像也越做越大。受到佛徒们喜爱的观音菩萨更是如此，在一些寺庙中，观音像不但超过了释迦牟尼，而且还发展成千手观音、千眼观音，观音殿被放置在中

蓟县独乐寺观音阁内景

河北承德普宁寺大乘阁

心位置成为寺庙的中心大殿了。为了供奉这样的大菩萨像，于是出现了高大楼阁式的新形式佛殿。例如天津蓟县独乐寺的观音阁，外貌是一座二层楼阁，而里面却高三层，中央有一个贯通三层的空间，供奉着一尊高达16米的十一面观音像，佛徒可以从三层不同的高度敬仰观音。河北承德普宁寺大乘阁，里面也是供着一尊高22.28米的千手千眼观音像，阁的外形为五层楼阁，阁上为一大四小五个屋顶的组合。如果说佛教的传入除石窟外，并没有带来新的佛寺和佛殿的形式，那么，

山西浑源悬空寺

这种高大佛像、菩萨像的出现，倒是促使佛殿突破了旧的形式，产生了一种新的楼阁式的佛殿，丰富了传统殿堂的形式。

以上是汉地佛教地区的佛寺与佛殿，即使在这个地区佛寺的形式也并不完全都是四合院式。山西浑源有一座“悬空寺”，建造在北岳恒山的山谷峭壁上，它不是石窟洞口的建筑，而是一组由多座殿堂组成的寺庙建筑群，与一般寺庙不同的是这些殿堂不是建在地上而是悬挂在陡崖峭壁之上，它们的重量完全依靠插入石崖中的木梁支撑，在这些木梁上立柱架梁造屋顶，再用栈道将它们联成为一座寺院。悬空寺初建于北魏后期，元、明时期曾经重建。寺内石碑记载有当时重修的情况，工匠们在山下预先加工好所有房屋构件，然后将这些构件搬运至山顶，从山顶用绳索连人带料吊至山腰进行空中施工，经过数年才完成，有古人描绘此寺：“飞阁丹崖上，白云几度封，蜃楼疑海上，鸟道没云中。”

西藏与云南地区的佛寺

公元7世纪，在西藏吐蕃王朝松赞干布时期，由印度与尼泊尔直接传入的密宗佛教逐渐在西藏占了上风，大约在10世纪后期形成了富有特征的藏传佛教，俗称为喇嘛教。

密宗佛教特别讲求仪规，对设坛、供奉、诵咒、授戒等都有一套严格规定，内部管理与组织也十分严密，佛寺中不仅有总管和尚，而且还分设有管纪律、查违法，领众诵经，管理学经、辩论、考试等方面的专职喇嘛。由于实行政教合一，不仅寺院中僧职也起到官职作用，总管还代表寺院出席地方政府的重要会议。藏传佛教的节日有正月的祈愿法会、四月的佛诞生、六月的雪顿节、七月的望果节，这些节日由于与当地民间的传统节日相结合，因而持续时间长，参与的人数多，在西藏几乎全民信教，这些佛节也几乎都成了全民的盛大节日。政教不分，全民信教，连续的节日与繁琐的宗教礼仪，诸种因素促成了西藏佛寺不仅内容多，而且规模大。一座寺院除了殿堂、灵塔、经幢、僧舍外，还包括办公房、私人住宅、街道等，一座大寺院如一座小型城镇。这些藏地佛寺在形态上也具有鲜明的特征。它们在建筑布局上根据西藏高原多山的具体情况，依地势而设置殿堂，不强调中轴对称有秩序的合院形式；在个体殿堂建筑上，既用汉地的宫殿木构架又结合

西藏拉萨布达拉宫

当地雕楼石结构的形式；在建筑外部与室内装饰上吸取了尼泊尔宫殿与寺庙的装饰风格；从而创造出一种西藏寺庙所特有的坚固、宏伟、鲜明、浓烈的特殊风格。最具有代表性的就是西藏拉萨的大昭寺和布达拉宫。

大昭寺始建于7世纪，正值吐蕃王朝松赞干布迎娶尼泊尔的尺尊公主和唐朝文成公主入藏，她们都是佛教的虔诚信徒，各自带了佛经与佛像来到拉萨，大昭寺就是为供奉与收藏这些经、像而专门修建的佛寺。传说当时是由文成公主选寺址，尺尊公主主持修建，后经元、明、清三朝多次扩建形成了今天的规模，建筑面积达25100多平方米。佛寺主殿用石筑外墙和汉地殿堂的木构架与斗栱，而在寺内廊的檐部又用具有西藏特征的成排伏兽和人面狮身木雕作装饰。殿堂顶部金瓦铺筑，屋脊上高耸着金塔与法轮，在阳光下闪闪发光，表现出西藏佛寺特有的魅力。走廊与殿内满布壁画，除了表现藏传佛经的内容外还有“文成公主进藏图”和“大昭寺修建图”，这些壁画在描绘形象上都很逼真，在色彩应用上，不但颜色艳丽，还创造了一种在黑色底子上描白线加点彩的方法，使画面在鲜艳中略带深沉而神秘，形成了一种西藏壁画特有的风格。

坐落在拉萨市红山上的布达拉宫是松赞干布为纪念与文成公主成婚而兴建的，始建于7世纪，后毁于雷火与兵燹，现在的布达拉宫是17世纪后陆续重建与扩建的。这是一座体现了政教合一的大型宫殿寺院，全宫分作白宫、红宫和山脚下的雪与龙王潭四个部分。面积最大的白宫是西藏最高领袖达赖的宫殿，喇嘛诵经殿堂与住所以及僧官学校也在这里；红宫是历世达赖的灵塔殿和各类佛堂；山脚下的雪部分是地方政府机构、监狱以及为达赖服务的作坊等；龙王潭为宫中的后花园。布达拉宫几乎占据了整座红山，从底到顶高达117.19米，外观完全采取了西藏本地的雕楼城堡形式，上下13层，但在顶层仍采用汉地宫殿的歇山式屋顶和成排的斗栱。宫殿上下左右联为一体，高低错落，宫墙红白相衬，宫顶金色闪烁，气势雄伟，表现出西藏寺庙独有的粗犷与雄劲之美。清朝乾隆年间，朝廷为了团结藏、蒙地区的政、教领袖，特地在河北承德兴建了多座喇嘛教寺庙以表示对少数民族的尊重。其中的普陀宗乘之庙是仿布达拉宫，须弥福寿之庙是仿西藏日喀则的扎什伦布寺而修建的。在这两座庙里都建有高大红墙或白墙的主殿与配殿，寺内殿堂不求规则对称而依山势布局，灵活而多变，展现

河北承德须弥福寿之庙

出西藏寺庙的雄姿。

云南傣族等少数民族地区信仰的佛教是属于巴利语系的上座部佛教，大约在7世纪中叶由缅甸传入，称为南传佛教，当时佛经的传布只是通过耳听口传，没有建立寺庙。直至16世纪明朝隆庆时期，由缅甸国王派来的僧团才带来佛经与佛像，在景洪地区开始大造寺、塔，并将佛教进而传至德宏、孟连等地，使上座部佛教得以盛行于傣族地区，从而发展到人人信教，村村有寺庙的局面。

傣族地区的佛寺既直接受到缅甸、泰国佛寺的影响，又结合当地民间建筑的特点，形成这个地区特有的一种佛寺形制。佛寺的主体建筑是佛殿，殿内供奉着高大的佛像，所以这些佛殿的屋顶都很高耸，体态庞大，为了减轻这些屋顶的笨拙感，当地工匠对它们进行了多方面的处理。首先是把庞大的屋顶上下分作几层，左右又分作若干段，让中央部分突出，使硕大的屋顶变成一座多屋顶的组合体；其次又在屋顶的几乎所有的屋脊上布满了小装饰，动物小兽，植物卷草，一个挨一个，中央还点缀着高起的尖刹，使这些不同方向不同高低的正脊、垂脊、戗脊仿佛成了空中的彩带；在屋顶的山面装钉着博风板，两块博风板在屋脊的交会处钉着一块尖尖的悬鱼。佛寺以佛殿为中心，四周散布着小型的经堂、寺塔、僧房与寺门，它们之间没有中轴对称的关

云南西双版纳曼苏满佛寺

西双版纳佛寺大殿内景

西双版纳佛寺屋顶装饰

系，布局灵活，只在寺门与佛殿之间有小廊相连。所以这里的佛寺不论在总体布置还是个体建筑的形象上都表现出傣族地区建筑群体布局灵活自由和形象轻巧灵透的特殊风格。

四大佛山

佛教的四大名山分别是山西的五台山、四川的峨嵋山、浙江的普陀山和安徽的九华山。山西五台山位于五台县，由五座山峰环抱而成，五峰顶上都有宽广平坦的台地，故称五台。相传这里是佛教文殊菩萨显灵说法之地，所以早在北魏时期就在这里修建寺庙，至北齐时(6世纪)，五台寺院就有200余座，至今还留有寺庙百余座，其中著名的有台内的显通寺、塔院寺，台外的佛光寺、南禅寺等。峨嵋山位于四川峨嵋县西南，因山势逶迤延伸，其状如少女一弯秀眉，故称峨嵋。相传为普贤菩萨显灵说法地，自魏晋时期即开始建造寺庙，逐年完善，最盛时有寺庙150余所，至今尚存20余座，其中万年寺还保存着一尊宋太平兴国六年(980)铸造的重62吨的普贤铜像。普陀山位于浙江舟山群岛中的普陀县岛上。相传这里是观音菩萨显灵说法之地，佛经中有观音住南印度普陀洛伽山之说，故简称此岛为普陀山。岛上有著名寺庙普济寺、法雨寺、慧济寺三大名寺和数十座庵庙。九华山位于安徽青阳县，原名九子山，因山有九座峰，其状若莲华，唐代诗人李白赋诗云："昔在九江上，遥望九华峰，天河挂绿水，绣出九芙蓉。"因而改称九华山。相传为地藏菩萨应化的道场，山中有大小佛寺70余座，著名的有祇园寺、百岁宫等。

佛寺与山岳的结合并不是偶然的事。早期佛教不允许僧人从事劳动生产，僧人主要依靠托钵化缘乞食为生。但是这种制度传到以农业经济为基础的中国就行不通了。僧侣不可能完全不务农事，不劳而食，所以早在南北朝时期，佛教寺院拥有本寺院的农田，开始经营农业，依靠托钵化缘乞食已经不是谋生的主要手段。寺院经营农业的情况到唐

四川峨嵋山

浙江普陀山

朝更为普遍，一些著名的大寺院不仅享有朝廷免税、免兵役等特权，还拥有大量田产和土地。随着佛教的发展，僧人数量的增加，在民间开始出现了大量自建的寺庙，这些寺庙为了不与城市争夺土地，多向远离城市的山林地区发展，选择山、野地，开农田、建寺庙，自己养活自己。加以佛教的诵经修行本来就需要远离尘世，避开喧哗，打坐静思，僻野山林正是这种禁欲修身的理想环境，于是佛寺由城市转向山岳丛林。

佛寺进入山林，不但获得了理想的环境，也使佛寺得到发展，山林得到开发。峨嵋山山势层峦叠嶂，幽谷深邃，主峰万佛顶海拔3099米，次峰金顶海拔3075米，沿山势沟谷纵横，水流潺潺，林木茂密，郁郁葱葱，诗人李白曾经遍游名山大川，他给峨嵋以极高评价："蜀国多仙山，峨嵋貌难匹。"所以早在汉朝时，山中就有了简陋的小庙小寺，到唐宋时期，大小佛寺日渐增多。那些有见识的僧侣选择在山脚、低山区建造报国寺、伏虎寺、华严寺；在山腰安置万年寺、清音阁、仙峰寺等；这些寺庙或依山或跨水而建，或成群组，或单体散置，都处于山林之中，与自然环境融为一体。尤其利用万佛顶与金顶的位置建造小庙，在最高山峰上，不但可以俯瞰群山，在天空晴朗，阳光斜射到一定角度时，可以见到在高山云海上显出一道彩色光环，僧人将这不易见到的奇观称为"佛光"，附会是普贤菩萨显灵。这"金顶祥光"不但带上了佛教神秘色彩，而且成了峨嵋四大奇观之一。浙江普陀山地势西北高，东南低，山峰连绵，岛北最高山峰菩萨顶海拔291.3米，向东南，一路山坳、盆地相连，其间奇石遍布。古人将几座大寺分别建造在山顶、山坳与山低处，并利用奇石制造了二龟听法石、心字石、盘陀石、云扶石等石景景点，既富有宗教意义，又成为有意味的自然景观。古人因善于和巧于应用这山岳环境而使佛寺得到延伸，佛寺不再局限于院墙之中而向四周的自然山林扩延开去，而山林也由此得到了精心的经营与开发。

山林环境的经营开发包括佛寺的兴建和景点的创造，也促发了山林道路交通的修建与完善。峨嵋山为了让众多的信男善女能够观览到佛光圣景，经过几代僧侣的努力，从山脚下的牌坊开始修建了一条山间石路直抵金顶，沿途经过各处佛寺与景点。普陀山从低地到菩萨山顶，修了两条山道纵穿南北，将众多的寺庙、庵院、景点串联成一个体系。当年的信男善女就是沿着这两条香道朝山进香，在主要香道的重要段落全部用石板铺砌，每隔三五步台阶就要在石板上刻莲花图纹，象征着“步步莲花”。那些信徒们就是这样三步一拜，五步一叩，怀着虔诚的心，行进在这步步莲花的香道上，走向佛寺的圣殿。山中佛事的兴盛自然也促进了山区与外界的往来交通，因而使进山的香客更多了。为了解决他们的食、住等生活供应，寺庙不得不设立供香客使用的客房与斋馆，以及香烛、冥物等宗教用品的供应点。随着佛事活动的日益扩大与频繁，这种带有商业性的经营由寺内扩至寺外，逐渐在山中形成为集中的商业街，进而产生了以寺庙为中心的小集镇。在峨嵋山、普陀山、五台山都可以见到这种性质的街道与小镇。

佛寺进山岳，既发展了寺庙，又经营了山林。中国传统的崇敬山神与信奉佛主在人们心灵上本来就是相通的，于是人们涌向山林，既敬了山，又拜了神；既还了心愿，又游览了山景。古人云：“山不在高，有仙则灵。”这仙既有山神，又有佛主，山因佛寺而更扬名，寺因居山而更兴盛。这就是佛山所具有的特殊价值，这就是佛山所以经久不衰的原因。

第八讲

佛　塔

塔是佛教专门的建筑。佛教的创始人释迦牟尼得道成佛，活到80岁高龄，在传道的路上得重病死在树林中的吊床上。他的弟子将佛的遗体火化，烧出了许多晶莹带光泽的硬珠子，称为舍利。众弟子将这些舍利分别拿到各地去安奉，把舍利埋入地下，上面堆起一座圆形土堆，在印度梵文中称为“窣堵波”(Stupa)，或称“浮图”，译成中文称“塔婆”，以后就简称为塔。塔实际上是埋葬佛骨舍利的纪念物，它作为佛的象征，供信徒们顶礼膜拜。

“浮图”与中国塔

这种“窣堵波”式的塔随着佛教传入中国，但是它的覆盆式的形状并没有在中国流行而被改造了。塔既然是象征佛的一种实物，一种受佛徒膜拜的纪念物，按中国人的传统心理，它应该具有崇高的、华丽的形象。而这种形象在汉朝就已经出现，这就是多层楼阁。于是中国固有的楼阁和印度传进来的窣堵波相结合便产生了中国形式的佛塔。多层的楼阁在下，楼阁顶上置放“窣堵波”形式的屋顶，称为刹顶，这就是中国最初的楼阁式佛塔的形象。这种塔作为佛徒膜拜的对象，它

佛塔图

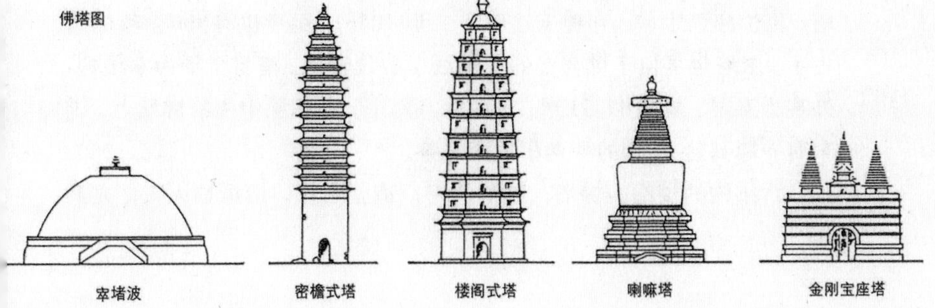

陕西西安大雁塔

们像印度石窟中的支提一样，被放在佛寺的正中，成为一座佛寺中最主要的建筑。495年北魏迁都洛阳后在城内大建佛寺，在著名的永宁寺中心就有一座木结构的楼阁式佛塔，据《洛阳伽蓝记》记载，此木构架的塔，高九层达千尺（约合300米）；四面形，每层每面各有三门六窗，红色的门上有金钉金铺首；塔顶上立着高约30米的塔刹，刹尖为金宝瓶，瓶下有30层金盘；有四条铁链子将塔刹与塔顶相联；在金盘和每层屋檐的角上都悬挂有金铎，风吹铎响，十里之外都能听见。这样一座高耸于大地的佛塔，百里之外就可遥见之。古代文献上对建筑的描绘不免有所夸张，尤其谈及高低尺寸，多带概念性的描述，并非实际尺度，但其塔之宏大与华丽是可以想像的，连当时来洛阳的西藏沙门菩提达摩者，自称历涉诸国，见多识广的波斯国胡人见了也惊叹“实是神功”，“极佛境界，亦未有此”(《洛阳伽蓝记》)。但这座佛塔于534年被大火烧毁。如今留存下来的木构佛塔只有山西应县佛宫寺的释迦塔，俗称应县木塔。它建于辽清宁二年(1056)，距今也有900余年的历史了。木塔也是位于佛宫寺的中轴线中心位置上。塔身全部为木结构，外观为五层，总高67.31米，平面为八角形。在底层中央的佛坛上，供奉着一尊高达11米的释迦牟尼全身像。

木结构的楼阁式佛塔，结构严密，造型宏伟，但最怕火灾，尤其

苏州罗汉院双塔

河南开封祐国寺塔

是高塔木构更易遭受天上雷击而毁于火。所以到唐朝佛事盛兴时，木塔很多都被砖结构代替，但它们的外形仍保持原来楼阁的形式。由于砖构不怕火，所以这类塔留存至今的不少。如建于唐朝的有陕西长安兴教寺玄奘塔、陕西西安大雁塔，建于五代的江苏苏州云岩寺塔，建于宋朝的苏州罗汉院双塔，河北定州开元寺塔等。这类塔除全部用砖

河北承德须弥福寿之庙琉璃塔

福建泉州开元寺石塔

江苏苏州报恩寺塔

筑以外，也有用砖筑塔身而外面用木屋檐、木栏杆者，这种砖、木结合的形式既利于防火，又更多地保持了木楼阁的外貌。例如上海的龙华寺塔、苏州的报恩寺塔、松江的兴教寺塔皆属此类。上海龙华寺塔建于宋太平兴国二年(977)，塔身八角形，上下七层，总高40.55米；塔身砖造，每层屋檐和平座栏杆都用木结构，屋檐挑出深远，屋角高高起翘，每层的八个屋角下都悬挂铜铎；每层墙面都作出木柱木梁，四面开门，而上下层又将门的位置错开；栏杆都设透空花格，栏杆及屋檐下皆用斗栱挑托；塔虽不高，但比例端庄，造型极富南方建筑轻巧秀丽的风格。此类塔中也有用石造、铁铸或在砖身上贴砌琉璃而称为楼阁式琉璃塔者。著名的有建于13世纪的福建泉州开元寺石造双塔，建于11世纪的湖北当阳玉泉寺的铁塔，和建于11世纪的河南开封祐国寺塔，此塔塔身13层，塔外壁面全部镶嵌褐色琉璃砖，砖近铁色，所以这座琉璃砖塔又称为“铁塔”。

多姿多态的佛塔

中国的佛塔远不只有楼阁式这一种形式，在辽阔的城乡各地，可以看到各式各样的佛塔。

（一）密檐塔：砖造楼阁式塔是完全用砖依照木结构的形式在塔的外表做出每一层的出檐、梁、柱、墙体与门窗，在塔内也用砖造出楼梯可以登上各层；也有的砖塔，塔内用木材做成各层楼板，借木楼梯上下。但是这种砖塔在外形上逐渐起了变化，就是把楼阁的底层尺寸加大升高，而将以上各层的高度缩小，使各层屋檐呈密叠状，使全塔分为塔身、密檐与塔刹三个部分，因而称为“密檐式”砖塔。可以说这是一种由楼阁式演变而来的新式佛塔。这类佛塔留存至今年代最早

河南登封嵩岳寺塔

云南大理千寻塔

的为河南登封的嵩岳寺塔，建于北魏正光四年(523)，塔高约41米，塔身外呈十二边形，内室为正八边形。塔身二层占总高约三分之一，以上为15层密檐，顶部为石造的塔刹。奇怪的是这样十二边形的密檐塔别处再没有发现而成为国内孤例。唐朝这种密檐塔留下的较多，陕西西安的小雁塔(建于707年)、云南大理崇圣寺千寻塔(建于824—839年)、河南登封法王寺塔等都是平面为方形的塔。此种塔多数为砖筑空筒状，里面各层架设楼板，有木梯可供上下。其中小雁塔还有一段神奇的传说：1487年地震，该塔从上到下震裂，裂口有一尺宽，而在1521年再一次大地震中，这裂口又震合了。小雁塔历时千余年，经过70余次大小地震，最上两层被震毁，使原有15层的密檐如今只剩下13层了。

宋、辽、金时期，这种密檐式塔在北方盛行，但是它们的形式与唐朝密檐塔有所不同，北京天宁寺塔可以说是这类塔的代表。天宁寺塔全部砖造，平面八角形，塔下为台基与须弥座，座上为塔身部分，塔身上有门窗与菩萨、天神等雕像；塔身以上为13层由斗栱挑出的密檐，塔内实心。塔表面须弥座各部分的装饰、塔身的门窗细部与雕像、各层密檐的屋脊、瓦、吻兽直至塔上的刹全部都用砖材雕制，整座塔仿佛是一件大型的砖造佛教雕刻品。这种由砖制作的八角实心，高须弥座与塔身的塔成了这一时期在北方的密檐塔典型形象。山西灵丘县觉

北京天宁寺塔

西安小雁塔

辽宁北镇崇兴寺双塔

北京妙应寺塔

山寺塔、辽宁辽阳白塔、辽宁北镇崇兴寺双塔都属这种类型。不论是唐朝方形的密檐塔还是辽代八角实心的密檐塔，除了很注意塔外表的细部装饰外，还特别重视塔整体外形的塑造。位于下部的塔身造型端正，塔身以上占全塔大部分的密檐部分则随着高度将每一层出檐深度都往里作不等量的递减，使塔的外形成为富有弹性的曲线，直至塔顶以高耸的塔刹作结束。经过这种细致的造型处理，使比例瘦长的塔虽高挺而不显尖削，比例粗壮的塔虽硕壮而不显笨拙。

（二）喇嘛塔：在藏传佛教地区盛行一种喇嘛塔。塔的造型下部是须弥座，座上是平面为圆形的塔身，再上是多层相轮，最上为塔顶。这种塔直接来源于印度，大概没有受到汉地楼阁的影响，还比较多地保留有早期"窣堵波"的形式。这种喇嘛塔因元朝统治者重信喇嘛教而开始传入内地，北京妙应寺白塔就是这一时期的产物。白塔建于元至元十六年(1279)，来自尼泊尔的匠师阿尼哥主持设计修建。塔下为两层折角方形的须弥座，圆形塔身以上为13层相轮，最上面有宝盖和一塔形小顶，全塔总高50.86米。全部为砖筑造，外表除大的造型和铜制的宝盖外几乎没有什么细部雕饰，全塔为纯白色，总体造型雄浑而富有气势。在四大佛山之一的五台山台怀镇也有一座这样的喇嘛塔，塔高约50米，洁白浑宏的塔身屹立于青山翠屏之中，成了五台山寺庙区的标志。这种喇嘛塔也常作为出家僧侣的墓塔而立于寺庙之旁，在河南登封的少林寺、山东长清的灵岩寺等著名寺庙都附有这种小喇嘛墓塔的塔群。

（三）金刚宝座塔：这也是来源于印度的一种佛塔形式。印度佛陀伽耶因释迦牟尼在此得道成佛而建造了一座纪念塔，其形式是塔下面有一巨大宝座，座上建有五座小塔，供奉佛教密宗金刚界五部主佛舍利，所以称为金刚宝座塔。北京大正觉寺塔是目前发现最早的一座金刚宝座塔，建于明成化九年(1473)。塔的宝座高7.7米，南北长18.6米，东西宽15.7米，四周外壁上下分为六层，下为须弥座，其上五层均为成排的佛龛，上有挑出短檐，宝座砖筑，外表包以石材。宝座之上立五座石造密檐式塔，中央塔高13层约8米，四角小塔略低，高11层约

北京碧云寺金刚宝座塔

7米。塔的表面满布佛教内容的石雕。这种塔的形式虽由印度传入，但其上的小塔形式和细部装饰如须弥座、出檐等却采用的是中国式样。北京还有两座著名的金刚宝座塔。一座在碧云寺，建于清乾隆十三年(1748)。在刻满了佛龛的三层塔座上面不但有一大四小的密檐石塔，而且它们的前方还另有两座小喇嘛塔和一座小型金刚宝座塔，形成塔上加塔的新形式。另一座是西黄寺的清净化城塔。清乾隆四十五年(1780)，西藏班禅额尔德尼六世来北京为乾隆祝寿，暂住在西黄寺，后病逝北京，朝廷特在寺内建造班禅六世的衣冠石塔以资纪念。此塔宝座高3米，其上中央为一座喇嘛塔，四角为经幢形小石塔，塔上雕刻没

北京西黄寺塔

北京大正觉寺金刚宝座塔

有其他同类石塔那样繁多，但在它宝座的南北两面各有一座石牌楼，它们与塔联成为一个群组，使这座体量不很大的佛塔也颇有气势。在内蒙呼和浩特市也有一座慈灯寺金刚宝座舍利塔，建于清雍正五年(1727)。在高耸的宝座上立着5座四方形楼阁式塔，在宝座与塔的四壁上密布雕刻。宝座与塔均为砖筑造，在各层短檐与屋顶上均用黄、绿二色琉璃瓦装饰，带有当地的民族风格。

（四）缅式塔：云南傣族聚居区信奉的是上座部佛教，这个地区的

云南景洪曼听寺塔

云南景洪曼飞龙塔

山西平顺明惠大师塔

河北正定广惠寺花塔

佛寺与佛殿形式和汉地与藏传佛教地区的佛寺建筑都不相同，它们采取的是缅甸、泰国的佛寺与当地傣族建筑相结合的形式。在这些佛寺中几乎都有佛塔，佛塔的形式来自缅甸佛塔，因而称为缅式塔。其中最著名的是景洪大勐龙的曼飞龙塔。此塔建于1204年。在八角形的须弥座上立有主塔1座和主塔四周的8座小塔，塔身均圆形，上下分作若干段，粗细相间，很像细长的葫芦，顶上有尖锥状的塔刹，塔身皆白色，塔刹贴金，刹尖有几层铜制的镂空宝盖，高约8米的八座小塔围簇着中央高16.30米的主塔，总体造型挺拔而秀丽。当地傣语称此塔为“塔诺”，意思是雨后出土的春笋，比喻形象十分妥帖。其他有名的还有景洪橄榄坝的曼苏满佛寺塔和曼听佛寺塔，它们有的是群塔，有的是单座塔，但造型都与曼飞龙塔近似，都与缅甸、泰国的佛塔有相似的风格。

（五）单层方塔、花塔及其他：各地寺庙中还常见一种单层塔，平面多方形。山东历城神通寺的四门塔，建于611年，是我国现存最早的石塔。方形平面，每面宽7.4米，塔室正中有塔心柱，柱四方各有佛像，整体造型浑厚简朴。山西平顺海慧院明惠大师塔也是石造单层方塔，建于877年，塔的基座、塔身与塔刹三部分几乎等高，但由于外观造型与雕刻装饰简繁的不同处理，使塔的总体比例匀称，造型端庄。这两座石塔虽属同一类型，但风格各具特征。

河北正定有一座建于宋金时代的广惠寺花塔。塔平面八角形，塔身三层，塔身上为圆形的塔刹部分，这一部分不但高，在它的外表四周还布满了由砖雕塑成的小佛塔、仙人、狮、象、莲座等，远观如盛开的花朵，因而称之为“花塔”。这种花塔在河北涞水和北京通县也有发现。

在宁夏、西藏等少数民族地区还发现有个别不同于一般的奇异形式的佛塔。宁夏青铜硖的山坡上有一座规模很大的喇嘛塔群，它由108

宁夏青铜峡百八塔

座小型喇嘛塔组成，所以称为百八塔，由最顶上的一座，按1、3、5……直排至最下层的19座（其中第3、第5层各为两层），形成一等边三角形。小塔的大小越往上越大，这样可以避免在透视上的误差，一眼望去，108座喇嘛塔在视觉上保持一样大小。至于为何采用108座塔，可能与佛教密宗教义有关。西藏江孜有一座白居寺菩提塔，建于1414年，塔形甚大，基座为曲折形，作成五层阶梯状，塔身为圆柱形，直径达20米，塔顶13层相轮粗壮敦实，顶上有金属制作的宝盖与塔刹，在基座与塔身内都设有佛殿、经堂等共77间，这是一座将佛殿组合为塔形的特殊的佛塔。

河北定州开元寺料敌塔

山河塔影

佛塔作为埋葬佛骨舍利的纪念物，最初被放在寺庙的中心作为佛徒膜拜的对象。随着佛像的出现，供奉佛像的大殿逐渐代替了塔的中心位置，佛塔被移至大殿之后，或者被放到中轴旁边的院子里了。但是塔毕竟是佛教的一种标志性建筑，它具有很大的宣扬和招引的作用，因此各地的佛塔不但筑造得形体高大，而且还十分注意塔所处的位置，以便使它们能充分发挥出标志性的作用。

北宋咸平四年(1001)，僧侣自天竺取回舍利，在河北定州专门建塔供奉，前后花了50年，至1055年才建成。塔为楼阁式，全部为砖筑，塔内有楼梯直通至顶层，塔全高84.2米，为我国现存最高的古砖塔，屹立于开元寺中，自然很引人注目。当时正值北宋与北方的辽国相争，定县处于两国交战区，宋兵利用此塔之高，可以登塔瞭望监视辽军动静，所以俗称为“料敌塔”，佛塔因此兼具军事上的功能。

970年，吴越王钱弘俶在杭州建造了一座六和塔，供奉舍利，以镇钱塘江大潮，塔址选在钱塘江江边的山上，背山临水。塔高原为9层，1153年塔毁重建时改为7层，外观13层，砖心木外檐，高近60米。这座既供佛又镇江潮的高塔因地处江岸，夜晚塔上灯明，成了江上船只的导航灯塔。

北京北海中的琼华岛，自元朝就成为皇城御园，元、明两朝陆续在岛上兴建宫殿，清顺治八年(1651)修建永安寺，并在山顶建造了一座喇嘛塔，因塔外观白色，故称为北海“白塔”。白塔本身高39.5米，加上岛山高32.8米，从地平拔高共70余米。这座高耸的白塔背衬蓝天，四周绿树相簇，巍巍然倚空而立，不但成为整座北海的风景构图中心，而且还与邻近的景山脊上的五座亭子共同构成古老北京城的天际轮廓线，在紫禁城金黄琉璃瓦顶和四周大片灰色四合院与绿树的衬托下，使古城倍增神韵。

北京西北郊著名的皇家园林玉泉山静明园里有一座香岩寺，寺中

浙江杭州六和塔

佛塔特别选建在玉泉山的主峰之顶，因而名为“玉峰塔”。塔八角七层，砖筑，自塔底有旋梯可登各层。登塔顶极目四望，远处圆明园、颐和园等湖光山景尽收眼底。玉峰塔不仅为玉泉山的制高点和全园景观中心，而且还成为附近皇家园林区的最佳借景，无论在香山静宜园之巅，还是在颐和园的万寿山脊，昆明湖畔，都能见到这“玉峰塔影”的景观。

江苏镇江市有一座临长江的金山，山上有佛寺江天寺，俗称金山寺，寺沿山势而建，将殿宇散置山腰、山底，有廊屋台阶相连，独将佛塔建于金山之巅，名慈寿塔。塔八面七层，砖塔心而木构外檐，层层飞檐翼角，更增添宝塔凌空之势。塔内有木梯可登至各层，凭栏眺望，远近山水城乡一览无余，江边的慈寿塔成了镇江的标志。

浙江杭州著名的雷峰塔建造在西湖边上的南屏山顶，原来是一座砖塔心木构外檐的多层楼阁式佛塔，古人描绘“高塔耸层层，千尺浮

江苏镇江金山寺塔

图兀倚空”，可见当时塔本身的形象与塔所在的环境都是相当美的。明嘉靖年间(16世纪)，倭寇侵入杭州，一把火烧掉雷峰塔所在的佛寺，塔的外檐也被烧毁只剩下残破不全的砖塔心仍屹立在西子湖畔。明代张岱称它为：“残塔临湖畔，颓然一醉翁。寄情在瓦砾，何必藉人工。”清朝举人厉鹗在一首曲词中说：“黄妃塔(雷峰塔)颓如醉叟，大好残阳逗。”明末王瀛更有诗道：“暝色霏微入远林，乱山围绕半湖阴；浮图会得游人意，挂住斜阳一抹金。”佛寺与宝塔被烧，寺庙消失了，但是残留的砖塔在诗人眼中还是那样地具有魅力，在夕阳余辉映照下，成了西湖十景之一的“雷峰夕照”。上个世纪的20年代，这颓翁状的雷峰塔心也最终倒塌，从此雷峰塔影从西子湖畔消失了。

屹立在山巅水滨的佛塔，除了宣传佛教以外，还起着美化环境、瞭望、观景、导航等等多方面的作用，它们与山山水水组成为各具特色的景观，成为古代颇具人文内涵的景象，点缀着中华大地。

佛塔的延伸

镇江金山上的慈寿塔和杭州南屏山上的雷峰塔就是既有景观，又具有丰富人文内涵的两座佛塔。《白蛇传》这个善良战胜邪恶的神话故事中以江南两座寺庙作为背景环境，而金山寺的慈寿塔与雷峰塔又在其中担当了重要角色，这或许是因为西子湖与金山的美景更能渲染出人性的善良，这也说明了作为佛教标志的佛塔在人们心中已经占有了相当的位置，它们的价值已经超出单纯的宗教信仰而扩延到更广阔的领域中去了。

陕西西安的大雁塔不仅是一座著名的佛寺塔，而且也是古时长安市民登高观景的好去处。唐朝各地举人齐集长安，经会考、殿试中了进士的都要登上大雁塔，在塔上题上自己姓名以表豪情壮志，这“雁塔题名”成了文人的雅兴，从而也引来了各方学士文人登塔抒情，留下了大量有价值的诗词歌赋。

佛塔的作用与价值大大地被延伸了。各地出现了不少单纯的风景塔、风水塔与名人纪念塔。浙江建德新叶村的村东南有一座博云塔，六角形，高7层约30余米，这不是佛寺的塔而是村里的风水塔。据风水学典籍《相宅经纂》中说：“凡都、省、州、县、乡村，文人不利，不发科甲者，可于甲、巽、丙、丁四字方位择其吉地，立一文笔尖峰，只要高过别山，即发科甲，或于山上立文笔，或于平地建高塔，皆为文笔峰。”新叶村祖先自认为文运不佳，于是选择在村的东南巽位洼地上专门修造了这样一座博云塔，又称“文峰塔”，以求上天保佑，使村中叶氏家族多中科举进入仕途。在浙江武义的郭洞村、江西婺源凤山村都有这样类似的风水塔。尽管这种塔在实际的社会生活中并不起作用，但它们都大大美化了环境，往往成为一个村落的重要景观。

佛塔随着佛教自世纪之初传入中国后，与中国传统的楼阁结合而产生了楼阁式佛塔；继而由楼阁式衍生出密檐式塔；因佛教教派的不同和地区的特点又出现了喇嘛塔、金刚宝座塔和缅式塔等等。所有这些类别的塔又因地区、民族等因素更创造出了不同风格、不同式样的塔形，再加上风水塔、纪念塔等等，在中华大地上组成了塔的系列。在中国论塔的数量和它们形式之多样，风格之丰富可以说在世界上也是绝无仅有的。一种特定形式的佛塔，传入中国后，很快就被融化、改造了，接着又派生出了各式各样的佛塔，并且佛塔的内容还被延伸而使它具有更广泛的意义。如果把它们看作为一种文化现象，那么，这种外来文化很快被本土文化所吸收、改造、融化的现象是不是中国所独有呢？一种外来文化与本土文化相结合而产生出一种新的文化，并且在这个基础上继续发展，从而使这种文化更为丰富、更加多彩，这种现象对于世界文化的总体发展是有利还是不利呢?这是值得认真思考的问题。

浙江新叶村文峰塔

第九讲

伊斯兰教与清真寺

伊斯兰教礼拜寺

伊斯兰教产生于7世纪初的阿拉伯半岛。当时，阿拉伯半岛正处于政治动荡时期，氏族部落之间充满了仇杀与相互掠夺，战争连绵不断，生产受到破坏，整个社会危机重重。所以，实现社会安宁，恢复生产是当时阿拉伯广大群众的迫切愿望，也是阿拉伯社会的惟一出路，伊斯兰教正是顺乎这一社会潮流应运而生的。它的创始人穆罕默德宣称，伊斯兰教真主是“安拉”，他是安拉的使者，安拉是世界上惟一的真主，安拉主张制止血亲复仇，实现社会的和平与安宁；主张禁止高利贷，买卖公平，施济贫民与孤儿，奴隶得赎身。所以伊斯兰教一产生就得到社会与百姓的广泛信仰与支持，很快地成为阿拉伯社会的主要宗教，并且迅速得到传播。

伊斯兰教有严格的教义与宗教功课，这就是信安拉、信天使、信经典、信先知、信后世的五信教义。伊斯兰教的经典《古兰经》是一部由穆罕默德宣布的“安拉启示”的汇集，它集中阐述了伊斯兰教的教义与制度。伊斯兰教的五项宗教功课是证言、礼拜、斋戒、天课与朝觐，称为五功。礼拜是五功中最重要的功，教徒每天需向圣地麦加方向作五次礼拜；每周星期五举行一次教徒会合在一起的聚礼；每年的开斋节和古尔邦节还要举行更大规模的会礼；而且规定礼拜之前，身体必须清洁，需要用水进行清洗手、足和人体各个孔、穴的小净和清洗全身的大净。

伊斯兰教进行宗教礼仪的场所，是伊斯兰寺院，因为它主要的功能是供教徒聚会作礼拜，所以也称礼拜寺。在一座礼拜寺里，最主要的建筑就是教徒集体作礼拜的礼拜堂，它要求面积比较大，在早期的礼拜堂采用了阿拉伯地区建筑常用的拱顶形式，这种拱顶可以用较小的石料或砖筑造，还可以抬高屋顶；在墙上也用发券的门和窗；后来这种拱顶、券门窗成为伊斯兰礼拜寺惯用的一种带有标志性的形式了。由于安拉是没有形象的真主，所以伊斯兰教从一开始就反对偶像崇拜，在所有的礼拜堂内从不设偶像，只在朝向圣地麦加方向的墙上设立壁龛，作为礼拜的正向。壁龛之前一侧有一座木制的小型讲坛，设几步阶梯，供寺内教长站在上面讲经用。宣礼塔是礼拜寺内另一种重要的建筑，是一座高耸的小楼，供登高召唤教徒前来作礼拜之用。一寺之长站在塔上呼唤称为“叫邦克”，所以宣礼塔又称“邦克楼”。它首次出现于倭马亚时期的大马士革礼拜寺，而这座寺是在原来基督教圣约翰大教堂的基础上改建而成的，所以许多人认为宣礼楼的原型应为基督教堂的塔楼。根据礼拜之前必须进行小净、大净的教规，在一般礼拜寺内都设有清洁和沐浴的设备和场所。

较大的礼拜寺不仅供礼拜之用，同时还是进行宗教教育和宗教事务的地方。不少礼拜寺内设有学校，专门教授《古兰经》。始建于920年的著名埃及开罗爱资哈尔礼拜寺也是一所同名大学的所在地。全寺

福建泉州清真寺

面积达1.2万平方米，圆形拱顶的大、小礼拜堂可同时供5万人礼拜，多座高耸的宣礼塔构成了古寺丰富的轮廓线，爱资哈尔寺成为这一时期礼拜寺的楷模，同时也是历史最悠久的伊斯兰最高学府。

中国清真寺

伊斯兰教传入中国是在唐朝永徽二年(651)。在之后的六百余年间，中国和阿拉伯之间的交往主要通过陆地与海上两条路线。陆上交通是自阿拉伯半岛经波斯、阿富汗到达中国的新疆，再经青海、甘肃而达长安。海上是由波斯湾出发，经阿拉伯海、孟加拉湾，穿马六甲海峡而到达当时中国对外贸易的口岸广州、泉州、杭州、扬州等地。随着两地区贸易的来往，一些阿拉伯和波斯商人也把伊斯兰教带到中国各地。13世纪，由于成吉思汗的西征，大批波斯与阿拉伯人被迫迁入中国，使伊斯兰教在元朝进一步传到中国的内地，于是在中国的通商口岸城市、新疆、西北的甘肃、宁夏、青海、陕西以及内地都陆续兴建了礼拜寺。据传说，元延祐二年(1315)，咸阳王奉敕重修陕西长安寺，奏请皇帝赐名“清真”，以表示称颂清净无污染的真主，从此，清真寺成了伊斯兰教礼拜寺在中国的通称。中国的清真寺大体有早期通商口岸城市的清真寺、新疆地区的清真寺和内地的清真寺。

(一)早期清真寺：主要集中在广州、泉州、杭州、扬州等城市，目前保留下来的有广州的怀圣寺和泉州的清净寺等处。广州怀圣寺传为唐朝始建，被毁后于元至正十年(1350)重建，清康熙年间又重修。从寺内现存建筑的形制看，除光塔外多为清朝以后重建。光塔为圆筒形上下两段，塔高36.3米，塔内有螺旋形梯，可登至塔顶，这座邦克楼保持了波斯礼拜寺建筑的特征。泉州清净寺建于宋大中祥符二年(1009)，当时正是中国与阿拉伯国家经海路贸易的兴盛时期，因经商而来往泉州的阿拉伯人很多，清净寺就是当年居住在泉州的伊斯兰教徒首先兴建的礼拜寺。寺全部用石料筑造，寺大殿已毁，但从门楼的尖券门等形制看，寺的建筑完全是依照阿拉伯礼拜寺的形式建造的。

(二)新疆地区的清真寺：唐宋以来，伊斯兰教自阿拉伯经丝绸之路传入中国，新疆就是必经之地。北宋乾德三年(965)，中亚地区的萨曼尼王朝将伊斯兰教直接传到新疆喀什的哈拉罕国，经喀什又将伊斯兰教分南北两路传至新疆的莎车、于阗和阿克苏、库车一带。元朝由

新疆喀什艾提卡尔清真寺

于朝廷的提倡，更使伊斯兰教遍及全新疆，至明清时期，在新疆的维吾尔、哈萨克、乌孜别克、柯尔克孜、塔吉克、塔塔尔等少数民族地区几乎全民信奉伊斯兰教，伊斯兰教取代了一些地区佛教的地位。于是，在新疆各地出现了大量的清真寺，光喀什市内就有清真寺100多座。

新疆地区的自然环境与地理位置与内地和中原地区有相当大的差别而更加接近中亚地区；新疆的少数民族与中亚地区的民族在血缘上自古以来就有千丝万缕的联系，他们在生活习俗、服饰、文化背景等等方面都有许多相同或相近之处。因此，这个地区的建筑，无论是住房或是其他公共建筑，在形制上都与中亚地区相近而与内地汉族地区的传统建筑有明显的差异。正是由于这些因素，使新疆地区的清真寺保留了更多的阿拉伯礼拜寺的形制，它们与当地民族建筑相结合，从而产生了这个地区清真寺的特殊风格。

喀什艾提卡尔礼拜寺是喀什地区最大的一座清真寺，建于清朝。寺位于喀什市中心艾提卡尔广场之西，前面是高大的门楼，开着尖券大门，门上安两扇铜制门扇。门楼两侧有不对称的壁龛，左右连着两座高耸的邦克楼。进入门楼为一广阔的庭院，院中绿树、水池相映，隔着庭院就是主体建筑礼拜堂。堂面阔140米，进深20米，分内外二层，圣龛位于内堂的西墙上。因为圣城麦加位于中国的西方，所以教徒都西向做礼拜，礼拜堂的入口设在东向。大堂由140根木柱组成，除中心

艾提卡尔清真寺礼拜堂

的内堂四面有墙外，外堂东向都不设墙而成为开畅性空间，可以供千人礼拜。庭院左右两边为成排房屋，供阿訇学习用，最多时可容400人生活和学习。礼拜寺为砖构筑造，外墙为土黄色，其中用蓝、绿色瓷砖作装饰，在蓝天衬托下，十分醒目，它坐落在广场上，成为喀什市的标志性建筑，也是南疆地区最著名的清真寺。

额敏塔与礼拜寺位于吐鲁番。额敏塔建于1778年，是吐鲁番郡王额敏和卓的长子苏来满为纪念其父而出资修建的。额敏和卓为吐鲁番

新疆吐鲁番额敏寺

世袭大阿訇，当地的宗教与行政领袖，因平定准噶尔贵族叛乱，维护祖国统一有功，被清朝廷封为郡王，并世代相继。所以这座塔实为一座纪念塔，但塔旁建有一座清真寺与塔相连，因此额敏塔又成了寺中的拜克楼，寺塔相连，在当地称为额敏大寺或苏公塔礼拜寺。寺外围呈长方形，东西长约53米，南北约43米。寺门为高起门楼，有尖顶拱形大门；与寺门相连的为直径约6米的圆拱顶门殿；寺西为拱形后殿，内设圣龛；两殿之间为中心大殿，内设木柱32根，上为平顶，而大殿的南、北两侧则为连续的10个小拱顶相连；平顶与拱顶皆由天窗采光，可同时容纳千人礼拜。额敏塔位于寺之东南角，有甬道与寺门厅相连。

新疆喀什阿巴和加麻扎

化觉巷清真寺讲堂

塔为圆筒状，底部直径14米，塔高36米，从下到上有明显的收分，至塔顶直径仅2.8米。塔内设梯可登上，各层分段开有14个小窗口，塔表面用砖砌拼出十余种不同的花纹，使单纯的塔体显出几分华丽。整座寺与塔都用当地的土砖筑造，单一的土黄颜色，但是在吐鲁番几乎终年蓝色晴空的衬托下，每当身着鲜艳民族服装的上千教徒齐声礼拜时，那场面也颇为壮观。

阿巴和加麻扎是喀什另一座著名建筑。麻扎是新疆地区伊斯兰教著名人士的墓地，一般规模都不小，里面还多设有清真寺，所以有的也称为麻扎寺。阿巴和加麻扎是阿巴和加家族的墓地。整座麻扎包括有一座主墓室，四座礼拜寺和一座教经堂。主墓室为全墓地的中心，它的外观由四角四个塔楼与中央一座大圆拱顶组成，墙面为白墙上装饰着绿色琉璃的镶面。墓室与墓群位于陵园之东，占据了整座陵园的大部分。陵园之西半部由四座礼拜寺和一所教经堂组成，其中以大礼拜寺规模最大，高大的前殿有系列木柱支撑屋顶，殿前有庭院，四周有墙相围。在主墓室的西北与西南的绿顶礼拜寺和低礼拜寺上都有圆形拱顶，它们与主墓室的大穹窿顶相互呼应，组成为一座规模相当大的宗教建筑群。

我们通过以上所列三个实例和新疆其他的一些清真寺可以看到它们在建筑群体布局和建筑个体形象上都存在着明显的与内部建筑不同的特征。首先表现在总体布局上，这里的清真寺不采取中轴对称的规整形式，而运用了非对称形的自由布局。一座清真寺都是以礼拜堂为中心，拜克楼与主堂可以连在一起，也可以独立，经堂、水房和其他办事及生活用房都布置在礼拜堂四周，没有一定之规，根据寺的大小及所处地盘、地势而定。建筑之间以绿地相连，有时还布置有小水池，使整座清真寺空间显得自由活泼。在建筑形象上普遍采用拱形的门、窗，圆拱形的屋顶，加之耸高的充满了装饰的拜克楼，形成了新疆伊斯兰宗教建筑的特殊风格。

北京牛街清真寺

这种风格也同时比较普遍地表现在新疆的其他类型建筑上。一些没有礼拜寺的名人陵园，也同样采用圆拱顶、尖券门窗和高高的拜克楼。在普通住宅上也喜欢用券窗券门，在一些公共性建筑上也有拜克楼。在这里，拜克楼没有呼唤教徒作礼拜的作用，而成了表现民族风格的一种标志与象征。

（三）内地清真寺：在内地一些伊斯兰教徒比较集中的地区和青海、甘肃、陕西等省的一些城市中，伊斯兰教徒居住较集中的市区都普遍地建有清真寺。

西安化觉巷清真寺是西北地区很重要的一座清真寺，建于明洪武二十五年(1392)。全寺占地约1.2万平方米，外围呈长约240米、宽约

50米的狭长形，门朝东向，寺内建筑沿东西中轴线整齐排列，组成前后五进院落。第一、二进院落内有木、石牌坊与大门；进二门入三进院，中央为邦克楼，其形式为八角重檐攒尖顶的多层楼阁，左右两边厢房为水房、经堂与宿舍；第四进院内坐落着礼拜大殿。大殿七开间宽33米，进深由前廊到后殿底共38米，这样深的大殿是由前后两个卷棚顶勾连在一起组成屋顶。圣龛即设在后殿的底墙上，教徒面对圣龛礼拜正好朝向西方的麦加圣城。大殿之前附有广阔月台，院子两侧厢房为经堂。伊斯兰教礼拜寺所必需有的礼拜堂、邦克楼、水房、经堂等建筑，加上中国传统的牌坊、石碑等小品组成了这座规模很大的清真寺。

北京牛街清真寺位于宣武区牛街伊斯兰教徒聚居区，初建于辽圣宗统和十四年(996)。经元朝扩建，明成化十年(1474)，明宪宗正式赐名为“礼拜寺”。寺内的礼拜堂与邦克楼位于中轴线上，寺内议事聚会的厅堂和水房、经堂及其他生活用房均安置在两侧。在寺的东南跨院内有两座当年西亚传教长老的坟墓，它们是中外伊斯兰教民千百年来友好往来的历史见证。

中国清真寺虽然都有伊斯兰教所要求的建筑内容，每座寺都有礼拜堂、邦克楼、水房、经堂等，但是这些建筑扬弃了阿拉伯地区伊斯兰教建筑的形式，而采用了中国内地传统的建筑样式。建筑个体按规则的中轴对称布置，组成前后规整的院落；原来细高的邦克楼成了多层楼阁；圆拱形的穹窿顶见不到了，代之以几座屋顶相并连的殿堂，阿拉伯的礼拜寺变成了中国内地的清真寺。

伊斯兰教建筑的装饰

自从伊斯兰教创立之后，伊斯兰精神即开始渗入到阿拉伯地区的传统艺术之中，并与之相结合产生了伊斯兰与阿拉伯艺术，随着伊斯兰教的传播和影响的扩大，这种艺术便简称为伊斯兰艺术了。在伊斯兰艺术中，装饰艺术十分重要，甚至有的学者认为伊斯兰阿拉伯艺术本身就是一种装饰艺术。这种艺术集中地表现在伊斯兰教的建筑上。古代的建筑师与工匠用石料、砖、木材建造了清真寺，他们又和艺术家与民间艺人在这些清真寺的石头和砖木上进行雕刻、绘画、镶嵌，寺内铺着手工艺匠制作的地毯，陈设着家具和各种工艺品。可以说，清真寺从里到外都充满了装饰，从建筑的外墙、立柱、门窗、天花到寺内的家具、陈设组成了装饰艺术的海洋。

伊斯兰教的建筑装饰随着伊斯兰教的传播传至中国，而新疆地区的清真寺则是表现这种装饰艺术最集中和最明显的地方。从新疆喀什、吐鲁番等地区的清真寺和麻扎中的礼拜堂等建筑上可以看到，这种装饰集中表现在建筑的外墙面、门头门脸，礼拜堂的立柱、天花、窗和邦克楼这几个部分。

清真寺的外墙除了用连续的尖券门、窗或壁龛造成富有特征的外貌以外，多用砖、瓷砖、琉璃或石膏花在墙面上拼出花纹进行装饰。喀什艾提卡尔清真寺正立面用大面积的黄色砖和蓝色与白色砖镶在屋檐和大门、壁龛的尖卷边上，使整座礼拜寺显出清新的格调。在喀什阿巴和加麻扎寺的主墓室则用绿色琉璃砖镶嵌在圆拱顶和墙体外表，同时留出白色的壁龛部分，绿、白相配，色彩鲜明而不浓艳。喀什还有两座名人麻扎寺，即哈斯哈吉甫麻扎和喀什葛里麻扎，前者的墓室和礼拜堂外墙全部镶贴着蓝紫色的瓷砖，而后者墙体则全部用土黄色，并用大面积的同色石膏花装饰，还在屋檐上用绿色琉璃花纹组成周边的装饰带。这一色的蓝紫色与土黄色，这冷峻、清雅的色调似乎表现出了两位知名学者的智慧与淡泊之志。

喀什艾提卡尔清真寺礼拜堂大门

吐鲁番清真寺大门门头

清真寺和礼拜堂的大门是又一处装饰的重点。喀什艾提卡尔清真寺的礼拜殿的内殿大门是通向殿内圣龛的重要入口。高高的尖券门有一圈洁白的券边，券面上还有隐出的石膏花纹。在券门的周围满铺着色彩缤纷的花饰，由卷草、花卉、万字、几何等纹样组成宽窄不同的花饰带，整齐地铺在门周边的墙壁上成为“门脸”装饰。这门脸好像挂在墙上的彩色壁毯，华丽而不艳俗，表现出真主的圣洁，召唤着教徒的礼拜。吐鲁番清真寺也有一座双层尖券式的大门，在两层尖券之间进行了集中的装饰，这种在门上方的装饰称为“门头”装饰。这里的门头充满了由植物枝叶与花卉组成的花纹，它们有的像冬季的雪花，有的像夜空中的礼花，成片、成条状地匀布在门头，白色的花饰在深绿色的墙体上，显得既华丽又不失纯净，具有极强的装饰效果。

清真寺的礼拜堂由于要容纳成百上千众多的教民前来礼拜，所以多用梁柱结构造成宽广的室内空间，堂内有成排的木柱，这些与教民十分贴近的木柱又成了清真寺内装饰的重点。木柱少有方、圆形而多呈多面形，其中又以八角柱居多。喀什艾提卡尔清真寺的礼拜堂的外殿部分有100余根立柱，八角形细长的柱子，周身漆为绿色，与白色的天花形成对比，组成色调清新的空间。在每一根立柱的下部，即人的视线所及的部分做了雕刻处理，这种雕刻只作大面和线角的起伏而不作细腻的雕花，具有简洁明快的总体效果。在阿巴和加麻扎的大礼拜寺也见到这种装饰处理，成排立柱只在下部有一些大面的雕刻，只是这里的柱子漆成土红色，形成暖色调的空间。但是在阿巴和加麻扎的绿顶和高、低礼拜寺中，我们却看到了比较复杂的立柱装饰。这三座礼拜寺的木柱也都是八角形，但是它们的装饰却不仅限在下部而是遍及全柱，从上到下可以分作柱头、柱身与柱础三部分。柱头多沿着周围雕出一系列小尖龛，上下两三层，组成一顶多角星状的花冠戴在柱子上，而且每个柱头的花饰还都不雷同。柱身又可分作上下两段，多数柱身上段雕饰不多，只在八个楞角上起线角作装饰；而在下段最接近人视线处则作了重点雕饰。把这一部分又分作上下几段，或圆或八角，或作大枝叶浮雕，或作密集细雕花，组成为极丰富华美的装饰段。柱础部分比较简洁，只做出一些不同截面的加工处理。这些排列成行的立柱上的装饰，尽管大小分段与构图相同，但由于细部花饰的不雷同和色彩的相异，使这些柱子五彩缤纷，表现出浓厚的阿拉伯伊斯兰建筑的艺术风格。

礼拜寺的室内天花面积比较大，在大多数的礼拜寺里，只对其中的藻井部分进行重点装饰。藻井的位置多选择在大片天花的中心部位，或者在礼拜寺入口的上方。它的做法是在天花顶棚上用木条围成方或长方形藻井，在藻井内又用支条木分隔成高低不同的几个层面，在这些层面上满布彩色图案。在四边周圈喜用小幅画面排列成行，每一幅画面中画着不同内容的风景、植物、花卉，比较写实。在藻井的其他部分多用方、长方、套方、多角、万字等形作出分格，然后在每一格内都绘制植物、花卉、阿拉伯文字和各种几何形花饰，色彩多样而华丽，但在总体色调上比门脸与外墙装饰显得更为深厚。除藻井外，其

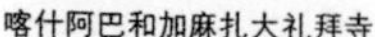
喀什阿巴和加麻扎大礼拜寺

阿巴和加麻扎离礼拜寺木柱（全景）

喀什艾提卡尔清真寺藻井（全景）

余天花部分多只在平行的顶棚楞木上略作花饰点缀，例如艾提卡尔礼拜殿的外殿的大片天花，只在中央内殿大门的上方与南、北二侧各有一处藻井，其余皆为白色，只在条条楞木的两头以绿色小花纹作点缀，保持着整座大殿色调的清畅，只有这几块五彩缤纷的藻井，象征着美丽的天国世界。在较小的礼拜寺内，也有将整个天花装饰得很华丽的。如喀什阿巴和加麻扎的高礼拜寺，平顶天花平行排列着一条条楞木，在整片顶棚的四周，做成连续的井字天花，每一井字方格内都绘制不同内容的风景、植物花卉，组成一圈色彩浓厚的彩带。在中央部分的每一根楞木的中心与两端，也都绘制着相同的花饰。这华丽的天花与多彩的立柱组成了这座礼拜寺特别绚丽的空间。

清真寺的窗户装饰也是颇具特色的。无论是尖券还是长方形窗，面

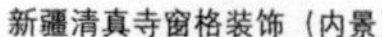

阿巴和加麻扎高礼拜寺天花

新疆清真寺窗格装饰（外貌）

新疆清真寺窗格装饰（内景）

新疆清真寺邦克楼(1)

新疆清真寺邦克楼(2)

积都比较大，而且多朝向清真寺的内院。在这些窗户上都满布花格，用细细的棂条组成不同形式的几何纹，而且在相邻的两个窗，甚至在一个大窗户的上下两扇窗上的花格纹也互相不雷同。这种极富变化的花格窗无论从外或从里观看都具有强烈的装饰效果。每当阳光低斜，这些窗户投在地面上的花影更使寺内增添神采。

清真寺特有的邦克楼，高高地耸立在寺的大门两旁或寺的四周，它们成了世界各地清真寺共同的标志，所以它们的形象与装饰总受到特别的重视。尽管它们都具有瘦高的外形，但设计者和工匠通过对这些塔楼的不同分段处理，应用陶砖、瓷砖、琉璃砖、灰面、石膏面等不同材料的不同质感与色彩，又有不同的花纹装饰，使众多的塔楼从整体到细部都出现了不同的形象与风格。

从新疆地区清真寺的墙面、柱子、天花、门窗和邦克楼的装饰上，可以看到一些共同之处，这就是这些装饰纹样几乎都采用植物、几何纹与阿拉伯文字的图形，在建筑物上的布局多采用重点使用而不采取满堂装饰的方式。这种现象的产生不是偶然的，首先伊斯兰教严禁偶像崇拜，所以在装饰艺术中大大促进了植物与几何纹的发展。阿拉伯文字本身就是一种造型艺术，能够构成具有形式美的图案，在不用动物形象的装饰纹样中，这种阿拉伯文字又与几何、植物纹互相组合在一起形成为伊斯兰艺术中特有的一种装饰纹样。不少学者研究认为，这种装饰纹样不仅具有形式美而且还有宗教内容的象征意义。在装饰的几何纹样中，最常见的是四方形、套四方成八角形、圆形或套圆形，它们都反映了伊斯兰教天地融合的观念。通过这些多角的星状图案象征着四面八方，可使人联想到天穹与土地。植物纹中既有写实的，也有比较图案化的，它们往往组成连绵不断的条状，反复盘卷，象征着宇宙万物生命力的顽强与连续。这些装饰出现在墙面、门窗、藻井、邦克楼上，一方面各种花饰形态多样，千变万化；另一方面这些纹饰又都组织得十分有条理与有秩序。它反映了伊斯兰艺术所主张的宇宙万物本身所具有的动态美和在独一真主的支配下，世间事物应具有的统一有秩序的整体关系。

除藻井外，清真寺各部位装饰的色彩多比较清丽，这样就使清真寺在总体环境和建筑的内外空间都保持着一种清新的格调，反映了伊斯兰教所追求的清净与纯洁。

由于内地清真寺的礼拜堂、邦克楼和其他建筑都采用传统殿堂、阁楼的形式，所以在建筑外形的装饰上也都用了传统的装饰手法。一座西安化觉巷清真寺内，殿堂屋顶用的是琉璃屋脊与正吻、脊兽；几座砖筑的碑楼则在屋顶、梁枋、挂落、券面、字牌各处布满了砖雕纹饰。但在这些清真寺的礼拜堂内部情况稍有不同。尽管只能在殿堂传统木结构的梁枋、立柱上进行装饰，尽管这些装饰还采用传统彩画的形式，但是彩画内容却用了大量植物纹与阿拉伯文字作内容。例如北京牛街清真寺的礼拜殿，梁枋上画的是花草心旋子彩画，立柱上满绘缠枝西番莲花卉，并且在殿内柱间设多座拱券罩，这些罩采用了阿拉伯的尖券形式，罩面上满铺阿拉伯文字图案。在后殿的圣龛壁上也是满铺阿拉伯文字装饰。所有立柱与拱卷罩都在红底上用金色沥粉勾出突起的花纹，红金相配，满堂富丽华贵，只有后殿的圣龛保持着伊斯兰教习惯采用的蓝色金字，表现出真主的神圣与纯净。在这些礼拜殿里还挂有内地习用的匾额与对联，但内容却多与伊斯兰的信仰与教义有关，而且多以阿拉伯文字书写。

内地清真寺从外观形式到室内外装饰都表现了汉民族传统文化与外来的阿拉伯伊斯兰文化的结合，但是这二者之间似乎还没有达到十分融合的程度，还没有形成一种成熟的新形式。

第十讲

皇家园林

一说起皇家园林，人们自然就会想到北京的圆明园和颐和园。一座是天下闻名的“万园之园”，1860年被英法联军一把火烧掉了。如今剩下的断垣残柱成了帝国主义侵略的罪证；另一座是我国保存下来最完整的古代皇家园林，被联合国教科文组织列入“世界文化遗产”名录，成了世界级的文化珍宝。不论是被毁的还是保存下来的，它们都反映了中国古代园林的辉煌成就。

园林的形成与发展

园林是经过人类加工或者创造的自然环境，它的形式很多，大到一个风景区、大型苑囿与皇家园林，小到一户一家的私家花园，乃至在住宅一隅，居室前后布置几块山石，留出一洼水池，间种以花草树木，也成园林小景。中国的五岳与四大佛山经过历代的开发与经营成为著名的风景园林区；承德的避暑山庄、北京的北海、香山、圆明园、颐和园都是名扬四海的皇家园林；江南的苏州、扬州、杭州留下了众多的私家花园；加上散布在各地住宅、寺庙里的小园；组成为中国古代园林的一幅多彩画卷。

中国古代园林起源很早，据文献记载，商代就有了苑。苑是选择一块山林地，在里面放养一些野兽供帝王行猎作乐。这种苑里有用土筑成的高台，可以在台上瞭望和观察天文，当时苑里还没有什么建筑。到公元前11—前8世纪的西周，苑被称为囿，它的规模有大到方圆70里的，在囿中蓄养各种禽兽、鱼类，挖池沼，筑高台，在台上开始建筑宫室以供帝王享用。秦统一中国，这种苑囿有了发展，秦始皇想在关中东起函谷关，西至雍州划出一座幅围广大的禁苑，但没有能实现。汉朝在长安建造上林苑，长达300里，在其中蓄养百兽，采种各地花木，建造宫殿和一些供观赏游乐的建筑，上林苑已经是一座专供帝王娱乐休息用的园林了。魏晋南北朝时期(公元3—6世纪)，各国统治者之间相互并吞，战争不断，仕官文人产生了对政事的悲观与失望。他们不理世事，崇尚逃避现实的老庄思想，喜好玄理与清谈，纷纷隐逸江湖，寄情于山水环境，一时间山水诗、山水画盛行。晋人陶渊明在《桃花源记》中创造了一片与尘世隔绝的山水胜地，但这毕竟只是理想，在现实生活中，文人士大夫也开始在自己住屋周围经营起具有自然山水之美的小环境，从此中国兴起和发展了追求自然情趣的山水园林。原来帝王以狩猎为主的苑囿也向山水园转化，在园中开池堆山，广植花木，布置亭台楼阁，力求创造出具有自然之美的环境。文人仕官更大量兴建私家小园，在园里堆小山，挖池沼，培植花木以寄托情思。魏晋南北朝成了中国山水园林的奠基时期。唐朝(公元7—10世纪)是山水园林全面发展时期。这一时期政治相对安定，经济得到发展，文化上诗文、绘画、工艺都呈现繁荣景象，建筑更得到大规模发展。都城长安设有规模宏大的禁苑和东、西内苑与南苑；在大明宫内还挖太液池，堆蓬莱仙山，布置殿宇廊屋，形成专门的内廷园林区。在长安城东南角曲江一带开辟为公共风景游览区，每逢节日，这里成了百姓聚会游乐胜地。各地私家园林也大为发展，光在洛阳一地就达千家之多。

到宋朝(公元10—13世纪)，由于经济的发展，造园更加普遍。从都城到地方，从帝王、贵族到平民，造园的地区和规模都得到扩大。在都城汴梁，帝王园林就有9处，其中最著名的就是宋徽宗时所建造的艮岳。为了建造这座园林，江苏苏州(古称平江府)专门设立机构，负责搜集南方的名花奇石，凡发现民间有一石一木可用者，破墙拆屋强夺运往汴梁，当时运输花石的船成群结队，所以称为“花石纲”，为此引起极大民愤。艮岳园内掘池堆山，由过去的土堆山而转向石堆山，依照自然山的屏峰、峰岫、石壁、瀑布、溪谷，有的还做出山间的磴道，山壁的栈道，仿蜀道之难，还由各地引栽名贵花木，极力想在艮岳中表现出山谷大川之景观。除皇家园林外，当时汴梁城内外，大臣贵族的私园也不下一二百处。连一些酒楼茶肆，为了招揽买卖，也在店内设置园林，建亭榭、开池沼、设画舫，让宾客在船上饮酒作乐。大规模的造园活动，造就了一批堆石造山的名匠。植物栽培技术也得到发展，在河南洛阳，采用驯化、嫁接技术所栽种的花木多达千种，光牡丹、芍药花的品种就有百余种之多，连南方名花如茉莉、山茶、紫兰花都能在这里落户生长，使洛阳成了当时有名的花都。

明、清园林在唐、宋园林的基础上继续发展，成为中国古代园林最后的兴盛时期。如今我们见到的皇家与私家园林，绝大部分都是这一时期建造的。

清朝皇家园林

清朝大规模的皇家园林建设是从康熙朝开始的。清初经过顺治与康熙两朝，国内政局稳定，经济得到恢复与发展，在北京紫禁城内，除原有的御花园外，清朝廷又陆续建造了建福宫花园、慈宁宫花园；在紫禁城之西，将原有的北海、中海、南海进一步充实成了皇城内重要宫苑。但大规模的园林建设则集中在北京城的西北郊和河北的承德两地。承德位于北京的东北，气候凉爽，有山有水，是清朝皇帝带着皇族习武与狩猎之地。康熙四十二年(1703)，开始在这里利用起伏的山丘

北京西北郊皇家园林区图

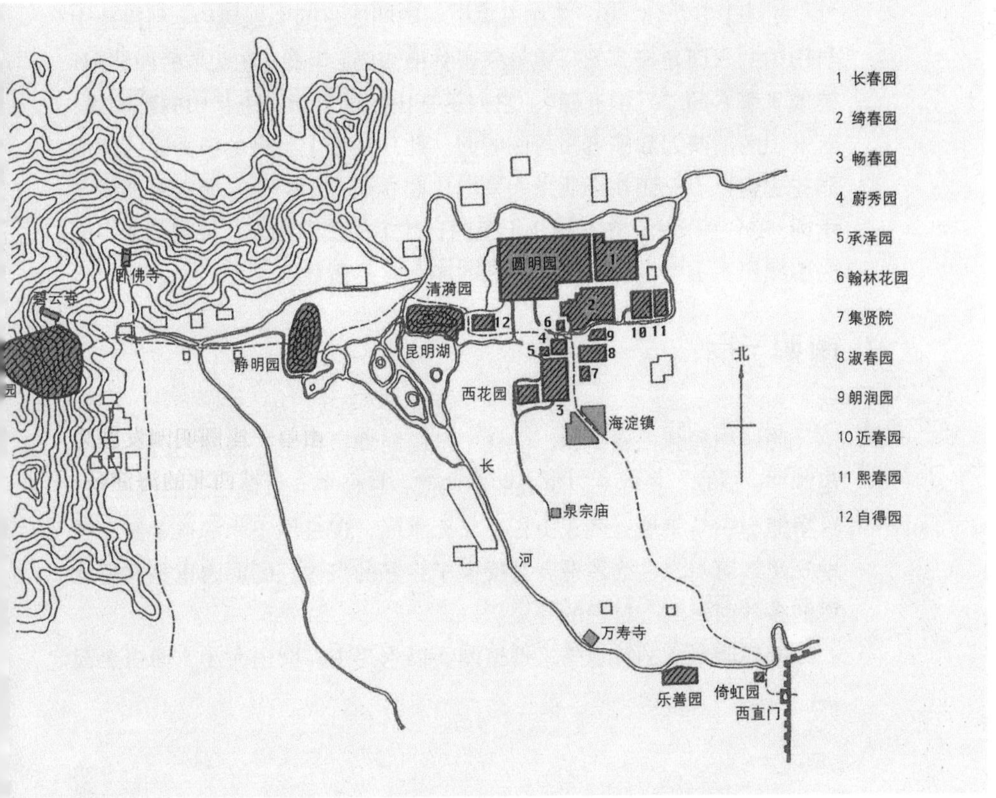

和当地热河泉水汇集之地兴建皇家园林，占地共八千余亩，这就是清代最大的承德避暑山庄。

北京地形三面环山，中间为小平地，地势西北高，东南低，由西往东逐渐倾斜。北京的西北郊正处于西山山脉与平原交接处，地多丘陵，除西山外，还有玉泉山、瓮山等小山，地下水源也充足。远自金朝开始，这里就有不少朝廷与私家园林的建造，到清朝，这些园林都划为朝廷所有。康熙利用明朝官吏李伟的“清华园”旧址建造了畅春园。在这座园内前为议政与居住用的宫殿部分，后有以水景为主的园林部分，使它成为西郊第一座兼有宫廷与游乐双重功能的离宫型园林。接着又在香山建造了静宜园，在玉泉山把原有的澄心园改建为静明园。康熙四十七年(1708)，在畅春园的北面特别建造了圆明园送给他的四子胤禛。胤禛登位后，大事扩建圆明园，成为在里面可以处理政务、生活，又可以游乐的园林，成了雍正皇帝的离宫。1735年，乾隆皇帝登位，这时，国内经过休养生息，经济繁荣，国力昌盛，加以这位皇帝好大喜功，又醉心于游乐，在他六次下江南巡视中，饱览了各地风光之美，回京后大兴土木，将建造园林推向高峰。他进一步扩充圆明园，将附近的长春、绮春两园并入，组成为占地五千余亩的大型离宫型园林。乾隆十五年(1750)，又在玉泉山与圆明园之间的地段内，利用瓮山与山前的水面建造了又一座皇家园林清漪园。至此，在北京的西北郊，建成了著名的“三山五园”，它们是香山的静宜园、玉泉山的静明园、万寿山的清漪园和畅春园与圆明园。此外还加上附近的蔚秀园、朗润园、勺园(以上三园在今北京大学内)、熙春园、近春园(二园在今清华大学内)等小型园林，在方圆几十里内，几乎是园园相连，楼阁相望，成为中国历史上空前的，举世无双的庞大宫廷园林区。

圆明三园

圆明园始建于康熙朝，完成于乾隆时期，由单一座圆明园发展为由圆明、绮春、长春三园组成的圆明园。它位于北京城西北的海淀区，这里原为一片平地，既无山丘，又无水面，但是地下水源很丰富，挖地三尺即可见水，为建造园林提供了良好的条件。圆明园正是利用这样的条件而形成了自己的特点。

圆明园最大的特点是平地造园，以水为主。园内大小水面占全园

圆明园汇芳书院景点

面积350公顷的一半，其中最大者为圆明园中心的福海，宽达600米，湖中还建有三座小岛；中型水面有圆明园的后湖等，长宽约二三百米，隔湖可观赏到对岸景色；小型水面和房前屋后的一塘清池更是无数；还有回流不断的小溪河如同园内流动的纽带，将这些大小水面联为一个完整水系，构成为一个十分有特色的水景园林。而所有这些水面统统是由平地挖出来的，用挖出之土就近堆山，所以湖多山也多，大小山丘加起来占了全园面积的三分之一。不过这些土山都不高大，并没

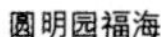

圆明园福海

有破坏全园的水景特点。

特点之二是园中有园。圆明三园占地面积很大，但它没有北海琼华岛和清漪园万寿山那样的可作为全园风景中心的山峰，只有一组又一组的小型园林布满全园。它们或以建筑为中心，配以山水植物；或在山水之中，点缀亭台楼阁；利用山丘或墙垣形成一个又一个既独立又相互联系的小园，组成无数各具特点的景观。这里有宫门内供皇帝上朝听政用的正大光明殿建筑群；有福海与海中三岛组成的，象征着仙山琼阁的"蓬岛瑶台"；有供奉祖先的安佑宫和敬佛的小城舍卫城；有建造在水中的，平面成卐字形的建筑"万方安和"。乾隆皇帝几下江南，随行带着画师，把苏州、杭州一带的名园胜景摹画下来带回北京，于是在圆明三园里相继出现了苏州水街式的买卖街、杭州西湖的柳浪

绮春园

闻莺、平湖秋月和三潭映月等著名景观，不过这些江南胜景在这里都成了小型的，近似模型式的景点。

圆明园的特点之三是园中建筑不但类型多而且形式多样，极富变化。建筑平面除惯用的长方形、正方形外，还有工字、田字、中字、卐字、曲尺、扇面等多种形式；屋顶也随不同的平面而采用庑殿、歇山、悬山、硬山、卷棚等单一或者复合的形式；光园内的亭子就有四角、六角、八角、圆形、十字形，还有特殊的流水亭；廊子也分直廊、曲廊、爬山廊和高低跌落廊等。乾隆时期还在长春园的北部集中建造了一批西洋形式的石头建筑，由当时在清朝廷做事的意大利教士、画家郎世宁设计，采用的是充满繁琐石雕装饰的欧洲“巴洛克”风格的形式，建筑四周也布置着欧洲园林式的整齐花木和喷水泉，这是西方建筑形式

长春园西洋楼

第一次集中地出现在中国。朝廷为了这批宫殿所需要的大量玻璃窗与玻璃吊灯，还专门在园内设立了烧制玻璃的作坊。

圆明园就是这样一座由大小水面、不同高低的山丘和形式多样的建筑组成的大型皇家园林。它前后建设了近40年，历经三个朝代，在雍正时形成圆明园24景，乾隆时又增加20景，加上长春园的30景，万春园的30景，共有100多处不同的景点，所以西方有人把这座园林称为“万园之园”。

清漪园——颐和园

乾隆九年(1744)，圆明园工程完成，乾隆皇帝写了一篇“圆明园后记”，记述了这座园林规模之宏伟，景色之绮丽，同时告诫后世子孙不要废弃此园而重费民力另建新园了。但事隔不久，他却自食其言，又在圆明园的西边新建清漪园。原来这位酷爱园林又好大喜功的皇帝，在他六次下江南饱览了山水胜景后总感到圆明园虽好但毕竟是平地造园有水无山，而西郊的香山静宜园和玉泉山静明园又有山而缺水，它们都不能兼得山川之美，而在圆明园与玉泉山之间却有一处地方既有山又有水，这就是瓮山与山前的瓮山泊。早在元朝时，从北京西面的昌平县引水进京，即经过瓮山泊蓄存后再经运河送进京城，当时在瓮山上也修有小庙，水中建阁供皇帝偶尔来此游乐。明朝引玉泉山水进京，也用此泊作为蓄水库以提高水位，并将瓮山泊改称西湖，在山上重建

乐寿堂

万寿山俯视

寺庙。但到清初，这里已经是相当荒芜，无人经管了。乾隆看中这块有山有水的宝地，于乾隆十五年(1750)，借庆贺母亲皇太后六十大寿和整治京城西北郊水系的双重名义开始了清漪园的建造。

建造清漪园的第一步就是把原有的西湖水面大大扩展，在它的东面筑起一道堤坝，使这里真正成为具有蓄水功能的水库。第二是在瓮山上下建造大量建筑，这里有庆贺太后寿辰用的延寿寺，皇帝听政用的宫殿，居住和敬佛用的殿堂，以及供游乐用的楼阁亭台，形成山临水、水围山的势态，并将瓮山和西湖改名为万寿山与昆明湖，以庆贺太后的大寿。这座占地4000余亩，水面占3/4的又一座大型皇家园林在乾隆皇帝的亲自策划下于乾隆二十九年(1764)建成。

清漪园在总体上可分为三个景区。第一景区为宫廷区，位于全园的东部，万寿山的脚下。清朝离宫型园林都有供皇帝上朝听政的地方，所以在清漪园的主要入口东宫门内首先布置了一组宫廷建筑群。这里有皇帝听政的仁寿殿，帝王、帝后们居住的玉兰堂、宜芸馆、乐寿堂以及各种服务性建筑。它们也和宫殿建筑一样，采取前朝后寝的布局，仁寿殿居前，在它的左右也有配殿，组成一个规整的庭院。不过在这里的殿堂都不用琉璃瓦顶，也不用重檐的形式，庭院中多栽植花木，点缀湖石，具有园林环境的特点。

转轮藏全景

第二个景区是前山、前湖区。这是清漪园最主要的景区。万寿山经过扩大与增高，形成坐北朝南，面临昆明湖水的良好格局。在万寿山的中央面南建有一大组大报恩延寿寺建筑群，延寿寺由山门、大殿、佛塔组成南北中轴线，这些殿堂依随山势，由山脚到山顶，顺序安置在山坡上，其中最高处原为一高九层的佛塔，但在建造过程中，发现

佛香阁远景

有倾斜倒塌危险，于是拆除后改建为供奉佛像的楼阁，即佛香阁。这一组建筑全部为宫殿形式，琉璃瓦顶，油漆彩画，金碧辉煌，高耸于万寿山上，成为清漪园全园的标志和风景中心。在这组主要建筑群的东西两侧，对称布置着成组建筑，其中有宗教建筑转轮藏、五方阁；有游乐建筑听鹂馆、画中游、景福阁；还有许多供休息玩乐的院落建筑。特别是在万寿山南面山脚下，沿着昆明湖畔，建造了一条长达728米的长廊，自东往西，贯穿整个前山区，将前山的散布景点串联在一起。人们漫步廊中，向两边观望，可以欣赏到湖光山色和组组殿堂馆所；内望廊里，可以看到每一间廊子的梁架上都画满了山水风景、神话故事等等不同题材、不同内容的彩画。这条有273间的长廊，成了一条绚丽多彩的画廊，一条能观赏园内风光的游廊。

万寿山南面的昆明湖，经过扩展与改建，除在东面筑起一道堤坝外，在西面又特别留出一道长堤，将昆明湖分隔成为大小三个湖面，在其中有龙王庙、治镜阁和藻鉴堂三个小岛，以象征东海中蓬莱、方丈

长廊

和瀛州三座仙山神岛。在长堤上又仿照杭州西湖苏堤上的六桥，也建造了六座桥，其中有形如拱月的石桥，有四方、六角、八角形的各式桥亭，它们散置在长堤上，丰富了湖上的景色。在清漪园内，北面的山临水，南面的水环山。登山瞭望，近处一汪碧水，远处万顷良田，远近相连，一览无余，园林风光在这里得到了无穷尽的延伸。

清漪园的第三个景区是后山后湖区。在万寿山北麓，紧靠北园墙，地势狭窄，本没有什么景观，但造园者却巧妙地在山脚下沿着北园墙

西堤桥亭

后溪河

后湖买卖街

挖出一条河道，河道宽窄相间，组成大小不同的水面，并用挖出的土就近在北岸堆成山丘，两岸密植树木，然后将昆明湖水自西头引入后山，形成一条夹峙在山丘之间的后溪河，并在这条溪河的中段模仿苏州城水街建造了一条买卖街。泛舟后溪河，或处于自然山林之中，水面忽宽忽窄，忽幽忽明；或进入繁华市街，河两岸鳞次栉比地排列着各式店铺。与这条后溪河相平行的，在山腰上还有两条山道，道旁高树参天，林荫深处，散置着几组亭台楼阁。后山中央还建有一组藏传佛寺须弥灵境庙，这是清朝廷为了表示与西藏民族团结和睦而专门建造的，有成组的佛殿、日、月台、喇嘛塔，沿着北山坡组成为规模很大的佛教建筑群，成为后山区的中心。

如果以前山前湖景区与后山后湖区相比，则前者开扩，后者收敛；前者气势宏伟，后者幽静深邃。二者既形成对比，又互有联系，使清漪园的景观更多姿多彩。

后山路

后山须弥灵境寺庙全景

湖泊区长堤

承德避暑山庄

位于河北承德市内的避暑山庄是清朝最先建造的一座大型皇家园林。山庄所在地具有十分优越的自然条件，西北面有起伏的峰峦和幽静的山谷，东南面为平坦的原野，还有纵横的溪流与湖泊水面，山区的山泉，东面武烈河水加上庄内的热河泉使溪流、湖泊有丰富的水源。

湖泊区烟雨楼

避暑山庄平原区蒙古包

山庄之北罗列着层峦叠翠的远山，之东也有奇峰异石给山庄提供了绝好的借景。避暑山庄就选择在这块有山有水有平原的宝地上，从康熙四十二年(1703)开始，至1711年建成，组成景点36处，乾隆时又加以扩建，至1790年又建成36景，使山庄成为占地560公顷(8400亩)的清朝最大的一座皇家园林。冬季，园林因有西北山岳遮挡塞外寒风，气温比承德市内略高；夏季有浓密树木与众多的湖泊水面的调剂，气候凉爽，因此取名为避暑山庄。

避暑山庄作为一座离宫，也包括有宫廷与苑林两个区域。宫廷区比清漪园的规模大，有正宫、松鹤斋和东宫三组宫殿建筑群组，按“前宫后苑”的传统布局三组并列地安置在山庄的南面。苑林区在宫廷之北，它包括湖泊区、平原区和山岳区三大景区。

湖泊景区紧靠在宫廷区之北，面积约占全园的1/6，全区满布湖泊与岛屿，可以把它看作是一个由洲、岛、堤、桥分割成大小水域的大水面。而就在这大小洲、岛上和堤岸边分布着成组或单独的厅、堂、楼、馆、亭、台、廊、桥。这里有康熙居住的如意洲，皇帝读书的月色江声建筑群，有景观与浙江嘉兴烟雨楼相近似的烟雨楼，有模仿江苏镇江金山寺而修建的金山与上帝阁，参照江苏苏州名园狮子林而建的文园，有用作湖水闸门的水心榭等。湖泊区的建筑占到全园的一半。建筑四周的水面、堤岸的形态、水口、驳岸的处理、庭院的堆石、植物的配置都以江南水乡和著名园林为蓝本作了精心的设计与施工。所以这些建筑尽管采用的是北方官式建筑的形式，但由于有周围水景、植物的配置，使整个湖泊区呈现出浓郁的江南水乡情调。

苑林部分的平原景区紧邻在湖泊区之北，它东界园墙，西北依山，形成一狭长的三角形平原地段，面积约与湖泊区相当。其东的万树园种植着榆树，养有麋鹿于林间；西部是称作"试马埭"的一片草茵地，其间散布蒙古包。这片平地中建筑物很少，东北角的一组佛寺——永佑寺比较有规模，寺中九层舍利塔耸立于平原之上，十分醒目，成为全园北端的一处重要景观。南面临湖散列着四座形式各异的凉亭，它们既是草原南端的点景建筑，又成为观赏湖泊区水景风光的良好场所。当年乾隆皇帝正是在这里与蒙古族王公野宴于草原之上，观看着彩灯和摔跤、马术等表演，自有一番盛况。

山岳景区位于湖泊区、平原区的西北面，占据全园面积的2/3，这里山峦涌叠，气势浑厚，满覆着郁郁葱葱的树木，尤以松树为主，形成苍松夹道的"松云峡"山峪盛景。在这片山林中散布着二十余处小型园林与寺庙建筑群，它们多隐藏在幽谷深壑之中，只在四座突出的山峰顶上建有四座亭，即靠山区北部的北枕双峰亭与南山积雪亭，西部的四面云山亭和南部的锤峰落照亭。顾名思义，它们都是高处观景，俯视全园的极佳场所，伫立亭中，可以观赏到落日余晖映照的园外借景磬锤峰，四周云雾中的山峦叠翠，和寒冬山坡、树丛上的皑皑积雪，而这些亭子又成为全园最高的几处瞩目的景点。

整座避暑山庄四周都以宫墙围绕，带有城堞垛口的宫墙随山势而上下蜿蜒，将这富有江南水乡情调的湖泊区，宛若塞外风光的平原区和象征北方山林的山岳区统揽在一起。如果登至高处宫墙，更可望见园外的八座寺庙，它们分别建成藏、蒙等少数民族建筑的形式，分布在武烈河和狮子沟的对岸，如众星拱月般地簇拥着山庄，这园内、园外浑然一体的大环境的确显示了当年大清王朝的宏大气势。如果以表现封建王朝的形象与气势而论，在三座大型皇家园林中，以承德避暑山庄最为成功。

名园遭劫

咸丰六年(1856)英、法两国发动侵略中国的战争，1860年，英、法联军进犯北京，咸丰皇帝逃往承德避暑山庄。联军攻占了北京，对西北郊的圆明、畅春、清漪、静明、静宜诸园大肆破坏，掠夺园中财宝，放火烧毁建筑，演出了帝国主义侵华史上血腥的一幕。法国侵略军司令部的秘书哈理森(D.Herisson)曾记下了当时的场面："有互撞而相争者，有将仆和已仆者，有仆而复起者，有矢誓，有讻骂者，有大声嘶喊者……军士至有以首探入红漆衣箱，或卧于织金绸缎内搜寻珍物者，或有项悬珍珠朝珠者，或攫取时钟者，或以斧剪取箱笼所嵌宝石者……火势正烈，若辈各运所抢之物，置于空地上，复以绸缎皮衣压火上以息之，而火愈烈，穿过室墙，而若辈仍穿越宫殿肆行抢掠。"*这群侵略军强盗，为了抢夺财宝，不顾大火烧身，嘶喊讻骂，相争相撞，奔跑于殿堂之间，连镶嵌在箱笼上的宝石都不放过，其贪婪丑恶之态简直达到了疯狂的程度。一代名园被彻底烧毁了，长春园西洋楼区烧不掉的石头建筑，也只留下一些断垣残柱，只要是能够拆下的，例如十二生肖喷水池上的铜制生肖头像也被抢劫一空。到同治皇帝时曾想修复圆明园，准备将附近大小园林被烧后残留的房屋材料集中用于圆明园，但因国库空虚和朝廷意见不一致而中止。一百余年来，圆明三园已经成为一座遗址公园。如今，人们只能从残存的大小湖面、土山、堆石、屋基、柱础这些遗物去追思当年圆明三园的湖光胜景。

清漪园遭到同样的命运，除个别砖、石建筑外几乎被焚烧一尽。清人对劫后的清漪园曾作如下的描绘："玉泉悲咽昆明塞，惟有铜犀守荆棘，青芝岫里狐夜啼，绣漪桥下鱼空泣。"昔日清漪的昆明湖淤塞了，岸边铜牛四周长满了野草，帝王住所乐寿堂的庭院中和绣漪石桥下都可以听见狐狸与游鱼的啼泣声，这真是对一代名园满目凄凉景象的真实写照。光绪十四年(1888)，重新修复了清漪园的重要部分，主要集中在万寿山前山区的建筑，并改名为颐和园。1900年，八国联军进犯中国，慈禧太后带着光绪皇帝仓皇逃往西安，沙俄、英国、意大利侵略军相继进占颐和园达一年之久，将园内陈设又抢劫一空，建筑内外装修也遭破坏。1902年，慈禧返回北京后用巨款修复颐和园，并于1904年在园内举办了她七十大寿的庆典活动，这是清朝廷最后一次大规模地使用这座皇家园林。经过历史的沧桑，颐和园作为古代留存下来最完整的皇家园林之一，受到良好的保护，于1998年被联合国教科文组织列入"世界文化遗产"的名录。

---

* 转引自《北京名胜古迹》中苏天钧"圆明园"一文。北京市文物工作队编委会出版，1979年10月。

第十一讲

私家园林

中国古代园林，除皇家园林外，还有一类属于官吏、富商、地主等私人所有的园林，称为私家园林。

魏晋南北朝时期，文人士大夫为了逃避现实，隐逸江湖，寄情于山水之间。他们开始在自己的生活居地周围经营起具有山水之美的小环境，这就是私家园林的开端。唐朝是中国园林全面发展的盛期，光在洛阳一地，就有私家园林千家之多。诗人白居易在洛阳精心地经营了自己的小宅园。这座宅园占地仅17亩，其中住宅占1/3，水面占1/5，竹林占1/9。水池中筑有三岛，岛上有小亭，池中种白莲、菱和菖蒲；池岸曲折，环池小径穿行于竹林间，四周建小楼、亭台、游廊，供主人读书、饮酒、赏月和听泉用。园中还堆筑有形态各异的太湖石、天竺石、青石与石笋。小小宅园，经营了十多年，足见主人用心之精。宋朝都城汴梁除大建皇家园林外，私园也有数百座。明清两朝在北京，凡王府和富有的官宅中多附有园林。但就全国而言，私家园林最发达的还是集中在南方地区。

南方私家园林

私家园林集中在南方，是因为南方地区具有造园的自然、经济与人文的诸方面条件。建造山水园林需要山和水，尤其是水，山无天然山还可用土和石堆筑，但无天然水源，虽挖地三丈也不成池沼。江南江流纵横，河网密布，水源十分丰富。气候温和，冬无严寒，空气湿度大，适宜生长常青树木，植物花卉品种多。园林堆山，除土以外，不可缺石，而江苏、浙江一带多产石料，南京、宜兴、昆山、杭州、湖州等地多产黄石，苏州自古以来就出湖石，湖石采自江湖水涯，经过常年水流冲刷，石色有深浅变化，表面纹理纵横，形态多玲珑剔透，历来为堆山之上品用料，也宜罗列庭前成可欣赏之景观。

造园需花费大量钱财。江浙乃古代鱼米之乡，手工业发达，苏杭一带自两汉以来即盛产丝绸。随着商业经济的发展，城市得以繁荣，经济的发达给造园提供了物质条件。18世纪中叶，清乾隆皇帝六下江南，遍游名山名园，江南掀起造园热潮。扬州盐商为了求得乾隆的御宠，凭借自身的雄厚财力，在扬州建了庞大的瘦西湖园林区，自城北天宁寺至平山堂，两岸楼台亭馆连绵不断，形成一条水上园林带。

园林是一种文化建设，还需具备人文条件。江南自古文风盛行，南宋时盛行文人画与山水诗，随着宋朝廷的南迁临安(今杭州)，大批官吏、富商拥至苏杭，造园盛极一时。明清两朝以科举取士，江南中举进京为仕者为数不少，这批文人告老返回故里后多购置田地，建造园

苏州网师园

林。尤其在清朝后期，由于北方战乱，官僚商贾纷纷南逃，在江浙一带购地建造宅园，偷安一方。这批文人懂书画好风雅，不但精心经营自己的宅邸，还亲自参与设计，这个时期在造园的数量与质量上都达到一个高峰，使江南一带成为私家园林的集中地区。

私家园林与皇家园林都是中国传统的自然山水园林，但是它们又各有自身的特点。从内容上看，皇家园林，尤其是大型皇家园林兼有朝政、生活、游乐的多种功能，实际上是一座封建帝王的离宫；而私家园林则有待客、生活、读书、游乐的要求。从规模上看，皇家园林占地大，有数千亩之广，多选择在京城之郊或其他空旷之地；而私家园林多与住宅结合在一起，占地不大，多者几十亩，十多亩，小者仅几亩之地。再以园林风格看，皇家园林追求宏伟的大气魄，建筑金碧辉煌，讲究园林的整体构图与开扩的景观；而私家园林则追求平和、宁静的气氛，建筑不求华丽，环境色彩讲究清淡雅致，力求创造一种与嚣哗的城市隔绝的世外桃源境界。

私家园林的造园手法

白居易曾经这样描绘他的宅园："沧浪峡水子陵滩，路远江深欲去难，何如家池通小院，卧房阶下插鱼竿。"怎样在自家的小院家池中，在卧房阶下就能营造出如同沧浪峡水子陵滩的环境气氛?在这些文人住宅和园林里，住房要隐蔽，读书处求宁静，待客厅堂需方便，而游乐区域又讲求自然山水之趣，那么怎样在几十亩乃至几亩之地的不大范围里去安置这些建筑而能使它们各得其所呢?我们从苏州、扬州等地的一些著名私家园林实例中可以看到这方面的经验。

第一是在布局上采取灵活多变的手法。首先表现在建筑的布局不用传统的宫室、寺庙四合院中轴对称的规整形式，而采用灵活的、不规则的布置，按功能的需要，穿插安置不同形式的厅堂、楼阁、亭榭、画舫。其次在这些建筑物之间多用曲折多弯的小路而切忌用径直的大道相联，道路有露天的石径、小道，也有避雨遮日的廊子。廊子形式多样，有的沿墙而建，有的呈折线形，有的随山势地形之高低而成爬山廊或跌落廊，有的驾凌水面而成水廊。沿着这些曲折弯曲的道路或廊，造园者巧妙地创造出具有不同景观的景点，它们或者是一栋亭、榭，或者是古木一棵，翠竹一丛，堆石一处，只要布局适宜，安置得体，皆

苏州园林圆门及园路

留园入口处的漏窗

可成景，使游人一路走来，步移景异，可观赏到不同景致，在有限的范围里，扩大了空间，延长了观赏的时间与内容。苏州留园是一座较大的私家园林，建于清朝，它的主要入口正处于两旁其他建筑的夹缝之中，宽仅8米，而从大门至园区长达40米。造园者在这狭长的地段里安排了由曲廊相连而组成的三个空间。进门有一个小天井，经过曲廊进入有花木布置的第二个空间，再经过小廊到达第三空间，这里有古木一株，枝叶苍劲。连接小廊的是一座小厅屋，厅墙上开空格窗，窗

曲廊

网师园廊

外才是留园的主体。在这里，应用厅、廊、墙组成不同的空间，以这些空间的转合、明暗与大小的变化，再加古木景点的布置，使这一夹缝中的狭长入口变得妙趣横生。

第二是善于仿造自然山水的形象。自然山水自有它们本身的生态形象，现在要把它们再现于私家园林的环境中，不能按比例缩小尺寸而是采取经过概括、提炼对自然形象进行再创造。这就要求造园者对自然山水的形态进行观察与研究、总结，提炼出它们在造型上的规律，

江苏扬州园林石堆山

按园林的需要将它们典型地再现，这样才能以小见大，得自然之神韵。例如堆山，无论用土用石，切忌二峰并列或列如笔架的呆板形式，应该像天然山脉一样，有主有从，有高有低。山的大小与走势依园林景观的要求而定，园内景观以开扩为主或者以幽深为主，则堆山之多少与高低都会不同。如果以土为主的堆山，则可在山上广植花木，使山体郁郁葱葱，并可在山的上下散置少量石块，如同石自土中露出。或以堆山石为主，则在石间培以积土，种植少量花树，使其具有自然生气。若用石太多，虽属乖巧灵石，也会失去自然之意。在私家园林中，往往喜欢在堂前屋后，廊下墙角立置单一或成组的石头而自成一景，这种石头犹如独立之雕刻品，十分注重本身的造型，或挺拔峭立，或浑厚滋润，或玲珑剔透，有的还在石旁、石下配置花草，组成形色俱佳的观赏景物。

再如造水之法，私家园林当然不可能有北海、圆明园、清漪园等皇家园林那样宽大的水面，在这些小园中只能靠人工挖地造池。这类水池形状切忌方正，以曲折自然为好，因为天然湖水绝无规整之形状。在比较大的水面上宜用石桥将水面分隔为大小不等的部分，以免单调。

苏州园林小亭

水上小桥

为了使死水变活，往往将池中一角变为细弯水流，折入山石间或亭榭等建筑的基座之下，仿佛池水从这里流出，水有源而无头。为了使水面增加情趣，往往在池中种植水生植物，但此类植物不可满布，即使是美丽的莲荷，也应疏落有致，远处宜用荷莲，岸边桥头种植睡莲宜于近观。水池岸边做法亦关要紧，不宜满用整齐石块砌造，最好以土为主，土石间用，石块疏稀布置，高低错落，人立高处可观赏水景，下低处可接触池水，嬉水作乐。水池不分大小，只要掌握天然水面形态之要领，处理得当，可以小中见大，不显呆板局促，处理不好，则池

苏州园林花窗

虽大也失自然之趣。

第三是十分讲究园林的细部处理。私家小园没有皇家园林那样广阔的环境，没有宏伟的建筑群组，只有曲折有致的空间，只有近在眼前的各种建筑和山水植物，所以要做到经看、经游，除了在布局、在模仿自然山水上下功夫之外，还十分讲究园中建筑、山水和植物的细部处理。私家园林中建筑类型不少，有待客的厅、堂，有读书、作画的楼轩，有临水的榭船，还有大量的亭、廊。以亭而言，有方亭、长方亭、圆亭、五角、六角、梅花、十字、扇面、套方、套圆等等不同形式，分别被安置在园中合宜的地位。房屋与院墙上的门有长方门、圆

苏州园林漏窗

苏州园林路面

洞门、八角门、梅花门、如意形和各种瓶形之门。墙上的窗除普通形状以外，还有花窗、漏窗、空窗，而窗上的花纹，仅在苏州一地的园林里即可找出上百种不同的式样。这些门窗的边框多用灰砖拼砌，打磨得十分工整，并且在边沿上多附有不同的线脚。窗上的花格条纹，不论是用木料或灰或砖制作，做工也都十分细致。园林的室外地面虽然有的还是应用碎砖零瓦铺造，但还是利用这些砖、瓦、卵石不同的形状与颜色拼砌出各种花纹图案，显得自然而美观。

园林中的植物也很讲究不同树种与花卉的配置，以求得四季常青

和色彩上的变化。桃红柳绿喜迎春，红枫临深秋，冬雪压松柏。古树、竹丛、芭蕉都注意树干、树冠的形态，经人工精心修裁以保持其自身姿态之完美，以求得与周围建筑山石、水池之配置与协调。花卉除地栽外，还喜用四季不同的盆花点置室内外。厅、堂内满室深色木家具，点缀秋菊数盆，即刻满堂生辉。春雨过后的室外地面，砖石缝中生出丝丝青草，即显勃勃生机。花草树木在私家园林里发挥着重要的作用。

对园林的合理规划，对景点的精心设置，对自然山水的刻意模仿，对建筑、山石、植物的细致处理，造园者正是通过这一系列的手段构成了一个人工的山水园林的环境。

园林意境

意境是中国古代艺术所追求的一种艺术境界。以中国古代绘画而论，艺术家在他的作品中所描绘的不仅是有形的物境，而是通过这些艺术形象去表现一种思想，一种情感，这就是无形的意境。苍松强劲刚健，山竹挺拔有节，梅花凌寒而放，它们都临冬不凋，独傲霜雪，所以文人将松、竹、梅视为花木中高品，称它们为岁寒三友，为人格之典范。松、竹、梅成了中国绘画中常用的主题，但艺术家的目的并非

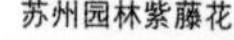

苏州园林紫藤花

苏州园林室内盆花

单纯为了描绘它们三者的具体形象，诗人白居易对他的挚友说：“曾将秋竹竿，比君孤自直。”艺术家真正所表现的正是这种“孤自直”的品格。中国画讲究的是情景结合，情景交融，讲究以形表情，以形传神，要形神兼备，才能达到有意境。所以中国绘画自古以来就要求不仅形似而且要神似，甚至神似超过形似。画家行万里路去对自然山水植物写生，但目的并非简单地、机械地再现这些景物于画面，而是“搜尽奇峰打草稿”，“立万象于胸怀”，通过艺术家的认识、想像，从而创造出融入了作者自身思想情感的新的艺术形象。“意足不求颜色真”，所以青竹、红梅都可以用黑墨来画，出现了中国所特有的墨竹和墨梅，酷爱青竹的苏东坡更创造了以朱色画竹的先例，可以说把中国绘画的写意特点发挥得淋漓尽致了。

园林本身也是一种艺术，中国自然山水园林从一开始就与山水画、山水诗文不可分离，所以意境也成了古代园林所追求的一种最高境界。园林中的山水植物，各种建筑和它们所组成的空间，不仅是一种物质环境，而且还应该是一种精神环境，一种能给予人们思想感悟的环境。所以园林中的意境可以说即是一个具有意念的环境。那么，园林中的这种意境是怎样产生的呢?造园者是通过什么手法，应用怎样的方式来表现出这种意境的呢？从中国古代园林，包括历代的皇家园林与私家园林的大量实践中，我们可以看到有以下几个方面的表现方法。

(一)象征与比拟：这是运用得最多的方法。从中国古代早期的神话、宗教中可以发现人们很早就用象征和比拟的手法来表达自己的某种思想与愿望。孔子就以山水比拟人格，他说 ：“知者乐水，仁者乐山。”意思是智者乐于治世，如流水一样不知穷尽，仁者喜欢像山一样安固而万物滋生。所以自古以来，人们喜好自然山水，乃至在园林中堆山开池，不仅表现出人们对自然环境的喜爱，而且还带有仁者智者的神圣色彩。秦始皇派童男童女去东海中神山寻取仙果不得，只好在咸阳引渭水作长池，在池中用人工堆筑蓬莱神山以求神仙赐福，这种象征仙岛神山的作法自秦汉、经唐一直沿传至明清，以至于在北京的北海中有琼岛，圆明园中有福海的“蓬岛瑶台”，颐和园昆明湖中也出现了三座小岛。

植物中的莲荷，其根为藕，质虽脆而能在泥中节节生长；长出水面的荷花，虽出自污泥而能纯清如芙蓉；莲荷出污泥而不染，质脆而能穿坚的生态特征同时含有深刻的人生哲理，比拟着在污浊的社会环

苏州园林竹丛

水中莲荷

承德避暑山庄松云峡

境中人应具备的高尚情操。所以莲荷与松、竹、梅岁寒三友一样，它们出现在绘画和园林中不仅以它们的形象美化画面与环境，而且还以它们所具有的人文象征内容去陶冶人们的精神。南方的私家园林中几乎无园不种竹。诗人白居易曾说："水能性淡为吾友，竹解心虚即吾师。"(《池上竹下作》)他在自己的宅园池边不但种了成片的竹，而且还"持刀剿密竹，竹少风来多，此意人不会，欲令池有波。"(《池畔》)他之所以用刀使密竹变稀，为的是求风乍起，吹皱一池春水，这真是既有景观又有情意。宋苏轼更爱竹，他在《於潜僧绿筠轩》诗中说："可使食无肉，不可居无竹。无肉令人瘦，无竹令人俗。人瘦尚可肥，俗士不可医。"承德避暑山庄的山岳景区里最重要的一条山间狭道就是满植松木的"松云峡"。圆明园的"濂溪乐处"景点，水池中遍植荷花，乾隆皇帝特题名"前后左右皆君子"。

(二)引用各地名胜古迹：各地名胜的产生都经历了漫长的历史过程，都带有各自不同的历史内容。各地的名胜常常被应用于园林环境中。如江南一带，每逢阳春三月初三，亲朋好友结伴去城郊游乐成了时尚。晋人著名书法家王羲之(303—361)等四十余人于晋穆帝永和九年(353)到绍兴城外兰亭，在流水渠边饮酒作乐，他们散坐渠边，将酒杯置放水上，随水弯曲流去，当酒杯停留在某人身前，则此人必须饮完杯中酒并即兴赋诗一首，如此反复，直至酒尽。是日王羲之把众人所赋诗集而成册，并挥笔作序文，即《兰亭集序》，成为后世著名的《兰亭帖》。后人将诗集刻写于石碑，立于兰亭，从此绍兴兰亭不但成了名胜，而且在曲水上饮酒赋诗也成了文人风雅之举，形成"曲水流觞"的传统文化活动。北京紫禁城的宁寿宫花园和承德避暑山庄都有"曲水流觞"亭，昔日兰亭的天然流水变成了亭中地面上石刻的曲水渠，它们只具有流觞的象征意义。承德避暑山庄出现了模仿镇江金山寺的景点小金山和仿浙江嘉兴南湖烟雨楼的烟雨楼景点，仿苏州狮子林的文园狮子林。圆明园里出现了杭州西湖三潭印月、平湖秋月、南屏晚钟等名胜的移植景点。苏州私家园林中常于庭前屋后立石峰五块象征着五岳。这种对石景的欣赏到清朝末期更为盛行，乃至将寸尺小石列入盆中，置于主人几案之上，使五岳胜景进入到厅堂。随着这些各地的名山名景的进入园林，它们所附有的历史、文化内涵也被引进到园林，使园林增添了意境。

北京潭柘寺流杯渠

承德避暑山庄金山

(三)应用诗情画意：中国园林经常应用诗情画意来表达意境。这种诗情画意除了用景观空间来表达以外，还常常依靠悬挂在建筑上的题额、楹联来点明，用附在建筑上的诗词、书画来渲染，从而使它们更加富有情趣和发人遐思。苏州拙政园西区有一塘池水，水中满植莲荷，夏去秋来，荷花谢了，莲蓬摘了，留下满塘残荷叶，唐代诗人李商隐有诗句“留得残荷听雨声”，所以池边建有一亭阁，取名为“留听阁”，在阁中饮清茶，细听秋雨之声，自有一番清幽的意境。与此阁不远处，另有一座临水的扇面小亭，每当夜深人静，清风徐来，明月当空，水天上下相映，好一派清净幽寂，小亭取诗人苏轼词《点绛唇·杭州》中“与谁同坐，明月清风我”句，取名为“与谁同坐轩”，可谓精确地点出了此景的意境。颐和园南湖岛上有一座广润灵雨祠，是供奉龙王祈天降雨以润大地的，俗称龙王庙。祠前及左右各立有一座木牌楼，在三座牌楼的两面各有不同的题额，东牌楼为“凌霄”、“映日”，南牌楼为“彩虹”、“澄霁”，西牌楼为“镜月”、“绮霞”。它们分别描绘了在祠前广场上所能见到的四时风景：晨间高耸的云霄与红日的映照；雨后彩色的霓虹和空澄的云霁；黄昏时满天的彩霞和夜晚水静如镜的湖水中映出的明月，几个字的题额可以形象地描绘出这里不同时刻的景观。

颐和园后山有一座园中之园谐趣园，这是仿照江南名园江苏无锡寄畅园建造的小园。寄畅园中有“知鱼槛”的景点，谐趣园同样也有“知鱼桥”景点。知鱼桥位于小园之东，用小石桥分隔出一个小水面，一边为石桥，一边是粉墙漏窗，池中植睡莲，莲下小鱼悠然游动，组成一处十分幽致的小空间。“知鱼”是战国时期庄子和惠子游于濠梁之上的一个著名典故，《庄子·秋水》篇载：“庄子曰：‘儵鱼出游从容是鱼之乐也。’惠子曰：‘子非鱼，安知鱼之乐。’庄子曰：‘子非我，安知我不知鱼之乐。’”这是一段很有情趣的对话。庄子主张清静无为，好游乐于清泉幽寂之处，所以这种意境常为文人所追求而将它们用在园林

颐和园谐趣园知鱼桥

颐和园后山花承阁远观

之中。除寄畅园、谐趣园外，香山静宜园也有“知鱼濠”，圆明园有“知鱼亭”，北海中有“濠濮涧”，这些景点所追求的都是这个典故所代表的意境。在谐趣园知鱼桥头的石牌坊上还刻写着一副对联：“月波潋滟金为色，风濑琤琮石有声。”更形象地描绘出这里的景色，月光下湖水金光闪烁，风吹水浪击石而发琤琮之声，真可谓有声有色了。造园家正是应用这声、色的描绘进一步对比出知鱼桥所追求的那种清幽的意境。可见，一幅好的题额或楹联可以把一处空间环境的意境表达得更为淋漓尽致。

（四）寺庙古刹、街市酒肆等：中国园林中出现寺庙，一方面是由于园主人，尤其是封建帝王对佛教的崇信，同时也是他们看中了寺庙建筑具有的景观效果。所以在园林中，有时寺庙可以构成为一座园林的主要景观和风景构图中心，有时又成为一处清寂的景区，体现出一种超凡出世的意境。

北海中的永安寺及其喇嘛塔建立在琼华岛之顶，颐和园的佛香阁及智慧海佛殿建在万寿山南面的山腰与山脊，它们都以其自身突出的形象和它所占据的特殊地势而成为两座皇家园林的标志和全园的风景构图中心。颐和园万寿山后山中央的须弥灵境喇嘛寺又以其富有特色的庞大建筑群体成了后山后湖景区的景观中心。但是在须弥灵境东面却另有一座花承阁小佛寺，面积不大，藏在山腰密林之中，寺中还有一座八角小型琉璃宝塔，每层塔檐下都挂着风铃，风吹铎铃响，身处其境，大有出尘世入佛境之感。

与佛寺环境不同的是城市中的商业闹市。清乾隆皇帝六下江南，不但遍游名山名园，饱览南方园林之秀丽，同时也去了苏杭等江南名城的闹区，杭州的酒肆茶楼，苏州的河上水街，都令这位久居宫室，不知人间烟火的皇帝流连忘返。于是他令圆明园内建起小买卖街，在颐和园后湖建造一条苏州式的河街，在这里，两岸店铺鳞次栉比，店铺门面虽小，但衣帽鞋袜、糕点食品、药、酒、杂货品类齐全，每当帝王游幸，令宫中男、女临时充作商贾，一时间各式店铺幌子摆动，吆喝买卖之声不绝于耳，形成一幅商业市肆的热闹场面。这种文人园林所极力要躲避的市井环境和俗哗之地，却成为帝王所追求的商业喧哗的特殊意境。当然这种意境环境只有在皇家园林才会出现。

计成与《园冶》

中国古代园林经过两千多年的发展到明清达到鼎盛时期，在长期造园的实践中，不但涌现出大批能工巧匠，同时也造就了一批从事造园的专门家，其中最突出和具有代表性的就是明朝的计成。明万历十年(1582)，计成出生于松陵(今江苏吴江县)，他从小喜欢绘画，青年时代游历过长江和华北一带，饱览祖国山河之美，后来在家乡从事造园活动。有一次武进(今江苏常州)地方官吏吴又予邀他去设计宅园，宅园地共15亩，主人欲以10亩为宅，仅留5亩为园。计成根据地势之高低，

水廊

树木之长势，“令乔木参差山腰，蟠根嵌石，宛若画意，依水而上，构亭台错落池面，篆壑飞廊，想出意外”。小园造成后，主人非常高兴，说：“从进而出，计步仅四里，自得谓江南之胜，惟吾独收矣。”(《园冶》“自序”)小园仅4里，能收得江南山水胜境，足见计成造园技艺之高明，他成了江南一带远近闻名的造园家。明崇祯七年(1634)，在计成52岁时，写出了一本造园专著《园冶》。由于计成既是一位能文能画的文人，又具有丰富的造园实践经验，所以在这本《园冶》中，从园林的选址、立基，到园林建筑的种类与式样，从堆山、选石、造墙、铺地到园林景观的设计都做了详细的论述与总结，而且对中国古代造园的理论也有精辟的阐述。可以说这是一部对中国造园经验的系统总结，作者的不少见解都带有理论性质。

在《园冶》第一卷的“兴造论”中，计成提出：“园林巧于因借，精在体宜。”所谓因就是因地制宜，随地基之高低，察地形之端正，应用原有的树木、水流，看适宜建亭处则建亭，适宜造榭处则造榭。这就说明了园林的建筑布局完全不同于宫殿、寺庙、住宅之规整形式，即使园林建筑的式样也与一般住房不同，“凡家宅住房，五间三间，循次第而造；惟园林书屋，一室半室，按时景为精。方向随宜，鸠工合见；家居必论，野筑惟因”。(《园冶》卷一，三“屋宇”)总之，园林中房屋的

水池驳岸

位置、朝向、式样都要处理得“精而合宜”。所谓借就是借景，园林虽分内外，但取景没有远近限制。颐和园西面玉泉山上的玉峰塔，虽离万寿山有近4里之远，但它却成了颐和园最好的借景，仿佛玉峰塔也成了园内的一处景点了。在苏州拙政园里也可以借到城里北寺塔影。园外楼阁一角，墙外繁花几株，都可以巧妙地把它们组织成园内景观，这就是计成在《园冶》的“借景”部分里所说“构园无格，借景有因”，“夫借景，林园之最要者也。如远借，邻借，仰借，俯借，应时而借”。总之，巧于因借就要“极目所至，俗者屏之，嘉者收之”，这才是“巧而得体”。

造园首先要选地，所以《园冶》中开卷第一篇即为“相地”。计成分别分析了山林、城市、村庄、郊野、傍宅和江湖地的不同特点，提出了在这些地段造园的原则。例如山林地，他说：“园地惟山林最胜，有高有凹，有曲有深，有峻而悬，有平而坦，自成天然之趣，不烦人事之工。”所以只需“入奥疏源，就低凿水，搜土开其穴麓，培山接以房廊”，即可成园。对村庄地，“选村庄之胜，团团篱落，处处桑麻，凿

扬州园林小亭

水为濠，挑堤种柳，门楼知稼，廊庑连芸”。在门楼上即可见庄稼，廊外即连着菜圃，村庄地具有这样的环境优势是别的地段所不及的。对江湖地，因为这里有“悠悠烟水，澹澹云山，泛泛鱼舟，闲闲鸥鸟”，所以“江干湖畔，深柳疏芦之际，略成小筑，足征大观也”。具有这样的环境条件，只要略筑小舍，即足以表现出园林之大观。对郊野地，不但“郊野择地，依乎平冈曲坞，叠陇乔林，水浚通源，桥横跨水”，而且“去城不数里，而往来可以任意，若为快也”。而对于城市中的地，“市井不可园也，如园之，必向幽偏可筑，邻虽近俗，门掩无哗”。(《园冶》卷一，“相地篇”)如果硬要在城市里造园，只好选择较偏僻之地，关起门来，隔绝外界的喧哗，在门内做园林的文章。

在《园冶》开卷的“园说”，即造园总论中，计成提出造园不论在城市或乡村，从选地、堆山、挖池、开路、建房、造墙、种植花木，都要达到“虽由人作，宛自天开”。就是说，由人创造的环境，看上去如同是天工开辟的自然界一样。怎样才能达到这种境界？计成分别对堆山、选石、开路，建造亭、台、楼、阁等各方面都有论述。例如园中堆筑山峰、山峦，他提出：“峰石一块者，相形何状，选合峰纹石，令匠凿笋眼为座，理宜上大下小，立之可观。或峰石两块三块拼掇，亦宜上大下小，似有飞舞势。”不但要选取合乎峰石纹理的石头，而且在立峰时必须上大下小。“峦山头高峻也，不可齐，亦不可笔架式，或高或低，随致乱掇，不排比为妙”(《园冶》卷三，“掇山篇”)。所有这些原则都是计成长期观察研究自然山岳，深得它们造型的规律而提出的。在这些人工筑造的山水环境中如何妥善布置建筑，才能保护自然之势，也是造园中十分重要的课题。江南园林中的廊，既能避雨防日晒，又成为引导游人的好路线，廊成了中国园林中不可缺少的建筑。对于园中廊的建造，计成提出：廊“宜曲宜长则胜。……今予所构曲廊，之字曲者，随形而弯，依势而曲。或蟠山腰，或穷水际，通花渡壑，蜿蜒无尽……”(《园冶》卷一，“屋宇篇”)我们在江南许多私家园林中见到的正是这样蜿蜒无尽的游廊，人步廊中，随势而行，左顾右盼，步移景异。

总之，一切从实际的地势、植物条件出发，充分利用已有的环境条件，精心去设计，经营山水、房屋、植物，使创造出来的园林环境，虽由人作，宛自天开，这就是计成从实践中总结出来的，也是中国古代自然山水园林的造园要领。

第十二讲

院落住宅

前面已经讲过，中国古代建筑的主要特征，除了木构架的结构体系以外就是建筑的群体性。如果以单栋房屋来看，它们的体形多为长方形，单纯而规整，体量也不大。但是由这些简单的房屋却能够组合成住宅、寺庙、坛庙、宫殿等各种类型和不同规模的建筑群体。这种建筑群体的组合又几乎都采取院落的形式，即由四栋房屋围合成院，所以也称为四合院。小到一座住宅是一个四合院，大至北京的紫禁城也是由许许多多大小不同的四合院组成的皇宫建筑群，所以四合院可以说是中国古代建筑群体组合的基本单元，也是中国古建筑的基本形式，自然也是住宅的主要形式。

北京四合院

元大都城的规划产生了胡同与两条胡同之间的四合院住宅，经过明清两朝，这种住宅进一步得到发展，于是“北京四合院”成了北京住宅的代名词。

北京四合院的基本形式是由单栋房屋放在四面围成一个内向的院落。院落多取南北方向，大门开在东南角，进门即为前院。前院之南与大门并列的一排房屋称为倒座，之北为带廊子的院墙，中央有一座垂花门，进门即为住宅内院，这是四合院的中心部分。内院正面座北朝南为正房，多为三开间房屋左右带耳房；院左右两边为厢房；南面为带廊子的院墙。正房、厢房的门窗都开向内院，房前有檐廊与内院周围廊子相连。在正房的后面还有一排后罩房，这就是北京四合院比较完整的标准形式。就它们的使用来看，内院的正房为一家的主人居

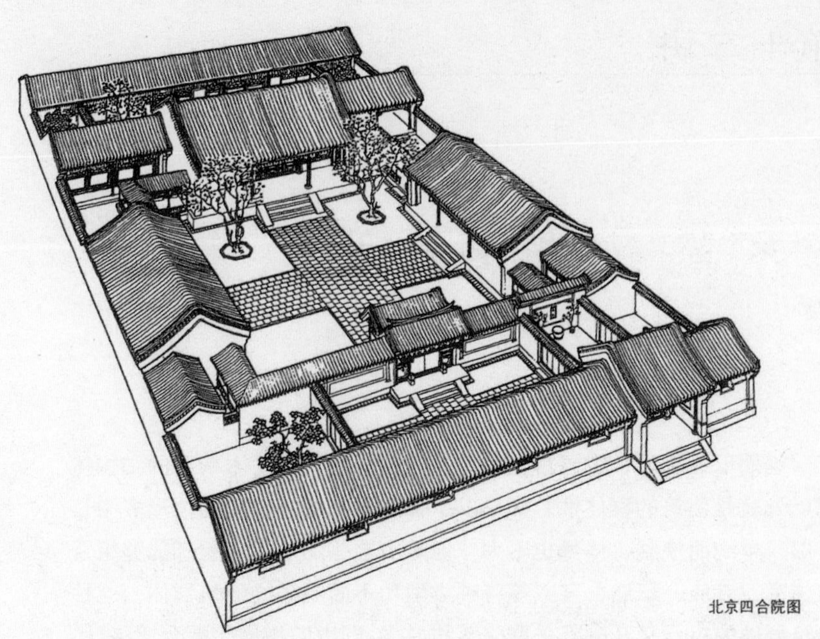

北京四合院图

室，两边厢房供儿孙辈居住，前院倒座为客房和男仆人住房，后罩房为女仆住房及厨房、贮存杂物间。内院四周有围廊相连，可便于雨天和炎热的夏季行走。

四合院大门面临胡同，进门以后，迎面是一面照壁，这是一座砖筑的短墙，或者就把面对着大门的厢房山墙当作照壁。在照壁上多有砖雕作装饰，内容以植物花卉居多，也有象征着吉祥、长寿、多福的动物纹样。有的住家还在照壁前布置堆石、花木等盆景，使这里成为进门后第一道景观。前院北墙正中的垂花门是通向住宅内院的大门，因门的前檐左右两根柱子不落地而垂在半空，柱下端雕成花形作装饰，因而称为“垂花门”，造型端庄而且华丽。住宅内院是一家活动的公共室外空间，在院落中央有十字砖铺路面以便行走，其他部分多种植花木以美化环境。四合院所用花木还颇有讲究，多要求春季有花，夏季有荫，秋季有果，而且最好还有某种象征意义的树木花卉。常见的有海棠与梨、枣、石榴、葡萄、夹竹桃、月季等。四月开春粉红的海棠花与雪白的梨花，使庭院满堂春意，棠棣之花还象征着兄弟和睦；石榴虽不能遮荫，但其花其果的艳红却给庭院带来富贵色彩；枣花虽不显眼，但秋季挂满枝头的红枣也十分讨人喜爱，而且“枣”与“早”谐音，与石榴的多子结合在一起还有“多子”、“早生贵子”象征家族兴旺

四合院照壁

四合院垂花门

四合院内景

的吉祥意义；葡萄枝叶能遮荫，葡萄架下好乘凉，结出串串果实，量多而味美；夹竹桃花色诱人；这些花木各具特色。有条件的人家还在四周房屋的台基、窗台上摆设四季盆花，在屋檐下悬挂鸟笼子，把小小院落打扮得有色有声，情趣盎然。

四合院的规模与讲究程度随住宅主人权势之高低和经济实力的大小而决定。普通百姓之家，只有四边房屋围合成院，既无前院又无后罩房。官吏、富商殷实之家，如果三世或四世同堂，一座标准四合院已经容纳不下众多的人口，满足不了主人对生活的要求，于是出现了把几座标准四合院纵向或横向相串联组合而成的大型四合院住宅。这种串联并不是简单的叠加重复，而是有主有从，根据使用的要求，有大小与比例上的变化。例如两座标准四合院纵向组合，则把前面的四合院取消后罩房，后面的四合院取消前院，使两座四合院的内院前后直接相通，前院的正房变成厅堂，穿过厅堂进入后内院。有的将横向串联的四合院改作园林部分，在这里堆土山，挖水池，种植花木，点置亭台楼阁，组成为一座有居住、园林两部分的大型住宅。明朝对诸亲王实行分封制，将诸王子分封至全国各地为王，到清朝又改为将诸王集中于京都，奉以厚禄不给实权的办法，于是在北京出现了一大批专门供这些皇亲国戚居住的住宅，称为王府，王府占地面积大，由多座四合院纵横组合而成，有的还有专门的园林部分，它们是最讲究的四合院。

四合院大小等级的区别也反映在它们的大门形制上。王府的大门自然是最高的等级，但在王府中还有高低的区别，因为按清朝廷对宗室的分封制度，共分十四个等级，与此相对应，分赐给这些王子的王府也分为亲王府、郡王府、贝勒府、贝子府、镇国公府、辅国公府等几个等级。这些不同的王府在建筑规模与形制上也各有规定，它们的大门形制在《大清会典》中也有记载，例如亲王府大门为五开间屋，中央三开间可以开启，大门屋顶上可用绿色琉璃瓦，屋脊上可安吻兽装饰。郡王府大门为三开间屋，中央一间可开启。更讲究的王府大门不直接对着街道，而是在大门前留出一个庭院，院子前面有一座沿街的倒座房，两边开设旁门，进旁门后才能见到大门。京城文武百官和贵

四合院组合图

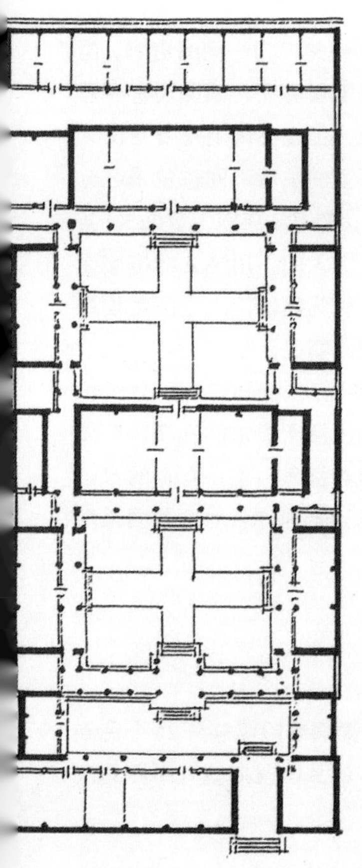

北京四合院广亮大门

四合院金柱大门

四合院蛮子门

族富商之家多用“广亮大门”，广亮大门的形式是广为一间的房屋，门安在房屋正脊的下方，房屋的砖墙与木门做工很讲究，墙上还有砖雕作装饰。所以它虽没有王府大门那样的气魄，但也称得上是有身份人家的大门了。其余的大门是用门扇安在大门里的前后不同位置来区分它们的等级，门扇的位置越靠外的等级越低，它们分别称为金柱大门、蛮子门和如意门。普通百姓居住的小四合院的大门不用独立的房屋而只在住宅院墙上开门，门上有简单的门罩，称为随墙门。中国封建社会的等级制在住宅建筑的大门上也表现得如此明显。

四合院形式住宅的优点是有一个与外界隔离的内向院落小环境，它们保持了住宅所特别要求的私密性和家庭生活所要求的安宁。在使用上也能够满足中国封建社会父权统治、男尊女卑、主仆有别的家庭伦理秩序的要求。正因为如此，四合院也成为全国许多地区共同采用的住宅形式。

云南的住宅

云南是处于我国西南的一个边远省份，聚居着除汉族外25个民族的人民。据史料记载，远在公元前三百多年的战国时期就有中原的汉人到达这个地区。到唐宋时期，汉人继续大批来到云南，并且与当地人一起融合、分化而逐步成为白、彝、哈尼等十多个少数民族。明朝实行移民屯田制度，先后迁入云南的汉人更多，他们的人口总数甚至超过了当地的少数民族。所以自古以来，汉文化就随着汉人流传至云南，致使在云南的中心地带，其经济的发展已接近中原地区的水平，其中白族人口较多，受汉文化较深。

白族聚居最集中的地区是大理。大理位于云南省西部，它的东和北面紧临洱海，西靠苍山，这里气候温和，年平均温度为16℃，年降雨量达1000毫米左右，土地肥沃，极利于农业生产。苍山又盛产大理石，由大理石制作的工艺品享誉国内外。大理地区由于与内地的经济、文化交流频繁，因此农业、手工业和商业都比较发达，手工艺与建造房屋的技术也具有相当的水平。但是大理也有不利的条件，这就是以风大著称，最大风速可达40米／秒。这里又是地震多发地区，地震次数多，震级也较高。

大理地区的住宅也是四合院的形式，但是由于当地的地理、气候的原因也产生了一些与内地四合院不同的特点。大理的大风风向为西风或南偏西风，加以主要山脉苍山为南北走向，因此四合院正房的朝向都背靠西面的苍山而面向东方，四合院的大门也多开在东北角的位置而朝东。其次在房屋构架上除了采用木结构以防备地震外，更普遍地采用硬山式屋顶，屋顶在山墙两头不挑出屋檐并且用薄石板封住后檐与山墙顶部以防止风力的卷袭。

白族人民的四合院最常见的形式有两种，一是“三坊一照壁”，另一种是“四合五天井”。所谓“坊”，是当地作为基本单位的一栋房屋的称呼。坊的形式是一栋三开间二层楼房屋，底层三间前面带檐廊，中央开间为待客的堂屋，左右次间为卧室；二楼三间多打通不分隔，中央开间供神，左右用于储物。楼下檐廊有一开间的，也有三开间或两开间的通廊，廊下既通风又明亮，是休息和做家务劳动的好场所。这种坊的形式因为适合白族人民的生活习惯，已成定型。三坊一照壁的四合院就是由三座坊与一座照壁所围合成的四合院。座西朝东的坊作为正房，进深较大，檐廊也较深，左右二坊为厢房，进深较小。东面为照壁，这是一面独立的墙体，它的宽度与正房相当，高度约与厢房上层檐口取平。照壁下有基座，上覆瓦顶，壁身为白色石灰面，周围常带彩绘装饰。照壁可以是一字型墙，也有的左右分为一主二从，中

大理四合院正房

央高两侧稍低的三段式，在外檐轮廓上富有变化。照壁面对正房，成为院内主要景观，白墙反光还可以增加院内亮度，主人站在正屋楼上，可以越过照壁遥望宅前远景，视野辽阔而开畅。在两坊相交的角落内加建一层小屋作为厨房、猪圈，交角露天处成为小天井，有的在这里设有四合院的后门。由三坊一照壁围合成的庭院对外封闭而对内又显得开畅，庭院使三面的坊屋得到采光、日照和通风，庭院可供晾晒农作物和院内的来往交通。讲究人家还在照壁下栽种花木，点置盆景，加

大理四合院照壁

上三面坊屋廊内多为槅扇式门窗，上有各式雕花窗格，廊下墙上常用花纹大理石装饰，环顾四周，庭院显得畅心悦目十分宜人。四合院由于三座坊的门窗均开向内院，所以外墙呈封闭状，只有照壁旁的大门联通内外，于是四合院的大门成了装饰的重点。在大门门扇的上边和两侧多加门头和门脸的装饰，简单的多用砖与灰拼砌出各种花饰附在墙上，讲究的在门两边砌出砖柱，柱上架梁枋，起屋顶，屋顶两角起翘，顶上屋脊、小兽一应俱全，屋檐下斗栱密列，梁枋相叠，而且在这些木制的或者用砖、灰塑造的梁枋、斗栱上还布满了雕刻、彩绘，将一座大门装饰得异常华丽。除大门作重点外，在三坊一照壁的外墙上也略有装饰。墙体多在土墙外表用白灰抹面，在转角和边沿用灰砖贴

大理四合院外貌

面。讲究一些的还在屋檐下、墙腰处、山墙山尖部分用灰塑或彩绘作装饰花纹，但它们的色彩多比较素雅而不鲜艳，并不妨碍大门装饰的突出地位。

“三坊一照壁”的照壁如果换用一座坊，那么就成了“四合五天井”的四合院。四面各有一座坊屋，除了中央的庭院外，在四个角上还各有一个小院，当地称为“漏角天井”，因此这种形式的四合院称为“四合五天井”。四合院还是采取正房座西朝东的方向，东西两坊进深较大，前廊较深，左右两侧带耳房，耳房的一层作厨房。南北二坊为厢房。大门多开在东北角，面向北面，占据厢房的一间作为门。四面的房屋都

为二层，它们围合成的庭院比“三坊一照壁”的四合院更显得封闭。

大理四合院和北京四合院一样，为适应大家庭人口多、使用功能多的要求可以将“三坊一照壁”、“四合五天井”作横向或纵向的组合，使它们成为一组大型的四合院住宅。

苍山之下，洱海之滨，一座座白族人民喜好的四合院聚合成村，灰色的屋顶，白色的墙，其间闪烁着五彩的门头与点点墙饰，在郁郁苍山衬托下，显得那样的清新而又透露出秀丽，此景此情，不由得使人们想到了白族年轻姑娘的服饰，白色的衣裤，只在衣边袖口作一些装饰，而重点全在绚丽的头饰上，也是白色的头巾，上面插满了五彩缤纷的花饰，素雅中显出华丽。白族四合院的外貌形象不正是同样的风格么？

大理住宅街

南方天井院

江南地区也有许多合院式住宅，它们的形式是四周的房屋被联结在一起，中间围成一个小天井，所以称为“天井院”住宅。

江苏、浙江、安徽、江西一带属暖温带到亚热带气候，四季分明，春季多梅雨，夏季炎热，冬季阴寒。人口密度大，因而这里的四合院，三面或者四面的房屋都是两层，从平面到结构都相互联成一体，中央围出一个小天井，这样既保持了四合院住宅内部环境私密与安静的优点，又节约用地，还加强了结构的整体性。

天井住宅的基本形式有两种，一种是由三面房屋一面墙组成，正屋三开间居中，两边各为一开间的厢房，前面为高墙，墙上开门。在浙江将这种形式称为“三间两搭厢”。也有正房不止三开间，厢房不止一间的，那么按它们的间数分别称为五间两厢、五间四厢、七间四厢等。中央的天井也随着间数的加多而增大。另一种是四面都是房围合而成的天井院，在浙江称为“对合”。这里的正房称上房，隔天井靠街的称下房，大门多开在下房的中央开间。

无论是“三间两搭厢”，还是“对合”的天井院，主要部分就是正房。正房多为三开间，一层的中央开间称作堂屋，这是一家人聚会、待客、祭神拜祖的场所，因而是全宅的中心。堂屋的开间大，前面空敞，不安门窗与墙，使堂屋空间与天井直接联通，利于采光与空气流通。堂屋的后板壁称为太师壁，壁两边有门可通至后堂。太师壁前面置放一长条几案，案前放一张八仙桌和两把太师椅，在堂屋的两侧沿墙也各放一对太师椅和茶几。有资望的家庭，他的住屋往往还取名为某某堂、某某屋，这些书刻堂名的横匾悬挂在堂屋正中的梁下。整座堂屋家具的布置均取对称规整的形式。太师壁前的长条几案是堂屋中最主要的家具，它做工讲究，多附有雕饰。几案正中供奉祖先牌位及香炉、烛台，两侧常摆设花瓶及镜子，以取阖家“平平静静”的寓意。太师壁的正中悬挂书画，内容多为青松、翠竹、桃、梅等具有象征意义的植物山水题材，讲究的人家在堂屋两边侧墙上也有挂书画的。逢年过节，将中央的八仙桌移至堂屋中央，摆上各式供品，一家人面对几案上的祖宗牌位行祭祀之礼，或者把供桌移到前檐下，在堂屋内面朝天井拜祭天地神仙。遇到家中老辈寿辰，儿孙辈结婚娶媳，都在堂屋里行拜

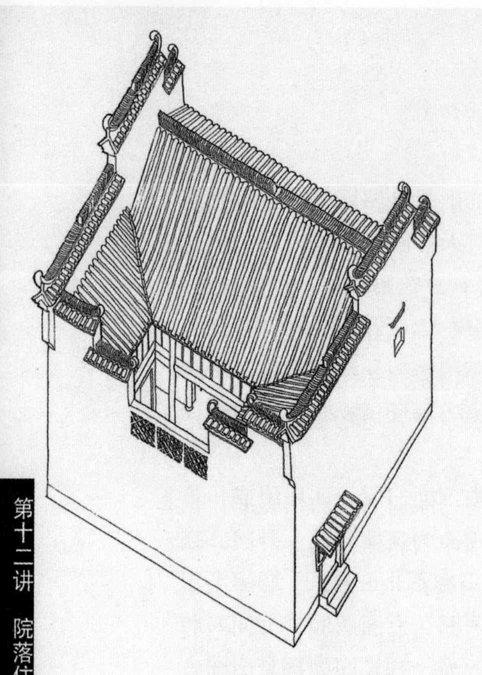

南方天井院三间两搭厢图

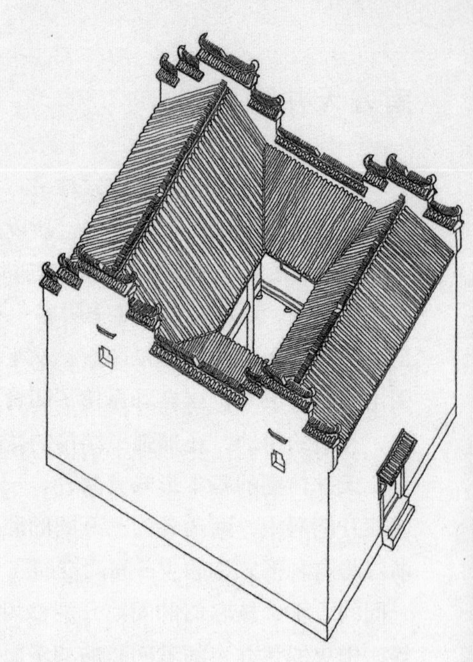

对合式天井院图

和新婚之礼，并设寿、喜之席，宴请亲朋好友。遇老辈去世，除了在家族祠堂行丧礼之外，还要将棺木停放堂屋，按习俗做道场。所以堂屋也是一个家庭举办红白喜事的地方。

堂屋两边，正房的次间为主人的卧室。卧室的门不得直通堂屋，前面只有一扇小窗，在小型天井院，窗户正对着厢房，卧室光线昏暗，空气不流通；在较大的天井院，卧室的窗虽然可以面朝天井，但为了内外和男女有别，将窗台设得很高，窗棂做得很复杂，有的还里外两层，使卧室内外相互不能看见，窗户成了正屋、廊下两件装饰品，起不到真正窗户的作用。卧室的门也设在夹道内，妇女与小孩只能通过夹道走到后堂，不能穿行堂屋见到外人。天井两侧的厢房也可作卧室也可作他用。二楼由于层高低，夏日炎热，冬日寒冷，因此多用作贮物。家庭人口多时也可作卧室。只有少数地区将正房的二层加高作为楼上厅接待宾客用。

天井自然是天井院很重要的部分，它的面积不大，宽度相当于正房中央开间，而长只有厢房之开间大小，所以有的小天井只有4米×1.5米，加上四面房屋挑出的屋檐，天井真正露天部分有时只剩下一条缝了。但是尽管这样，它还起着住宅内部采光、通风、聚集和排泄雨水以及吸除尘烟的作用。由于天井四面房屋门窗都开向天井，在外墙上只有很小的窗户，因此房间的采光主要来自天井。四面皆为二层的房屋围合成的天井高而窄，具有近似烟囱一样的作用，能够排除住宅内的尘埃与污气，增加内外的空气对流。天井四周房屋屋顶皆向内坡，雨水顺屋面流向天井，经过屋檐上的雨落管排至地面经天井四周的地沟

天井院平面

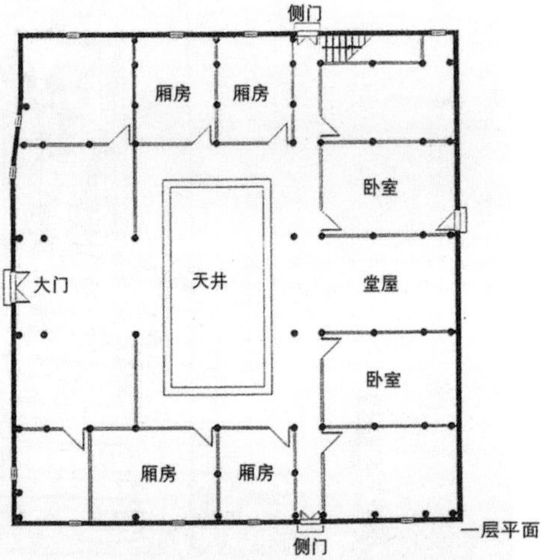

侧门
厢房 厢房
卧室
大门 天井 堂屋
卧室
厢房 厢房
侧门
一层平面

天井院堂屋图

天井院外观

泄出宅外。屋主人每当下雨之际，待雨水将屋顶瓦面上的脏物与尘土冲刷干净后，即将落入天井之水用导管灌入水缸，这种被认为是比一般井水更为纯净的天落水专门留作饮用。这种四面屋顶皆坡向天井，将雨水集中于住宅之内的作法被称为是“四水归一”，“肥水不外流”，对于将水当作财富的百姓来说，这自然是大吉大利的事。狭小的天井能防止夏日的暴晒，使住宅保持阴凉，有心的主人还在天井里设石台，置放几盆花木石景，更使这小天地富有情趣了。

住宅不可缺少的厨房却不在天井院内，这是因为，在自给自足的小农经济制度下的农村，厨房的功能比较多样，除做一日三餐之外，还要堆放柴草、舂米、腌菜、磨黄豆、压豆腐、喂猪食，逢年过节还要做年糕、酿米酒。可以说这里是一个家庭的饮食作坊，是厨房，也是雇工的餐室，有炉灶，有餐桌，也有猪圈。这样的厨房显然要包含在天井院里既不方便也不卫生，所以住宅的厨房多利用规整宅地旁边的零星地段，建造单层的房屋紧贴在天井院的一侧，除有门与天井院内相通外，有的还专设直接通向街道的后门。

以上说的“三间搭两厢”和“对合”当然是指天井院住宅最基本的形式，实际上，凡稍有财力的人家，他们的住宅也不止一个简单的三间正房加两厢，更不必说那些地主、富商、官吏在农村兴建的住房了。所以我们见到的许多住宅都是这种天井院的组合形式。有几个“三间两搭厢”或者“对合”前后相联的，也有两种形式相联的，前后组成几个天井几重院，甚至还有左右并列相互连通的。但是不论怎样组合，其内部仍保持着一个个天井院，其外貌仍保持着方整规则的形态。房屋的外墙都用砖筑，很少开窗，两个天井院之间为了防止一院着火，殃及邻院，都将山墙造得高出屋顶，随着房屋两面坡屋顶的形式，山墙也作成阶梯形状，称为封火山墙。这样的天井院一座紧挨着一座，组成条条街巷，因为节约地皮，这些街巷也很狭窄，宽者三四米，窄的不足2米。于是高墙窄巷成了这个地区住宅群体的典型形态：白墙、灰砖、黑瓦，窄巷子上闪出的座座门头，加上高墙顶上高低起伏的墙头与四周的田野绿丛，成了这个地区住宅特有的风貌。多少江南才子出外做官衣锦还乡，多少徽商云游四方，腰缠万贯荣归故里，他们置田地，盖新宅，在天井院里雕梁画栋以显示自己的权势与财富，但是他们却不去改变这天井院规整的整体，最多只是在大门门头上增添雕饰，书刻上醒目的“中宪第”与“大夫第”，因为这形如堡垒的天井院也正是他们所需要的，他们的家产财富需要保护，他们的家人，尤其是妇女需要禁锢，只要看看江南农村有多少座贞节石牌坊，查一查族谱中记载了多少位妇女的贞节事迹，就可以认识禁锢在这些高墙深院中的妇女的命运。高大连片的天井院不仅是江南地区自然地理与经济条件下的产物，同时也映显出中国封建社会家族的礼制与伦理道德。

窑洞四合院

延安黄土坡上层层叠叠的窑洞因为曾经养育过中国一代革命者因而闻名中外，其实窑洞不仅是陕北，而且是甘肃东部，山西中、南部与河南西部这一带农村普遍采用的住房形式。这一地区土质坚实，气候干燥少雨，加以经济不发达，于是挖洞造屋成了当地百姓取得住房

地井式洞院

最方便和最经济的一种手段。在陕北的米脂一带，窑洞几乎占当地农民住房的80%。

窑洞虽然都是挖土成洞，但是它们仍有两种常见的形式。一种是靠着山或山崖横向挖洞，洞呈长方形，宽约3米—4米，深约10米，洞上为圆拱形，拱顶至地面约3米。洞口装上门窗就成了简单的住房。所以农民只凭一把铁锹，凭力量就可以有自己的住屋，开始可以只挖一个洞，有条件再多挖。为了生活方便，在洞前用土墙围出一个院子，就成了有院落的住宅。另一种是在平地上向下挖出一个边长约为15米深为7–8米的方形地坑，再在坑内向四壁挖洞，组成为一个地下四合院，称为地坑式或地井式窑洞。这也是由四面房屋围合而成的四合院，只是这种房屋不是地面建筑而是地下的窑洞。地面三间住房在这里变成三孔并列的窑洞，它们之间也可以横向打通。为了取得冬季较长时间的日照，多将坐北朝南的几孔窑洞当作主要的卧室，在这些洞里，用土坯砖造的土炕放在靠洞口的地方，可以得到更好的光线与日照，窑洞的底部往往作存物之用。地井东西两边的窑洞也可作卧室也可作他用。一个家庭的厨房、厕所、猪圈、羊圈都可以有专门的窑洞，只是洞的大小、深浅不同，甚至有的水井也设在窑洞内。为了保护窑洞表面少受雨水的浸蚀，有条件的多用砖或石贴在窑面壁上，在洞内也用白灰抹面，使室内更为清洁明亮。

窑洞因为有较厚的黄土层包围，所以隔热与保温效能好，洞内冬暖夏凉，具有良好的节能效益。但是作为居住环境，不利的条件是洞

水井窑洞

内通风不良，比较潮湿，所以往往洞外春暖花开，洞内老人睡的土炕还需要烧火以驱寒湿。

方形的地坑有土台阶通至地面，在地面沿地坑的四周，有的沿边用砖砌造矮栏杆，对过往行人起保护作用。地井院内也像普通四合院一样，用砖、石铺少量的来往路面，四周有排水沟与渗水井，留下的土地面上种植花木，高大树木可以遮荫，少量花卉增添色彩，加上窑洞门窗上的花格，白窗户纸上贴的红色剪纸，使人畅心悦目。家人在院内劳动休息，村娃在洞前玩耍嬉闹，四合院虽在地下，一样充满了生活情趣。

生活在黄土高原地区的人民，吃的是黄土地上生长的粮食，喝的是黄土地下汲来的井水，他们还利用本土本乡的天然资源，创造出自身的生活环境，住房是黄土的，院墙、阶梯也是黄土的，睡的炕是土造的，做饭的灶是土砌的，连厕所也是土筑的，大小便用黄土一盖，几天一清理，运到地里当肥料，厕所保持得很干净。贫穷的百姓在这块贫瘠的黄土地里找到了原始的生态平衡，维持着低水平的生活。随着时代的前进与经济的发展，黄土高原的窑洞住屋还能保持下去么?

福建圆楼

福建南部永定、龙岩、漳平和漳州一带的农村中，存在着一种土楼住屋，它们的特点是每一栋土楼体积都很大，而且用夯土墙作为承重结构，平面形式有方形、圆形、五角形、八卦形、半月形等，以方楼和圆楼为主，其中又以圆楼最为奇特。圆楼的平面当然是圆形的，周围排列着整齐的房屋，有的多达数十间，高达三四层，有时还不止一圈房屋相套，中央围成一个圆形院落，所以我们将它也列入合院式住宅的类别，只是它们不是用四面房屋围成方形庭院，而是用周围相连的房屋围成一个圆形庭院。一座大型的圆楼，里面可以容纳几十户人家，数百人生活。

圆楼是怎样产生的?福建地区古时战乱频繁，社会不得安宁，贪官污吏的竞相搜刮又使人民生活日益贫困，百姓往往揭竿而起，聚众抗争。加之政治不稳定，匪盗迭起，乡间宗族不和，时有械斗发生。中国农民多聚族而居，多座住屋围着自己的宗族祠堂而建，形成团块与村落，相互依靠，患难与共。在福建，聚族而居以求得到安全的要求更加强烈，于是一种将分散的住屋聚合到一起的大型住屋应运而生。当地所具有的森林木材、山石、泥土等自然资源，所拥有的工匠技术，使这种住屋变成为现实。这就是圆形土楼产生的社会因素与物质条件。

我们以保存得比较完整的一座圆楼，福建永定县的承启楼为例来说明这种大型住宅的状况。承启楼建于清康熙四十八年(1709)，历时3年完工，为客家人江姓氏族所建。圆楼直径达62.6米，里外共分4环，最里面一环是全楼的祖堂，由一座堂厅和半圈围屋组成，面朝南方；第二环有房20间；三环有房34间，最外环有房60间，并有4间楼梯间；朝南一座大门，与祖堂共处于中轴线上，东、西各有一座旁门。外环共四层，底层为厨房，二层为谷仓，三四层为卧房，全楼共有房间300余间。承启楼建成后，江氏族人80多户搬进圆楼，共有600余人同时在里面生活。

族人既然为安全而聚居，圆楼的安全防御自然是最重要的。首先在楼的外观上看，承启楼外环高达14米，外墙用夯土筑墙，最厚处达

福建永定承启楼

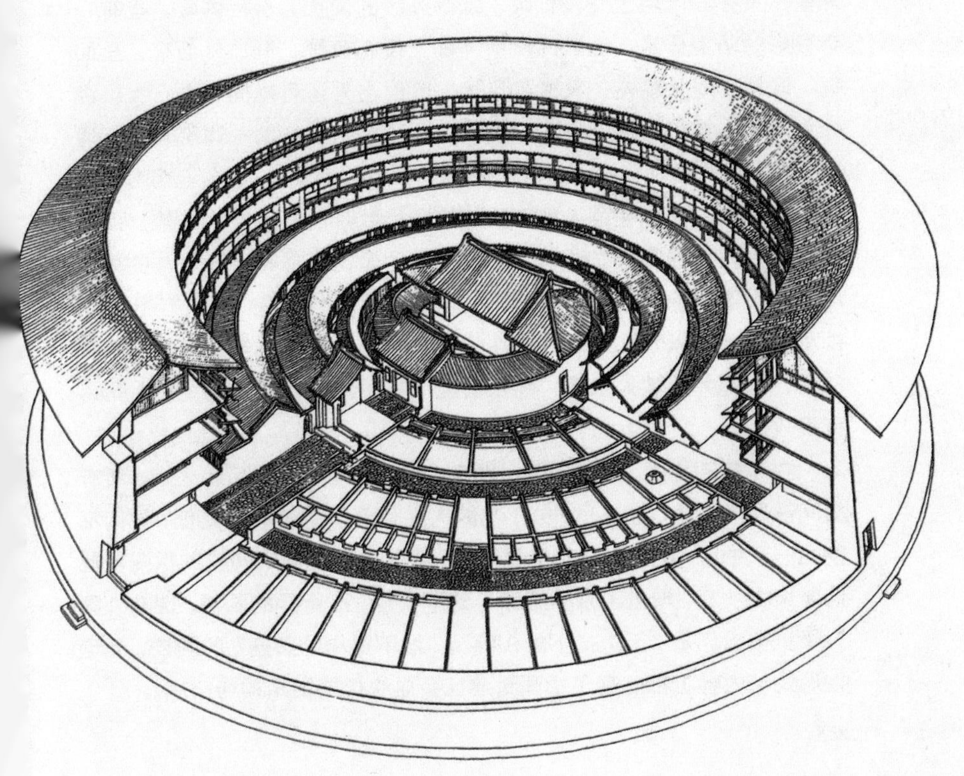

承启楼基础图

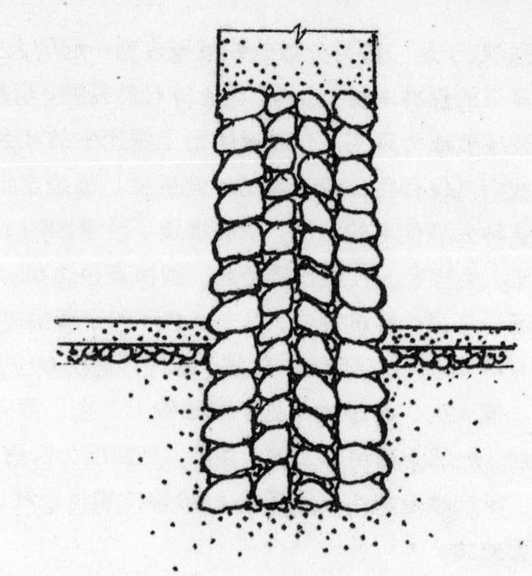

1.9米。墙的基础皆用大卵石和块石筑造，自地面以下直砌至地面上常年洪水能达到的高度以上，以确保夯土墙体免遭洪水冲刷。石墙基的做法是用卵石干垒，层层紧压，使外人很难从外面扒开。外墙上很少开窗，只在三四层上开设枪眼以抵御外敌的侵扰。从楼内看，也有一个很好的防卫体系。在三四层的外墙上设有窗洞，洞口外面窄，里面宽，既便于对外射击，又减少目标。除射击外还可以向下抛石头、浇开水以攻击接近楼体的敌人。外环的几层楼临院子的一边都设环行通道，可以随时调动人力，运送物资。楼内有水井数座，有谷仓藏粮，有牲畜畜养地，所以在敌人围困时能够坚持数月而不会断水缺粮。此外还有一些特殊的御敌之法，例如出入口的大门是最容易受攻击的薄弱环节，在这里除了用粗石料制作门框，用原木料制造门板，门板包以铁皮，门后顶以木杠之外，更在门的上方特置水槽，当敌人用火攻大门时，可提井水灌入水槽，经水槽裂口流下在门板前形成一道水幕以克火攻。

在这座圆楼内，没有正房、厢房之分，没有前院、后院之别，所有房间都同样大小。在这里，分不出族人在住屋上的等级与高低，他们都朝向一个中心，这就是位于圆楼中央的祖堂。只有同宗同族的祖先使他们凝聚在一起，增进了亲和感和得到了安全。这奇异的圆楼，这在外国人眼里被当作是“天上掉下的飞碟”，“地下冒出的蘑菇”的圆楼，无论在形式与内容上都表现了中国封建社会血缘氏族的结构与心态。

第十三讲

乡土建筑

乡土建筑就是农村的建筑，不但包括人们熟知的民居，即住宅，而且还有寺庙、祠堂、学堂、书院、商店、村楼、戏楼、寨门、桥、亭等等类型的建筑，它们土生土长在乡村，所以称为乡土建筑。

村落的规模远比不上城镇，但是它却是一个相对独立而完整的农民生活的聚落。在以小农经济为基础的中国封建社会宗法制度下，乡村又往往是按血缘形成的一个家族的聚居地，在这里，要解决农民的衣食住行，劳动与休息，它必须与山水田野有紧密的结合，它必须要产生与农村生活相适应的各种建筑，所以乡村的规划、各类建筑的内容及其形态都反映了那个时代的特征，可以说乡土建筑是中国农业社会政治、经济、文化的载体。而且这种反映与记载有时比城市更为明显和更加易于把握。

乡土建筑的工程与技术，当然比不上城市宫殿、坛庙、陵墓那样复杂与精湛，但是落后的经济与文化的闭塞迫使当地的工匠就地取材，因材施用，更充分地发掘与发挥了当地材料的优势，因而积累和发展成为各地富有特征的地方技术与制度。

乡土各类建筑的形制也比不上城市建筑讲究，但是它们却不受或者少受官式建筑形制的约束与影响，在建筑的选址与布局上能够更紧密地与自然地势相结合，在建筑结构上更能因材施工，在建筑形象与装饰的创造上更能汲取乡土文化与民间艺术的养分，因而许多乡土建筑不论在平面还是在外貌上反倒具有比城市建筑更为生动活泼的形式。乡土建筑与城市建筑一样，具有丰富的历史、艺术与科学的价值，它无疑地也是中国古代建筑遗产中的一份珍宝。

浙江诸葛村

浙江省兰溪市有一座诸葛村，离市区只有二十多里路，这里聚居着三国时代著名的蜀汉丞相诸葛亮的后代，全村五千多人口中姓诸葛的占2700余人。诸葛亮出生在山东，少年时随叔父移居湖北隆中，直至刘备三顾茅庐而出山任蜀汉丞相，转战各地，最后病死于征战途中。但奇怪的是在山东、隆中和蜀汉地都没有留下聚居的子孙后代，而在兰溪市却出现了一个聚居着两千余后裔的诸葛村。从至今还保存的《高隆诸葛氏宗谱》中可以得知：诸葛亮的14世裔孙诸葛利在10世纪的五代十国时来到浙江建德寿昌县作县令，从此留在浙江，他的子孙延续到28世宁五公诸葛大狮时才迁到诸葛村定居，时间约在元朝中叶，繁衍至今已经是诸葛亮的第46到55世的子孙后裔了。这个诸葛村当然是一座以血缘宗族为纽带的聚居村落，庆幸的是当年村落的规划至今还保存得相当完整。全村以全氏族的总祠堂丞相祠堂和专门祭奉先祖诸葛

浙江诸葛村大公堂与水塘

诸葛村商业街

亮的大公堂为核心，下面又按孟、仲、季三分分别建有分祠堂，分祠堂下还有支祠，而属于各分、支的子孙都围绕着自己所属的祠堂建造住宅，如此在村里形成一个个以大小祠堂为核心的建筑团块。在每个团块的祠堂前多挖有水塘和水井以供给族人的生活和食用水，所以诸葛村素有18座祠堂和18个水塘与水井之称，如今有的祠堂已毁，但这种团块结构依旧存在。

明清两朝，商品经济在城镇得到发展并且开始波及农村。诸葛村所在地正当浙江龙游、兰溪、寿昌三县往来的交通咽喉，有一条大道在村西边通过，在村的南边半公里与东边七八公里处还有通衢江的码头，可通小船与竹筏。这种天然便利的地理条件，使诸葛村很快进入商品经济的潮流，从明朝开始就有诸葛氏族从事药材的买卖，发展到清朝，以经营药材著名的兰溪药业人员中，诸葛村人占三分之二。他们一方面远出家门到江苏、广州、香港做生意，一方面也在村里设鹿园、建作坊制作药材，并使诸葛村逐渐变成了中药材的批发与集散地。

买卖做开了，远近各地来的生意人多了，为生意人服务的茶馆、饭店、客店陆续出现了，一条商业街自发地形成。古老封闭的诸葛村受到商品经济的激烈冲击。开始，诸葛宗族作出种种限制，不许外姓商人来这里设店，不许商业街穿过村里。但是商品经济却很快地给村里带来了经济上的利益，带来了生活上的提高，它越来越影响诸葛族人，使他们的观念有了变化，他们开始将村里不适于耕种的地段租给外地人经商，后来有的诸葛族人自己也卷入了经商的行列，终于在村北形成了一个新的商业区，并且成为方圆几十里范围的商贸中心。在这里，有东阳人开的木匠、铁匠铺，永康人开的铜器、锡器、五金铺，绍兴人开的成衣和当铺，安徽人经营的百货店。热闹的街上有茶馆、饭店、旅社，大烟铺、妓院也应运而生，一个杂姓的，人数多达200人的商业区终于在诸葛村站住了脚。商人们在这里建立了自己的商会，组成了自己的行政机构，管理商界事务，举办自己的活动，每逢年过节，由商会举办的花灯会，其热闹程度甚至超过了村里氏族办的活动，吸引了更多的族人。商会与商人代表着新生的经济力量冲破了血缘村落封建宗族的一统天下，从此诸葛村形成了两个中心，一个是以大公堂、丞相祠堂为核心的"村上"部分，一个是商业区的"街上"部分。诸葛村的村落形态和乡土建筑记录了一个血缘村落向地缘村落转化的过程，记载了中国农村的小农经济与商品经济相交错，相争衡和转化的过程。

乡村的"淫祀"

中国古代的祭祀制度十分严格，《礼记·曲礼下第二》中规定："天子祭天地，祭四方，祭山川，祭五祀，岁遍。诸侯方祀，祭山川，祭五祀，岁遍。大夫祭五祀，岁遍。士祭其先。……非其所祭而祭之，名曰淫祀。淫祀无福。"诸侯、大夫、士都不能祭天地，祭祀天地成了天子帝王的特权，一般的士只能祭自己祖先。但是在农村，似乎并没有受到这种限制，无论天地、山川、四方、五祀，只要乡民需要，都可以寻找或者创造出相应的神明进行祭祀。

山西沁水县有一座西文兴村，这里聚居着唐朝政治家柳宗元的后裔，村子不大，一共才50余户，220余人，但是他们的祖先却在小小的村口建造了祠堂、关帝庙、文庙、圣庙、文昌阁、魁星阁、真武阁等七八座供祭祀用的建筑。祠堂当然是祭柳氏祖先用的，文庙祭孔子，

山西西文兴村关帝庙

圣庙里供奉着历代圣王的牌位。关帝庙位置在村口的最前方，关帝即关羽，东汉末至三国时期为刘备手下一员大将，在生前及死后若干时期并不著名，到宋朝以后才逐渐有了点名气，元朝一部长篇小说《三国演义》方使关羽威名大震，他与刘备、张飞桃园三结义，富有传奇色彩的赫赫战功使关羽成了民间妇孺皆知的英雄，勇武和忠义的化身，被誉为“汉朝忠义无双士，千古英雄第一人”(见湖北当阳关陵对联)。正因为这位集忠、义于一身的关羽对臣民有特殊的教化意义，所以越来越受到封建统治者的推崇。明神宗加封关羽为“协天护国忠义帝”、“三界伏魔大帝，神威远镇天尊关圣帝君”，使关羽从一名武将变成了人间的“帝”、“大帝”，成了朝廷和民间共同供奉的神明，甚至佛教、道教也把关羽拉入法门成为各寺院的护法神。所以，自明代以后，这位关帝就成了广大百姓崇奉的“武圣人”，达到了与“文圣人”孔子平起平坐的地位，出现了一个城市里文庙、武庙并存的现象。而且这位关帝的神通在民间还大大地加以扩大，使他不但具有武功，而且还有掌握人间命禄、助人中科举、驱邪避恶、除灾治病、招财进宝等等各方面的法力，关帝成了一位全能的神明，因而在全国各地，供奉关帝的寺庙大大超过了供奉孔子的文庙。

文昌阁里面供奉的是文昌帝君的像，文昌帝君即道教中的梓潼帝君，主人间功名和禄位之事，自然也受到百姓的普遍信奉。魁星原称奎星，为天上28宿之一，后被古人附会为管人间文运之神，遂改为魁

西文兴村文昌阁

星，各地纷纷建魁星楼、魁星阁以昌文运，阁楼中也供魁星神像。真武即玄武，玄武的形象是龟或者龟与蛇的合体，它与龙、虎、朱雀合称四神兽，在方位上各主一方，玄武主北方。玄武之名因要避讳宋圣祖赵玄朗之名而被改为真武，于是，玄武由动物神演变成为人格神，还被道教拉入法门成了道教中主要神明之一。明永乐皇帝更将他加封为"北极镇天真武玄天上帝"。它的法力最主要是善除水火之灾，并能祛邪卫正，所以供真武之庙在民间也很盛行。

柳氏族人在自己的村口修庙、筑阁、建祠堂，供奉历代圣主和世祖，请来各路神明，有主文运的孔老夫子和文昌帝君，主水运的真武帝，法力无边的关公大帝，它们包含和代表了柳氏家族上上下下各个阶层的企望和利益。这种信仰的务实与多元性在汉民族地区的农村颇有代表性。

浙江武义郭洞村，位于两山夹峙之中，有一条溪河自南而北贯穿全村，村中居住着何姓氏族，也是一座血缘村落。何氏族人也和西文兴村的柳氏族人一样精心地经营着他们的村口，在溪河上架桥修亭，在溪河畔建造了海麟院和文昌阁。文昌阁自然供奉文昌帝君，而海麟院分前后两进，前进三开间，中央开间供奉关圣帝，东西二开间分别供着土地爷和火德星君王灵官像，后进厅内供着南海观音像。土地爷是土地神的俗称，祭拜土地神起源于早期的自然崇拜，在长期处于小农经济的农村，这种崇拜自然连绵不断。王灵官原为道教的护法师，常立于道观山门殿内，相貌威武凶狠，由于王灵官曾被封为“玉枢火府天将”，所以民间都把他视为火神。位于村口重要地位的海麟院面对南方，南方属火，所以请来火神放在关帝一侧以示“镇火”保平安。据当地《双泉何氏宗谱》记载，海麟院原名回龙庵，里面供着观音，应为一座佛寺。但当地百姓为了需要又将关帝、土地爷和火神请了进去，这一下发生了矛盾，还是氏族中的文人想出了主意：关公与观音一放前厅，一置后堂，分而奉之，关公手持《春秋》书，《春秋》又名《麟经》，取其“麟”字，南海观音取其“海”字，合二而一，“海麟院”由此得名。

浙江永嘉县楠溪江流域散布着众多的村落，在这些村里，宗教性的寺庙几乎村村都有，但是真正单一的佛寺、道观却不多，大量的都是供奉传统的和地方诸神仙的庙堂。关帝庙、土地庙、祭祀主管水利的平水圣王的仁济庙，主管生育的娘娘庙。有的关帝庙里同时供着济公和孙悟空，有的关帝庙因为需要而改为娘娘庙。见得最多的还是专管农业生产的三官庙，庙里供奉着天官赐福崇微大帝、地官赦罪清虚大帝和水官解危洞阴大帝。这些庙宇可大可小，大者有众多殿堂组成的二进、三进院落建筑群，小的三官庙、土地庙可以和乡间的路亭、凉亭相结合，与百姓生活更加贴近，甚至小到面宽、进深、高度均不足1

浙江郭洞村海麟院

浙江楠溪江仁济庙

米，座于土台之上，好像一座大型建筑模型，立在路边，便于百姓随时烧点香火。

除了这些流行的神仙以外，还有各地创造的地方神。例如浙江永康出了一位胡则，在宋明道元年(1032)，他任户部侍郎时，上疏奉请皇帝赦免衢婺两地百姓的身丁税，受到百姓的感恩，所以浙江一带多建胡公庙以供祭祀。上面提到的武义郭洞村也供奉着一位周公。周公名周雷泽，官任金、衢、严三府道台。据《武川备考》记载：清顺治五年(1648)，武义人破城杀了知县，这是不服满清统治的义举，相传郭洞有人也参与了行动。朝廷震怒，欲发兵剿灭郭洞，周雷泽为了保护郭洞百姓，假称官兵如往郭洞，必须通过险境，人要侧身，马要折骨方能进村。官兵因而未敢冒进，郭洞山民得保平安。未想到日后朝廷查明真相，重办妄报军情的周道台，把周雷泽水银灌顶剥了皮。郭洞族人为报救命之恩特在村外的庙里彩塑了周公的像，在村口文昌阁里立了周的牌位常年供奉，在每年春节后的迎神活动中还把周公像和神像放在一起供村民祭拜，与神像一起被抬着周游全村。

对于中国广大的农民来说，无论是传说的文臣武将，还是管天管地、利水镇火的各路神明，无论是民间的神灵还是地区的圣人，无论是本国的道主还是外来的菩萨，他们都可以接受，他们生活中需要什么就信奉什么，他们不求对佛经道义的索解，真正看破红尘，弃家入寺当僧尼的更是微乎其微，他们所要求的只是这些八方神灵能带来长久的福安或者一时一事的圆满与保佑。两千年的封建统治，二十多个

楠溪江三官庙

朝代，三百多位帝王的变迁所带来的社会动荡，年复一年的或轻或重的自然灾害，给生活在最底层的广大农民所造成的苦难和挫折实在太多了，在长期封建土地制约束下的农民，他们一方面忍辱负重地去与天灾人祸和贫困拼搏以求得起码的生存条件，另一方面又将希望寄托于未来，寄托于天地神灵与祖先的恩赐与护佑，因此，对宗教，对信仰的急功近利态度是他们必然的选择，他们是为生活，为生命而信仰，正是这些信仰构成了中国古代广大农民精神世界的主要内容。

但是，在一些少数民族地区却呈现出另一种信仰集中而专一的现象。例如西藏藏民对藏传佛教喇嘛教的信仰，云南景洪地区傣民族对

楠溪江小土地庙

南传佛教的信仰，新疆维吾尔、哈萨克等民族对伊斯兰教的信仰都几乎是全民的，也是专一的，这些地区的广大民众把一切希望，不论是长久的福安还是一时性的各种祈求都寄托在惟一的佛或真主身上。

在全国大量乡土建筑中的佛寺、清真寺、关帝庙、文庙、土地庙、三官庙、娘娘庙、文昌阁、魁星阁、真武阁以及供奉天下各路神仙的庙堂中，我们看到了千百年来我国广大农民的精神世界，正是这些建筑实体记录了中国长期封建社会里意识形态的一个重要方面。

吊脚楼、干栏房及其他

在上一讲，我们只介绍了中国城乡的合院式住宅，在广大的农村，存在最多的就是各式各样的住宅，由于各地区自然条件与人文条件的不同，在地理环境、气候、材料、传统技术、生活习惯、民俗、地区与民族的文化、艺术、宗教信仰等等方面都存在着差异，正是这诸多的差异才创造出了各具特色的住宅。现在只挑选几种主要的予以介绍。

（一）吊脚楼

在贵州省的东南地区，聚居着少数民族苗族与侗族。这一地区具有贵州典型的地貌与气候，即“地无三尺平，天无三日晴”，高高低低的山峦一个接着一个。气候湿热，尤其在夏季，走在山脚下还是晴日

贵州山区吊脚楼

贵州侗族村

当空，但爬到山顶可能就会遇见倾盆大雨。在这种潮湿炎热的山区，当地人民创造出一种住宅，它们依山势而建，用当地盛产的杉木，作成两层楼的木构架，柱子随山势高低长短不同地架立在陡坡上。房屋的下层多空畅而不作隔墙，里面作猪、牛等牲畜棚和堆放农具与杂物。上层住人，分客堂和卧室，四周向外伸出挑廊，主人可以在廊里做活、休息。这些廊子的柱子为了便于人与牲畜在下面通行，因而多不落地，而是靠楼层上挑出的横梁承托，使廊子悬吊在半空，所以这种住宅被称为“吊脚楼”。吊脚楼的优点是人住楼上通风防湿，又可防止山间野兽的侵害。所以不仅在贵州、广西、四川、湖北、云南等省气候潮热的山区多采用这种住宅形式。

在黔东南侗族的聚居村里，在座座吊脚楼之中，还可以见到一种高耸的木建筑，这就是侗族村有名的“鼓楼”。鼓楼外貌很像密檐形佛塔，底层高，以上有十多层密檐相叠，平面有六面、八面和方形的，从下到上有明显的从大到小的收分，顶上有一座很好看的刹顶。鼓楼是全村的公共场所，平时村民在楼里休息、交往、聊天。夏日楼内备有

侗族村鼓楼

凉茶，冬季楼内设炭火取暖，过去还挂有草鞋，供远道的过往行人取用。楼内挂有一面大鼓，村中有事，由村里头人击鼓为号，村民闻鼓而来，节日村民也在这里聚会游乐。鼓楼高高地矗立在村子的中央地带，成了全村不可缺少的政治、文化中心，它奇特的外貌和周身的装饰，在每一层檐板上满绘着人物、动物、植物的纹样，形象无拘无束，生动自然，表现出侗族人民浓厚的乡土情意。

与这鼓楼一样出名的还有当地的风雨桥。架设在山间河流上的桥也全部为木构造，为了适应这山区的多雨炎热的气候，在这些桥面上多架设有顶的桥屋。在有些大型的桥上还将鼓楼的多层檐顶安在桥屋之上，使这些桥更加美观和富有情趣。这样的桥已经不单是交通的工具，而成为供人们休息、交往、摆小摊做买卖的场所。山区溪河纵横，大小桥梁不断，这些形态各异的桥屋成了这地区特有的景观。

（二）干栏房

在乡土住宅建筑的分类中，把底层架空的住宅称为干栏式住房，上面讲的吊脚楼也可以归于干栏式内，这里我们要介绍的是一种形式更为完备的干栏式住房，这就是云南景洪西双版纳地区傣族人居住的竹楼。景洪地区地形高差变化大，北部为山地，东部为高原，西部为平原。这里的气候差别也大，山地海拔1700米，属温带气候，平原海拔750–900米，属亚热带气候，有的河谷地海拔只有500米，当属于热带气候了。傣族人民多居住在山岭间的平坝地，常年无雪而雨量充足，年平均气温达21℃，没有四季的区别，只有雨季与旱季的不同，傣族人民在这样的自然条件下创造了合宜的干栏式住房，由于地区盛产竹材，住房多用竹子建造，所以称为“竹楼”。竹材易于加工，粗竹做房屋骨架，竹编篾子做墙体，楼板或用木板或用竹篾，屋顶铺草。竹楼的平面呈方形，底层架空四周不用墙，供饲养牲畜与堆放杂物，也在这里进行室内舂打粮食等农活。楼上有堂屋与卧室，堂屋里设有火塘，是

侗族村风雨桥

云南西双版纳傣族干栏房图

烧茶做饭，一家人团聚的地方。堂屋外有开敞的前廊和晒台。前廊有顶，是主人白日工作、吃饭、休息与待客的地方；晒台露天无顶，多在楼的一角，是主人盥洗、存放水罐和晾晒衣物和农作物之处，这一廊一台是竹楼不可缺少的部分。这样的竹楼用料简单，施工方便迅速，下面与地面架空，四周墙壁透气，所以整座竹楼一防潮湿，利于通风散热，二可避免虫兽侵袭，由于这里雨量集中，常引发洪水，架空竹楼也利于洪水通过。竹楼成了这个地区少数民族人民普遍采用的住宅形式。

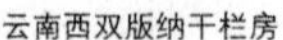

云南西双版纳干栏房

傣族全民信奉佛教，所以几乎村村都有佛寺，与此相关的迷信禁忌也多。例如当地规定佛寺的对面不许建民房，民房楼面高度不得超过佛寺中佛像坐台台面之高。由于经济上的悬殊差别，百姓的住房本来在大小和质量上无法与头人相比，但在建房上还是做了许多规定，例如百姓住房不许建瓦房，廊子不许有三间，堂屋不能用六扇格子门，楼梯也不能分作两段，只能做成一段直上直下，楼上、下的柱子不得用整根通长木料，柱下不许用石柱础，房屋不许做雕刻装饰等等。在这样的限制下，使本来就很简便的竹楼更不能在技术上得到改进，大量竹楼不能保持较长的寿命。

(三)蒙古包

在内蒙古蒙古民族和新疆哈萨克等民族的聚居地，流行着一种可移动的住房，这就是毡包，因为蒙古族用得最多，所以也称蒙古包。它是为适应这些民族的游牧生活而创造的住宅形式。它的平面为圆形，用木条编成可以装拆的框架，在框架外面包以羊毛毡。一个毡包直径约

新疆天山下毡包

毡包内

在4–6米，高2米，一侧开门，中央顶部留有圆形天窗，用以采光和通风，包内做饭和冬季烧马粪取暖的烟气也从天窗排出。毡包的外表简洁朴素，而在包内，只要经济条件允许，多铺挂地毯和壁毯，色彩很鲜艳，这也是常年生活在茫茫草原的游牧民族在心理上的一种渴望。

当牧民们在一处草场放牧完了，于是一家人拆除毡包，将全套框架羊毡以及生产、生活用品驮在几匹马背上，主人骑着马匹，赶着羊群又奔向新的草场。在茫茫大草原，在郁郁葱葱的天山脚下，灰白色的蒙古包三五成群，在一片天然绿色的环境里，它们的形象虽然显得单纯，但却是纯洁而动人的。乡土建筑与大自然的这种天然结合是城市建筑永远也无法比拟的。

第十四讲

牌楼、华表、影壁及其他

前面已经讲过，建筑的群体性是中国古代建筑除了以木构架为结构体系之外的又一个重要的特征。从合院式的住宅、寺庙、陵墓到坛庙、宫殿莫不都是由若干座单栋房屋组合成为一组建筑群体。我们在这些群体中除了看到有殿、堂、楼、阁、厅、馆、亭、廊等等以外，还可以发现有一些小建筑相配列。如在不少比较大的建筑群外面树立着牌楼，在建筑群的大门前面立有影壁、华表和石头狮子，在主要殿堂前面排列着日晷、龟、鹤和香炉，在陵墓的神道前有石柱、石门，墓室前有五供桌，在寺庙里有石碑、经幢，在园林中有各式各样的堆石等等。因为这些建筑的大多数体量都比较小，所以我们借用文体中的"小品文"名称，将它们称为"小品建筑"。小品建筑虽小，但在一组建筑群中，无论在物质功能和环境艺术方面都起着重要的作用。这些小品建筑是怎样产生的，它们都具有哪些方面的作用，它们在形象上又有些什么样的特征，这些都是很值得探讨的问题。我们在这里挑出其中主要的几种加以说明。

牌楼

牌楼多被安置在一组建筑群的最前面，或者立在一座城市的市中心，通衢大道的两头，所以它们的位置都很显著。我们去游览北京明代十三陵，最先见到的建筑就是五开间的巨大石牌楼，过了牌楼就进入到陵区。同样，当我们去北京颐和园时，首先映入眼帘的是一座立在通道中央的木牌楼，过牌楼才到东宫门前的广场。在过去古老的北京城里，主要大街如前门外大街，东城、西城市中心，东、西长安街

古代衡门图

等处都可以见到大型的木牌楼立在马路中间。所以我们通常把牌楼当作是一种标志性建筑，它在城市和建筑群中起到划分和控制空间的作用，增添了建筑群体的艺术表现力。

牌楼是怎样产生的?不论是在建筑群前面，还是在通衢大道上的牌楼，就其位置来讲总归具有入口大门的特点，所以它的产生和建筑群的大门是分不开的。中国早期建筑群的大门称为“衡门”，即在两根直立的木柱子上加一条横木组成为门，多用作乡间普通建筑的院门，所以古代将简陋的房屋称为“衡门茅屋”。后来为了防雨雪的侵蚀，在衡门的横木上加了屋顶，在宋朝《清明上河图》中可以见到这种门，只不过在门顶出檐的下面已经用上斗栱了。这种简单的院门形式如今在农村中还能见到。

在公元12世纪宋朝廷颁行的《营造法式》中记载着一种乌头门的形式，两根木柱左右立在地上，上有横木，横木下安门扇，但与衡门不同的是两根立柱直冲上天，柱头用乌头装饰，故名为乌头门。不论是衡门还是乌头门，它们都是牌楼的雏形。

那么牌楼，有时也称牌坊的名称从何而来？牌楼起源于建筑的院门，在古代城乡中，大量存在的是里坊之门。所谓里坊，是中国古代城市居住区的基本单位，把城市划分为方形或矩形的里坊，里面整齐地排列着住宅。这种形式在春秋战国时期就形成了，到隋唐时期的长安城已经发展到十分完备的程度。整座长安城设有110个坊，每个坊内开有十字形或东西向的横街，街头皆设坊门以供出入。古代这种里坊之门称为“闾”，中国古有“表闾”的制度，即将各种功臣的姓名和他们的事迹刻于石上，置于闾门以表彰他们的功德，有时还把这种刻石安于闾门之上。据建筑学家刘敦桢先生的分析，这种闾门上往往书写坊名，而且按表闾的制度，将表彰事迹书写于木牌，悬挂在门上也是完全可能的事，就是说闾门上既有坊名又有木牌，牌坊之名可能就由此而产生(见《刘敦桢文集》的《牌楼算例》绪言)。后来这种牌坊模仿木构建筑，形式日趋华丽，加了飞檐斗栱和各种装饰，所以又称为“牌楼”，这种分析是有道理的。后来，牌坊离开里坊而成为独立的一种建筑，但是它原有的大门标志和表彰功德的功能依然保留。在形式上，凡柱子上不加屋顶的称为牌坊，加屋顶的称为牌楼，但是在许多地方，牌坊与牌楼没有严格区分，统称为牌楼或者牌坊。在本文中，为了简明起见，我们也将它们统称为牌楼。

从建造的材料来看，牌楼可分为木牌楼、石牌楼和琉璃牌楼。琉璃牌楼实际上是用砖筑造，在表面贴以琉璃砖瓦，完全不贴琉璃的砖牌楼偶尔也能见到，但数量很少。不论哪种牌楼，它们的大小规模都是以牌楼的间数、柱数和屋顶的多少(称为楼数)为标志，其中又以柱数与间数为主要标志。例如最简单的是两柱一间的牌楼，但它的顶上也可以作成一楼、二楼(即重檐)或三楼。四柱三间的牌楼最为常见，六柱五间的牌楼可称是大型牌楼了，多用在很宽的道路和墓道上，它们的

乌头门图

明陵一间牌楼

北京琉璃牌楼

顶上也有用三楼、四楼、五楼、七楼乃至九楼的区别，可以这么说，在柱数开间相同的情况下，顶数越多，牌楼越复杂，形象也越丰富。

现在我们从牌楼的不同功能来考察一下它们的作用。

（一）标志性牌楼：这是常见的一种牌楼，它们立在宫殿、陵墓、寺庙等建筑群的前面，作为这组建筑的一个标志。例如颐和园万寿山前麓排云殿建筑群最前面的“云辉玉宇”木牌楼，颐和园后山须弥灵境建筑群前面广场的北面及左右两方的木牌楼。老北京在东、西市的十

四柱三间九楼木牌楼

字路口各建有四座牌楼，作为东、西城中心地区的标志。如今由于交通发展、马路拓宽，这几座牌楼因阻碍来往车辆而早被拆除，但至今人们仍习惯地称这两处为“东四”和“西四”，可见牌楼所形成的标志的长久作用。

（二）大门式牌楼：位于建筑群前面的标志性牌楼实际上正处于大门的位置，但它们多独立存在，牌楼的柱间或门洞也不安设门扇，人们可以穿行而过，也可以绕它们而行，所以还不能起到真正门的作用。这里所讲的大门式牌楼是真正属于建筑群的一种院门。颐和园宫廷区的仁寿门，门两边有影壁与院墙相连，门完全采用牌楼形式，二柱一间一楼，柱间安有门框、门扇。山东曲阜孔庙的第一座大门是棂星门，采用的是石牌坊形式，四柱三间不用屋顶，柱间安木栅栏门，两边连

山东曲阜孔庙棂星门

着围墙。这两座牌楼真正成了建筑群的大门。四川峨嵋山虎浴桥头有一座牌楼，二柱一开间三楼，柱间虽没有门窗，但它是过桥必经之处，也称得上是大门式牌楼。

（三）纪念性牌楼：利用里坊门上表彰功德的这种做法在牌楼上得到进一步的应用，在各地出现了为纪念和表彰某人某事而专门兴建的牌楼，可称之为纪念性牌楼。山西阳城县黄城村出了一位陈廷敬，20岁中进士，在为官50年的生涯中，先后担任过清康熙皇帝的经筵讲官，吏、户、刑、工四部尚书，晚年受命主持编纂《康熙字典》。为了表彰

四川峨嵋山虎浴桥牌楼门

他一生的荣华富贵，他的家乡立了一座石牌楼，四柱三间三楼，在正楼主牌上刻着“冢宰总宪”四个大字，两边楼各刻着“一门衍泽”和“五世承恩”。中央字牌上刻着陈廷敬的官职功名，同时还刻着皇帝赐给

浙江郭洞村石牌楼

安徽歙县棠樾村牌楼

陈父亲、祖父、曾祖父的官职、功名。在中国封建社会，一人得高官，则“五世承恩”、“一门衍泽”。所以自古以来讲究一个家族的资望，称之为“门望”。这种门望在黄城村这座牌楼上被充分表现出来了。

浙江武义县郭洞村有一座节孝石牌楼，是专门表彰本村何氏族人何绪启之妻金氏的节孝美德而建造的。何妻金氏生于清乾隆五年(1740)，19岁嫁到何家，22岁生子松涛，幼子方10个月，丈夫亡故。金氏从此守寡，上奉老姑，克尽孝道，下抚遗孤，备尝艰辛。好在幼子松涛遵母训，勤攻读，成人后被选撰写武义县志，也算得上是郭洞村有出息的族人了。金氏因而受到朝廷嘉奖，由当时浙江官吏奉旨建造了这座节孝牌楼，所以牌楼顶上立有“圣旨”石板一块。在传统的封建道德中妇女的守节与尽孝是很重要的一个内容，历来受到上自朝廷，下至氏族的重视与遵行。一座只有几百人口的郭洞村，在祠堂中悬挂的90块匾额中，宣扬这种节孝精神的就有26块之多。在《双泉何氏宗谱》中的“人志”部分，有专门“节妇汇总”的内容，其中一段收录了9位节妇的情况，其中有邵氏年26夫亡子幼，姑年近70，且患疯病，邵氏日夜尽孝，20年不倦；徐氏夫病，割了自己的股肉为夫治病仍无效，夫亡后，徐氏守志21年而卒；另一女，丈夫死后，家贫如洗，自己投井而死也不再嫁；这当然不是郭洞村何氏族人中全部节妇的名

北京商店前牌楼

单。原来村里共有6座牌楼，其中5座是节孝石牌楼，文化大革命破四旧，除了这一座表彰金氏的石牌楼之外，全部被推倒砸毁了。

这类由皇帝敕建或自建的牌楼，有的为了显耀祖宗，光照门第，有的借孝子、节妇的事迹宣扬封建道德，对后人起教化作用。这种纪念性牌楼在各地牌楼中为数最多，在安徽歙县棠樾村一连有7座宣扬孝子、善民、节妇事迹的石牌楼排列在乡间大道上，成为颇有气势的牌楼系列。

（四）装饰性的牌楼：这种牌楼常见的一是用在古代一些店铺的门面上，二是用在寺庙、祠堂等一些重要建筑的大门上。商店门面上的牌楼既不是独立的标志，也不是大门，而是附在店铺门脸上的一种装饰。它们的形式多为一座牌楼紧贴在店铺的外面，但牌楼的上部往往都高出店铺的屋顶，牌楼的梁柱上都满布彩绘，鲜艳夺目，牌楼柱上挑出梁头，悬挂着各式幌子(一种显示店铺所经营不同商品的标志)，使人们在远处就能见到，因而达到宣扬和招揽买卖的作用。

另一种装饰性牌楼常见于寺庙、祠堂等建筑的大门。这类建筑为了增加大门的气势，往往把牌楼的形式应用在大门之上，常见的做法是用砖或石在大门的周围墙上砌筑出牌楼的式样，或双柱或四柱，柱上的梁枋、屋顶和上面的装饰一应俱全，只不过这种牌楼变成了贴在

四川寺庙灰塑牌楼门脸

墙面上的一种装饰而不是一座独立的建筑。所以在一些地方将它们称为“门楼”。在湖北、四川一带常用灰塑在墙上制造出牌楼形象，它们比砖、石筑造的牌楼门形象更自由，装饰与色彩更为丰富。

耸立于城乡各地的无数牌楼，经过历史的沧桑，如今仍以其特殊的形象点缀着环境，它们使这些城市和乡村更加富有历史和文化的内涵。

华表

北京天安门前面有一道金水河，河上架着几座金水桥，在桥的前面，左右两侧除了有两头石狮子外，还有两根石头柱子，柱身上雕着盘龙，柱头上立着小兽，这就是华表。华表和狮子立在天安门前，大大增添了这座皇城大门的气势。

华表是怎样产生的？传说古代帝王为了能听到老百姓的意见，曾经在宫外悬挂“谏鼓”，大道上设立“谤木”，《淮南子·主术训》中记有“尧置敬谏之鼓，舜立诽谤之木”。《后汉书·杨震传》中也说：“臣闻尧舜之世，谏鼓谤木，立之于朝。”所谓谏鼓，就是在朝堂外悬鼓，让臣民有意见就打鼓，帝王听见后，让臣民进去面谏；所谓谤木，就是在大路街口交通要道外竖立木柱，专供臣民书写意见之用。谏鼓谤木之事是否真实，很难考证，历史上向来把尧舜时代视为盛世，唐尧

北京北海琼华岛上仙人承露盘

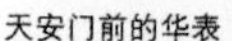

天安门前的华表

虞舜当作帝王的典范，把许多好事都安在尧舜的头上。后来，立在大道口的谤木不再具有听纳民意的作用而逐渐变为交通路口的一种标志，所以谤木又称为“表木”，这就是华表的起源。

谤木或称表木最初是什么样子的呢？崔豹《古今注》中说：“尧设诽谤之木，何也，答曰：今之华表木也，以横木交柱头，状若花也，形似桔槔。”桔槔是古代井上吸水的工具，形状是一根长杆，头上绑一个水桶，所以华表最初的样子就是头上有横木或其他装饰的一根立柱。在宋代张择端画的《清明上河图》上，我们看到虹桥的两头路边各有一木柱，柱头上有十字交叉的短木，柱端立有一仙鹤，这显然就是立在桥头作标志的华表木。关于这表木上的仙鹤还有一段传说，汉代辽东人丁令威在灵虚山学道成仙后，化为仙鹤飞回汴梁，落在城内的华表柱上，有少年要用箭射鹤，仙鹤忽作人言歌道：“有鸟有鸟丁令威，去家千年今始归。城郭如故人民非，何不学仙冢累累。”感叹人世的变迁无常，还不如遁世避俗去学仙。

这种华表立在露天，经不住风吹日晒和雨淋，它和其他木结构的桥梁、栏杆一样，逐渐都被石料所代替，石头柱子最后代替了木头柱子，但是它的形状仍然继承了原来木柱的式样，细长的柱身，上方有一块模板，这就成了华表最初的，也可以说是最基本的形式。

由最早的石柱又怎样变成了天安门前的华表样子，这中间自然经过了一个不断发展的漫长过程，可惜历史上各个时代留下来的华表很不完全，如今我们能见到的多为明清两代的实物，所以只好就这个时代的华表形象加以分析介绍。

华表可以分为三个部分，即华表柱头、华表柱身和华表的基座。

华表的柱头上有一块圆形的石板叫“承露盘”。承露盘起源于汉朝，汉武帝在神明台上立一铜制的仙人，仙人举起双手放在头顶上，合掌承接天上的甘露，皇帝喝了甘露可以长生不老，这自然属迷信之说。后来都以仙人举手托盘承接露水称为承露盘，北京北海的琼华岛上就有这样一座仙人托盘的雕像。再往后，凡在柱子上的圆盘，不论是不是仙人所举，不管是否能承接露水，都当作是承露盘，这也是借古代之礼仪以增添自身价值的一种做法。华表的圆形承露盘上面立着小兽，这是一种称为“犼”的动物，犼是一种形似犬的神兽。在天安门前面的一对华表顶上的石犼面朝南，天安门后面一对华表顶上的石犼面却向北，传说这一对石犼望着紫禁城，希望皇帝不要久居深宫闭门不出，不知人间疾苦，应该经常出宫体察民情，所以称“望君出”。而前面那一对面朝外的石犼却盼望着君王不要久出不归，所以又称“盼君归”。这自然都反映了世人的愿望，但是人们把这类传说依附于华表的身上，这也说明了华表在建筑群体中所占据的显著地位。

明清时期华表的柱身多作成龙柱，柱身多为八角形，一条巨龙盘绕柱身，龙首向上，龙身外满布云纹。高高的白色石柱在蓝天衬托下，盘龙仿佛遨游于太空云朵之中，显得十分有气势。柱身上方还横插着一块云板，它的产生起源于原来表木柱上端的横木，后来演变而成了雕有云纹的云板。华表的基座多做成须弥座形式。须弥为佛教中的圣山名，所以佛像下面的座称为须弥座。佛教传入中国后，佛像下面的这种须弥座逐渐成为普遍使用的石座形式，并且还逐步形成了固定的式样。天安门前后的二对华表，在基座之外还加了一圈石栏杆，栏杆四个角的石柱头上各立着一只小石头狮子，它们的头都与柱顶上的石犼朝着同一个方向，栏杆对华表不但起到保护，而且还起到烘托的作用，使高高的石华表显得更加稳重。

华表作为一种标志性建筑，不但出现在重要建筑群的大门之外，有时也立在桥头和建筑的四周。宛平卢沟桥两头都有一对华表，北京明陵碑亭的四周角上各立有一座华表，这些华表对建筑能够起到烘托的作用。北京圆明园被英法联军烧毁后，园里的不少石雕陆续被他处移用。原来燕京大学西校门里主楼前面有一对石华表就是从圆明园里搬移来的，如今燕园成了北大校园，这一对华表又成了北大校园中很重要的一处景观，继续起着点缀和美化环境的作用。

山西大同九龙壁

影壁

影壁是设立在一组建筑群大门里面或者外面的一堵墙壁，它面对着大门，起到屏障的作用。不论是大门里面或外面的影壁都与进出大门的人打照面，所以影壁又称为照壁。

(一)影壁的种类

影壁若以它们所处的位置来区别，可分为立在门外、立在门内和立在大门两侧的三种类型。

1.设立在门外的影壁：这是指正对建筑院落的大门，和大门有一定距离的一堵墙壁。往往在较大规模的建筑群大门前方有这种影壁，它正对大门，和大门外左右的牌楼或建筑组成了门前的广场，增添了这一组建筑的气势。北京颐和园的东宫门是这座皇家园林的主要入口，

紫禁城宁寿宫前九龙壁

北海九龙壁

最前面有一座牌楼作为入口的前导，然后迎面有一座影壁作为入口的一道屏障，自影壁两边才进到东宫门前。在这里，影壁、东宫门和左右的配殿组成了门前的广场，过去在这广场中心还布置有一组堆石。

北京紫禁城内的宁寿宫，是一组有相当规模的宫殿建筑群，是清代乾隆皇帝准备在他退位当太上皇时居住和使用的，所以在布置上很注意要显出皇家建筑的气魄。它的入口是南面的皇极门，正对着皇极门立着一座很长的影壁，影壁上有九条用琉璃烧制的巨龙，这就是有名的九龙壁。皇极门、九龙壁和东西两面的钦禧门和锡庆门组成了这一组宫殿建筑群大门前的广场。在其他地方，还有几处这样大型的九龙影壁，例如北京北海的九龙壁，山西大同的九龙壁。现在人们在观

紫禁城宁寿门影壁

赏时都将它们当作独立的大型艺术品来欣赏，其实原来它们都是建筑群大门前的影壁，前者是北海天王殿以西一组建筑(现已毁)大门前的影壁，后者是大同明太祖朱元璋的儿子朱桂的代王府门前的琉璃影壁，它们都起着组成门前广场的作用。

2.**设立在门里的影壁**：这种影壁立在大门的里面，也与大门有一定距离，正对着入口，完全起到一种屏障的作用，避免人们一进门就将院内一览无余。所以这种影壁多设在皇帝寝宫和住宅内院大门的里面。

在北京紫禁城皇帝和皇族居住的建筑里，多设有这类影壁。如西路养心殿，是明清两代皇帝的寝宫，在通向养心殿的第一道门遵义门内，迎面设有一座琉璃影壁。在御花园西面通向西路太后居住区的大门内也有这样的琉璃影壁。在内廷东、西路帝后、皇妃居住的宫院内也多有木制的或石制的影壁。

北方四合院建筑中，这类门内影壁被广泛地采用。在规模不大的住宅里，大门多设在东南角，一入口就是厢房的山墙面，所以这类影壁就附设在厢房的山墙面上而不独立设墙。在规模较大的四合院中，除大门外，在里面还有一层内院，内院的大门里往往也设有一道影壁以起到屏障的作用。

3.**设在门两边的影壁**：影壁除了起屏障作用外还具有很重要的装饰作用，所以有时也被用在大门的两侧以增添大门的气势。北京紫禁城乾清门是内廷部分的主要入口，自然是一座重要的大门，但它的形制，无论在门的开间大小、台基的高低、屋顶的形式以及在装饰上都不能超过外朝的入口太和门，这是朝廷制度所规定的。所以，乾清门为了增强气势，在门的两侧加设了一道影壁，呈八字形分列在大门的左右与大门组成一个整体。紫禁城东路的宁寿门也同样采用了这种办法，在门的两旁加设影壁，与大门组合成了一座十分有气势的建筑群入口。

在紫禁城内廷区，有许多供皇帝、皇后、皇妃、皇子居住的建筑，它们各自成为一个院落，各有一座主要的院门。这种门多为附建在院墙上的一种随墙式门，在墙上开门洞，门洞上附加一些屋顶、屋檐作为装饰。有时为了加强这种门的表现力，也在门洞两旁加筑影壁。如西路的养心门、东路斋宫大门、御花园的天一门两侧都加设了这种影壁。从这几处门可以看到，影壁已不具有独立存在的价值而变成大门不可分割的一个组成部分了。

上面讲的是从影壁所处的位置来区分的，如果从影壁的建造材料来区分，则可以分为砖影壁、琉璃影壁、木影壁和石影壁几种类型。砖影壁从顶到底全部用砖瓦建造，影壁面上有的抹一层白灰，有的不抹灰。四合院住宅和许多寺庙的影壁都属此类，砖影壁在影壁中占绝大多数。琉璃影壁是在砖造的实体外用琉璃砖瓦包贴，但影壁的基座大多用石料建造。至于那些在砖影壁上用少量琉璃构件作装饰的则不属于琉璃影壁之列。全部用石料和木料建造的石影壁与木影壁所见不多，尤其是木影壁立于露天，经不起日晒雨淋，容易受到侵蚀破坏，所以在它们的上面多加有出檐的屋顶。由于建造材料的不同，使这些影壁在整体造型和装饰上多带有不同的特点，形成风采各异的影壁系列。

（二）影壁的造型与装饰

无论哪一种影壁，在总体造型上多可分为壁顶、壁身与壁座这样上、中、下三个部分。壁顶是影壁最上面作为一面墙的结束部分，它也采用房屋屋顶的作法，按影壁的大小及讲究程度分别用庑殿、歇山、悬山、硬山几种形式，顶上也有屋脊和瓦面。壁身是影壁的主体，占据影壁的绝大部分。壁座是影壁的基座，多采用须弥座或者须弥座的变异形式。我们所见到的大部分影壁多为简单规整的一面墙体，但也有一些影壁在整体上做出一些变化。常见的有把影壁两边呈八字形向内收进，这种影壁多用在大门外，增进了门前广场的内聚力；有的影壁在左右分作三段，中间宽而高，两边窄而略低，以打破影壁过长而带来的呆板。

由于影壁在建筑群中所处的重要位置，所以它必然成了建筑装饰的重点部位。九龙壁是所有影壁中装饰得最华丽、最隆重的一种。北京紫禁城宁寿宫前的九龙壁建于清乾隆三十六年(1771)，影壁总宽29.4米，总高3.5米。它是一座扁而长的大型影壁，从上到下分为壁顶、壁身和壁座三个部分，除基座外，在砖筑的壁体外全部都用了琉璃砖瓦拼贴。

九龙壁壁顶最上面是黄色的琉璃瓦顶，采用庑殿顶的形式，在中央正脊的两端各有正吻一只，在长达二十多米的正脊上贴有琉璃烧制的九条行龙，左右各有四条面向中心的龙，它们各自都在追逐一颗宝珠，到正脊的中心是一条正面的坐龙。正脊上的九条行龙龙身皆为绿色，火焰宝珠为白色，周围满布着黄色云朵，它们在正脊上都相当醒目。壁顶檐口以下，分布有46攒斗栱，这些斗栱都是由琉璃烧制的。

壁身是这座影壁的最主要部分。上面有一条通长的额枋承托着斗栱与壁顶，枋子上有三组彩画，彩画花纹也是由琉璃砖拼贴出来的。额枋以下就是巨大的壁身，在这块壁身面上安排着9条巨龙。从壁身的总体布局来看，9条龙下面是一层绿色的水浪纹，9龙之间有6组峻峭的山石，壁身底子上满布着蓝色的云纹，9条巨龙腾跃飞舞于水浪之上和云山之间。9条龙的姿态都不相同，左右也不对称，有的是龙头在上的升龙，有的是在行进中的行龙，中央是一条黄色的坐龙，龙身皆盘曲自如，既表现了龙体的舒展，充满着动态的力量，又照顾到平面构图的疏密合宜。

我们再从壁面雕塑起伏的处理来看，9条巨龙采用的是高浮雕手法，尤其是龙头部分，高出壁面达20公分之多,除龙体之外，6组山石高出壁面也较多，它们把9条龙分隔为5个部分,大片水浪和云纹则都用浅浮雕作为衬底,所以在阳光照耀下，9条蟠龙显得最为突出。从色彩安排上看，壁面上的云纹、水纹用的是色相相近的蓝色和绿色，组成为青绿色调的底面。9条蟠龙分别采用黄、蓝、白、紫、橙5种颜色，排列的次序是中央的主龙为黄色，左右各四龙依次为蓝、白、紫、橙4色，这5种颜色在青绿色的底子上都显得比较醒目；8颗火焰宝珠都是白色和黄色的火焰纹，在青绿底子上也很明显。

九龙壁的壁座是用汉白玉石料制作的须弥座，在基座的各个部分都有石雕的花纹作装饰。不论是白石的须弥座还是彩色的琉璃壁面，都是由一块块石料和琉璃面砖拼接而成的。面积达40多平方米的壁面共计由270块琉璃砖拼成，由于壁面图案的复杂，可以说没有一块是相同的画面。在创作过程中，先需要有整幅画面的设计和塑造，然后加以精心地分块，每一行左右块与块的接缝上下要错开，还要尽量使每条龙的龙头部位不要落在接缝上以保持龙头的完整。这图案不同、高低有异的270块塑面都要涂上色料，送进琉璃砖窑烧制出不同色彩的琉璃砖，然后将它们按次序一一拼贴到壁面上，拼贴时块与块之间，上下左右的花纹要吻合，色彩要一致，连接要牢固，才能最终得到一座完美的九龙影壁。如今，经过200多年的风雨摩洗，我们见到的这座影壁，9条龙的形象还是那么完整，各块琉璃砖之间没有发生错位，龙身、云水、山石的色彩还是那么晶莹和带有光泽，连琉璃釉皮都很少有剥落的。从这里可以看出，乾隆时期我国设计琉璃制品的水平，烧制和安装琉璃砖瓦的技术都已经达到了相当成熟的程度。

北京北海的九龙壁面阔为25.86米，比紫禁城的九龙壁略短，但它的高度达6.65米，厚1.42米，所以看上去十分充实。它的装饰和宁寿宫九龙壁相似，也是周身上下都用琉璃砖瓦贴面，连壁座都不用石料而用五彩琉璃来装饰，所以整座影壁更显得光彩夺目。虽然它原来所属的建筑群已不存在，但人们在观赏时并不会感到它的孤立，而完全把它当作是一座独立的艺术品来欣赏了。

山西大同市的九龙壁论体态，是国内九龙壁中最大的一座，壁长45.5米，高达8米，厚有2.02米。壁顶是采用庑殿顶形式，正脊上布满了游龙和莲花装饰，壁身上有9条巨龙翻腾于汹涌的云山海浪之中。这座影壁的色彩粗看不如北京两座九龙壁那样五彩绚丽，主要是黄色的巨龙和蓝紫色的底子，但仔细观察，这黄色的龙并非单纯的黄，而是浅黄、深黄和赭色相混；这底色蓝紫也不是简单的二色，而是用了蓝、绿、紫几种色彩相配，在相近的色相中又极富变化。尤其在九条蟠龙的造型上着力于龙身的塑造，无论是龙头在上的升龙，龙头在下的降龙和中央的坐龙，都注意龙身盘曲的自然，在龙身高低和盘曲度的掌握上又力求表现出神龙翻腾于云海间的无比力度。正因为如此，这座九龙壁虽然在色彩上不如前二座那么华丽，但在总体气势上却胜过了前者。

在大多数影壁中，自然不可能像九龙壁那样浑身上下都装饰，只是在壁身上进行一些重点装饰，即使在宫殿建筑中的影壁也是这样。

从装饰的布局来看，多集中在壁身的中心和四个角上。中心称作“盒子”，四角称作“岔角”。从装饰的内容来看，有各种兽纹和植物花卉，取材很广泛，但所用题材多与建筑的内容有关。紫禁城西路的重华宫是清代乾隆皇帝当太子时的住所，所以宫门左右两边的影壁上，中心盒子和四个岔角都用龙纹来装饰。西路养心殿和东路养性殿都是皇帝、皇后居住的寝宫，这两个院内琉璃影壁的中心盒子都用“鸳鸯卧莲”的内容作装饰，海棠形的盒子里，两只白色鸳鸯浮游在碧水上，周围有绿色的荷叶、莲蓬和黄色的荷花；四个岔角分别用了四种不同的花卉。御花园钦安殿是供奉道教神像的宫殿，殿前天一门两旁影壁的中心盒子里就是用仙鹤和流云做的装饰。但是在影壁上用得最多的装饰内容还是植物花卉。

在各地的寺庙和民宅里，影壁大多为砖筑，外表不用琉璃贴面，在这类影壁上，多数用砖壁和抹灰的不同色彩、质感来进行装饰。

江苏扬州观音堂建筑群用的是红色墙体，它的影壁壁身也用红色抹灰。苏州寒山寺是黄色墙体，它寺前的影壁也是黄色的壁身。在这类抹灰的壁身上往往还题写文字。寒山寺影壁上书写的寺名为白底绿字。苏州虎丘有一座影壁，在白色壁身上嵌砌三块方形灰色石板，石上雕出蓝色的“冷香阁”三字，形象、色彩都很雅致。

砖影壁也有用砖雕来装饰的。砖雕可用在影壁的上下各个部分，雕刻可多可少，在雕刻的布局、大小、形象、高低深浅上多有讲究，有时还在影壁之前配以堆石盆景，花草植物，组成为进出大门首先见到的引人注目的景观。

日晷、嘉量、铜龟、铜鹤

北京紫禁城的太和殿是明清两朝皇宫里最主要的大殿，封建王国的重要大典都在这里举行隆重的礼仪。在太和殿的前面，三层台基的上面，左右两侧布置着日晷、嘉量各一座，铜龟和铜鹤各二座。这些小品建筑有什么用处，放在大殿之前起什么作用？

紫禁城太和殿前日晷

太和殿前嘉量

（一）日晷：是我国古代一种靠观日影而定时刻的计时器。它的样子是用石料制造的一个圆盘，中心安有一根细针，与圆盘保持垂直的角度，盘的四周刻有刻度，称为晷度，日间有太阳照射，针影落在盘上，针影随着太阳位置的移动，而落在不同的刻度之上，根据针影的变化而定出一天不同的时辰。所以有“晷度随天运，四时互相承”之说。

（二）嘉量：是我国古代的标准量器。汉始建国元年(9)，王莽制定新的嘉量制，将不同等级的斛、斗、升、合、龠合为一器，器的上部为斛，下部为斗，左耳为升，右耳为合、龠。这里的嘉量为铜制，置于石亭中，放在太和殿前象征着国家的统一和集权。

（三）铜龟：龟即乌龟，又称水龟，它的寿命较长，常栖水中，因为耐饥渴，又能在陆地上生存。龟背有硬甲，遇到外力袭击，头尾四肢都能缩入甲壳之内。龟因为具有这种既长寿又坚硬的特征，自古就被当作灵兽，与龙、凤、麒麟齐名，称为四灵兽，又与龙、虎、凤合称为四神兽，因而也有了种种神话般的传说。商代就以龟甲作占卜的工具，后来在龟背上刻记占卜的内容，这就是甲骨文，成了中国很早的记事文字。海中的大龟称为鳌，传说古代天神共工氏怒触不周山，天柱折，地维绝，女娲氏断鳌足以立地之四极。鳌足既能支撑住倾斜的天地，足见其力量之大，所以后来都用龟身来背负石碑，成了常见的碑座形式。太和殿前的铜龟卸去了身上的重负，抬着头，张着嘴，仰望青天，露出一副扬眉吐气的神态。

（四）铜鹤：鹤原为一种鸟名，色多浅白，腿高嘴尖脖子长，头顶上带有一点红羽毛的即属名贵的丹顶鹤类。古代也把鹤当作一种长寿的仙禽，所以有"鹤寿千岁，以极其游"之说。古代建筑和一些工艺品上，也多用仙鹤作装饰内容，表示吉祥和长寿之意。

太和殿前陈列两对铜龟、铜鹤，自然是象征着帝王的长命百岁和江山永保，而且巧妙的是，在这两对龟和鹤的身上都开有一个洞口，原来龟和鹤都是用铜铸成，腹中空心，每当太和殿举行大典，则在龟、鹤腹中燃点香料，自龟和鹤张开的嘴中吐出烟雾。典礼开始，钟鼓齐鸣，器乐高奏，这时龟、鹤也口喷香烟，缭绕于殿前台上，飘浮于三宫左右，的确增添了几分神圣色彩。

除了太和殿以外，在紫禁城的乾清宫、皇极殿前也陈列有此类日

太和殿前铜龟

晷和嘉量。在内廷西宫的几所宫廷院中也散见有铜龟和铜鹤，但都没有像太和殿这样四种俱全，集权贵于一处的。

这些在大殿前面的陈设，不但都具有不同的象征意义，而且也以它们各自不同的形态而成为可供观赏的独立的建筑小品，起到点缀环境的作用。

太和殿前铜鹤

第十五讲

建筑装饰

在世界建筑发展史中，中国古代建筑以其鲜明的特点而自成体系。这些特点主要表现在木构架为结构体系，单幢房屋组成为建筑群体和它们从建筑群组的空间形态、建筑单体的整体外观到建筑各部位的造型都具有的多彩的艺术形象。建筑装饰在这些特点的形成中起着重要的作用。中国古代艺匠利用木构架结构的特点创造出庑殿、歇山、悬山、硬山和单檐、重檐等不同形式的屋顶，又在屋顶上塑造出鸱吻、宝顶、走兽等奇特的个体形象，他们又在形式单调的门窗上制造出千变万化的窗格花纹式样，在简单的梁、枋、柱和石台基上进行了巧妙的艺术加工，应用这些装饰手段造成了中国古代建筑富有特征的外观。他们还善于将绘画、雕刻、工艺美术的不同内容和工艺应用到建筑装饰里，极大地加强了建筑艺术的表现力。建筑装饰使房屋躯体具有了艺术的外观形象，建筑装饰使建筑艺术具有了思想内涵的表现力，在中国古代建筑艺术中，建筑装饰成为很重要的一个部分。

装饰的起源

考古学家在北京周口店的北京猿人遗址中，不但发现了完整的头盖骨和残骨，而且还有不少骨器、海蚶壳、蚌壳和大小不一的砾石。这些骨器、蚌壳有的被打磨得很光滑，有的砾石还是彩色的，白的、绿的砾石中间钻有小孔，在穿孔上还发现有人工染上去的红颜色。据考古学家分析，这些骨器、蚌壳、砾石很可能是串起来挂在猿人身上的一种装饰品。

在距今1万年的新石器时代，生产工具有了进步，这个时期的不少

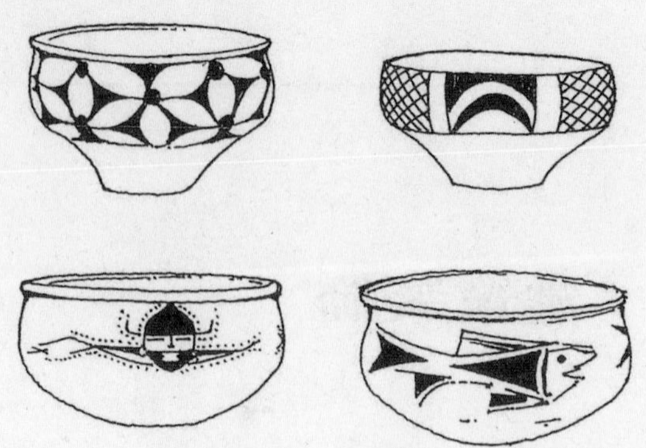

陶器上装饰

石造工具，周身被打磨得十分光滑，石器口呈对称的曲线形，而且很锋利，它们已经具有了经过加工的比较完整的造型。随着人类生活的定居和火的广泛应用，在距今5千年的新石器时代后期，逐渐产生了陶器。在我国出土的这个时期大量的陶器中，可以看到在造型简单的盆、碗、杯、罐上已经有了各种装饰纹样，人物、动物、植物和各种几何形的花纹被绘制在陶器上，而且还应用了红、黑、白几种颜色，它们构成了著名的彩陶艺术。无论是旧石器时代山顶洞人的装饰品，还是新石器时代的石器和彩陶，都说明了人类通过劳动，不但生产了物质财富，同时也生产了精神财富，创造了美的造型，美的图案，发展了对色彩的认识与应用，而且还在这个过程中，培养了人类自身的审美趣味和观念。

建筑首先作为一种物质财富，也和其他物质一样，在人类创造的过程中，不但产生了物质的躯体，同时也产生了美的形象。在房屋的整体和房屋各种构件的制作中，人们都对它进行了程度不同的美的加工，装饰就是这样开始在建筑上出现的。

我国早期建筑，除了地下坟墓以外，地上几乎没有留下完整的遗物，可以见到的只是些屋顶上的陶瓦和屋身上的金、石构件。陶瓦的制作很早，西周(公元前11—前8世纪)已经出现了板瓦与筒瓦，到东周，瓦的使用才比较普遍，使我们今天能见到不少这个时期的瓦当和瓦钉。这些在屋檐上的筒瓦头虽然面积不大，却成了装饰的好场所，上面刻塑着不同形式的花纹，它们是在制作泥坯时刻塑在瓦的表面上而后烧制成形的。

陕西凤翔县出土公元前5世纪春秋时期秦都雍城的64件铜器，据考古学家论证，都是当时建筑木构架上的箍套，用在横竖木构件的连接部分，以加固木构件的衔接，在古代称为“釭”，因为用金属制成，所以又称“金釭”。这些金釭表面有压制的图案，有的顶端还作成三角形的锯齿形状，这些都使金釭具有装饰作用。

秦、汉时期留下的建筑比以前要多一些，地上除大量的碎砖残瓦外，还有了完整的墓阙，地下墓室保留着画像砖、画像石与明器。位于墓道最前面的墓阙是一种标志性建筑，汉代的高颐阙、沈府君阙皆为石造，在阙身上都有雕刻装饰。在画像砖、石的表面上雕刻着大量装饰性纹样，有人物、动物、植物的形象，还有不少是建筑物，所以这些砖、石除本身具有很强烈的装饰效果外，它上面的房屋形象又提供了这个时期建筑上的各种装饰式样。墓室中的明器作为一种殉葬物，其中有不少是房屋模型，在一些塑制得比较精细的房屋明器上表现出了当时建筑各部位的装饰形象。在早期建筑遗物很少的情况下，我们只能从画像砖、画像石、明器等间接的实物资料中去观察当时建筑上的装饰状况。从房屋整体形象来看，屋顶已经有两面坡的悬山，四面坡的庑殿和攒尖顶以及单檐和重檐等诸种式样，房屋的大门上有兽面形的铺首，有的还有兽形门神，窗格有直棂、正方格、斜方格的多种形式，有的墙面也带有斜纹装饰。从这里可以看出，这个时期建筑上的装饰已经比较普遍了。

古代文献对这时期建筑的记载与描述也提供了建筑装饰的素材。据《三辅黄图》记载：汉长安未央宫的前殿东西长有五十丈，深十五丈，高三十五丈，大殿“以木兰为棼撩，文杏为梁柱，金铺玉户，华榱壁珰，雕楹玉碣，重轩镂槛，青琐丹墀，左碱右平，黄金为壁带，间

秦汉瓦当上的装饰

以和氏珍玉……”。用名贵的木兰、文杏作房屋的梁、柱、檩、椽，用玉石作门户和碑碣，在柱子、栏杆上布满雕刻，并在墙上用黄金、珍宝玉石作装饰，这座未央宫的瑰丽可以说达到了登峰造极的程度。古代文献的描绘往往带有渲染成分而不完全符实，但我们从今天能见到的兵马俑的壮观，以及近年来发掘出阿房宫遗址之大小，确为我们证实了当年地面宫殿、陵墓建筑的宏大规模。秦、汉时期以及秦、汉以来留存下大量手工艺品，从瑰丽的彩陶、漆器到制作精美的青铜器、玉器，加上多彩的纺织品，它们的存在说明了无论在造型、色彩和做工上，古代工匠都已经掌握了十分精湛的技艺，已经达到高超的艺术水平。中国帝王掌握着高度集权，能够集中大量人力与物力，在这种情况下，可以想像这些高超的技艺也会同样使用在皇家建筑上。所以有理由相信，那个时期的宫室建筑除了规模巨大以外，在装饰上也必然是相当华丽的。

人类最原始的居住建筑是树上的巢居和地下的穴居。随着生产力的进步，住房逐渐从树上和地下迁移到了地面，人们开始用木和泥土建造自己的房屋。人们在用双手筑造房屋的同时也创造了最初的建筑装饰，这种装饰随着建筑的发展不断地变得完备和丰富，人们也就是在这个过程中培育和发展了自己的建筑美感和建筑艺术的观念。

装饰的特征

中国古代建筑装饰就其产生的经过和它的存在形式有些什么特征呢?我们观察建筑上各部位的装饰，可以发现它们的产生，开始几乎都是与建筑本身的构件相结合的，是对这些构件进行了美的加工而后形成为装饰。

以木构架为结构体系的中国古建筑，它们的柱、梁、枋、檩、椽等主要构件几乎都是露明的，这些木构件在用原木制造的过程中大都进行了美的加工。柱子做成上下两头略小的梭柱，横梁加工成中央向上微微起拱，整体成为富有弹性曲线的月梁，梁上的短柱也做成柱头收分，下端呈尖瓣形骑在梁上的瓜柱，短柱两旁的托木成为弯曲的扶梁，上下梁枋之间的垫木做成为各种式样的驼峰，屋檐下支撑出檐的斜木多加工成为各种兽形、几何形的撑栱和牛腿，连梁枋穿过柱子的出头都加工成为菊花头、蚂蚱头、麻叶头等各种有趣的形式。这些构

房屋构架的月梁

件的加工都是在不损坏它们在建筑上所起结构作用的原则下，随着构件原有的形式而进行的，显得自然妥帖而毫不勉强。

中国古建筑屋顶是整座建筑很重要的部分，在屋顶上有许多有趣的装饰。两个屋面相交而成屋脊，为了使屋面交接稳妥不致漏水，在脊上需要用砖、瓦封口，高出屋面的屋脊做出各种线脚就成了一种自然的装饰，两条脊或三条脊相交必然产生一个集中的结点，对结点进行美化处理，做成动物、植物或者几何形体便成了各种式样的鸱吻和宝顶。

古建筑的门窗是与人接触最多的部位，在它们身上自然集中地进

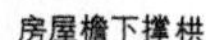

房屋檐下撑栱

房屋檐下牛腿

屋顶宝顶、屋脊、筒瓦、滴水等

房屋大门的门枕石

行了多种装饰处理。一座宫殿、寺庙的大门，门板上有成排的门钉，中央还有一对兽面衔着的门环，门框的横木上有多角形或花瓣形的门簪，门框下面的石头上有时还雕着狮子或者别的装饰。这些看似附加的装饰其实都与大门的构造有关。古代板门用木板左右相拼，后面加横向串木，用铁钉将木板与横串木相连，门上成排的圆钉就是这些铁钉的钉头，门上的铺首是叩门和拉门的门环，门框上的门簪是固定连楹木

宫殿窗上花格

寺庙窗上花格

与门框的木栓头，门下的石礅是承受门下轴的基石，基石露在门外面的部分可加工为狮子或只作简单的线脚处理，或者雕成圆鼓形就是常见的抱鼓石。

古建筑的窗在没有用玻璃之前，多用纸糊或安装鱼鳞片等半透明的物质以遮挡风雨，因此需要较密集的窗格。对这种窗格加以美化就出现了菱纹、步步锦、各种动物、植物、人物组成的千姿百态的窗格花纹。为了保持整扇窗框的方整不变形，如同现代用角铁加固一样，古代用铜片钉在窗框的横竖交接部分，在这些铜片上压制花纹又成了窗扇上极富装饰性的看叶与角叶。

古代将重要建筑放在高台基上以增加它们的气势，故有“高台榭，美宫室”之称。这类台的外表多用砖石砌筑，它们往往做成须弥座的形式。在台基四周多有栏杆相围，栏杆有栏板、望柱和望柱下的排水口，经过加工后，栏板和望柱上附加了浮雕装饰，望柱柱头做成为各种动、植物或几何形体，排水口雕成为动物形的螭头，使整座台基富有生气而不显笨拙。

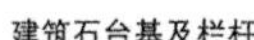

建筑石台基及栏杆

石柱础

成排的木柱为了防潮防腐，柱脚下都垫有石柱础，柱础最接近人的视线，所以往往被加工成为各种艺术形象，从简单的线脚、莲花瓣到复杂的各种鼓形、兽形，由单层的雕饰到多层的立雕、透雕，式样千变万化，柱础成了古代艺匠表现其技艺的场所。

从古建筑的屋顶、屋身到基座，从各部分的装饰，无论是简单的线脚加工还是复杂的动、植物形象的塑造，就其原来产生的过程来看，这些装饰都只是房屋各部位构件的加工，它们都不是凭空产生的，都

寺庙建筑屋顶走兽

不是硬加到建筑上去的，不是离开建筑构件而独立存在的，它们只是一种构件的外部形式，是一种经过艺术加工，能够起到装饰作用的建筑构件。这是建筑装饰最基本的特点。

但是，建筑装饰的这种基本特点随着时间的推移逐渐淡化了，古建筑上不少装饰构件慢慢失去了它们原来的结构作用而变为纯粹的、附加的装饰了。

建筑屋脊上的走兽原来是顶端筒瓦上帽钉的艺术形象，但后来垂脊、戗脊上不需要帽钉而走兽却依然存在而且不止一只地排列在脊上组成为走兽系列，在一些地方寺庙上，这种走兽竟然爬到屋顶的正脊

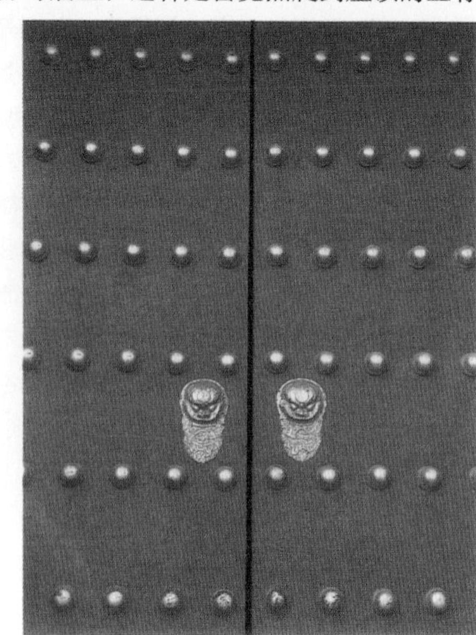

宫殿大门上门钉、铺首

上，甚至于出现在屋面上。屋檐的挑出已经发展到不需要斜木的支撑，但原来由斜木加工成的各种式样的牛腿、撑栱依然排列在屋檐下起着装饰的作用。横梁、立柱的交接部位的替木是为了减小梁的跨度、减少剪力的一种构件，经加工而成为雀替，后来这种替木逐渐失去了结构功能而变成为附加在柱子上端的两块装饰木。宫殿大门随着木工技术的进步已经不需要铁钉加固，但原来的钉头却依然留在板门上，成排的门钉成了一种失去结构作用的装饰。后来为了省工省料，突出的门钉简化成了用金色画在红门上的圆点，连门中央的兽面门环也变成了平面的画像，纯粹成为一种图案装饰。

在古建筑装饰里还可以找到不少这样的现象，这说明，建筑上的构件一旦经过加工成了装饰，它们的作用除了原有构件的功能以外，同时还产生了在造型艺术上的功能。这种艺术功能尽管是依附在各种构件的形体上，但是它们能够独立地起作用，与这些构件是否有结构作用并没有必然的联系。即使这些构件失去了结构作用，它们所具有的装饰作用也不会因此而消失。在一个构件上，装饰作用的滞留时间远比结构作用要长，我们可以将这种现象称为装饰的惰性或者称装饰的滞后性。正因为有了这种惰性和滞后性，在古建筑上才出现了不少与结构无关的纯粹的装饰构件。

装饰的内容

在我国古代留下的大量工艺品中，可以看到一个时代在器物上表现的许多装饰内容。当人类生活在原始社会时期，生产力十分低下，《庄子·盗跖》中说：“神农之世，卧则居居，起则于于，民知其母，不知其父，与麋鹿共处，耕而食，织而衣，无有相害之心，此至德之隆也。”说明当时还是没有剥削的原始社会，人类已经进化到不以禽兽肉为主食而能够种植，也有人工织物了。反映在这一时期的陶器装饰中就出现了鱼、马、蛙等动物和松、芦苇、瓜等植物形象。陶器上大量几何纹的

青铜器上饕餮纹

出现说明了人类思维能力的进步。这些来源于云、水、山等自然现象和自然界动植物的形象，经过人类观察、概括、提炼、简化而成为各种形式的抽象几何纹样，说明人类已经掌握了由具象到抽象的思维和表现能力，这种抽象能力对于艺术形象的创造具有十分重要的意义。

春秋战国时期的青铜艺术是我国古代的一个艺术高峰，反映这个艺术成就的是青铜礼器铜鼎。铜鼎上的装饰纹样，出现得最多和最具有代表性的就是饕餮纹。饕餮具有兽头的形象，它宽面大眼，头上有双角，似牛非牛，似虎非虎，这是一种人类创造出来的综合了数种动物形象的神兽，一种供人祀拜的图腾。这形象狞厉而怪诞，反映了那个战争连绵的野蛮时代，象征着一种强大的威慑力量。无论是彩陶上的动、植物花纹还是青铜器上的饕餮纹，它们的出现说明了一个时代在器物上的装饰内容总是反映了那个时代人类的物质生活和思想意识，工艺品的装饰内容是这样，建筑装饰的内容也是如此。

中国古代木结构的建筑很容易受天空雷击而遭火灾，历史上许多重要宫殿、寺庙都因此而付之一炬。在古代对这种雷击现象还缺乏科学认识，更无法提出防雷击的科学办法的情况下，只能求之于巫术迷信，于是出现了“柏梁殿灾后、越巫言，海中有鱼虬，尾似鸱，激浪即降雨，遂作其像於屋以厌火祥”(《营造法式》载《汉纪》)的现象。古代术士之所以提出这种办法，与当时整个社会思想和时兴的礼祀制度有关，反映了人类对自然现象的无知和人们主观的愿望。因此屋顶上最高处几条屋脊交汇的结点被作为似鸱的虬。在一些画像石和明器及地方民间建筑上还可以见到这种早期的鸱尾形象，头在下尾朝上，嘴含屋脊作吐水激浪状。这种鸱尾经过历代工匠的再创造和社会思想的演化逐渐变为后期的鸱吻形，被长久地保留在屋顶正脊的两端。

建筑大门上成排的门钉既是板门结构的一部分，又是一种门上的装饰，这种门钉后来也被赋予了社会意义。在中国专制社会中，皇帝、王公、百官、士庶的建筑本来在规模大小、装修的讲究上就有高低之分，建筑的大门自然也应该有大小之别，于是门上的钉头数也随之有数量多少的不同。在等级制度十分森严的中国古代社会，逐渐将这种门上钉头的多少也定为区分建筑等级的一种标志。凡皇宫内的大门，门钉按横九排，竖九个共81枚为定数，王府、百官房屋大门上的门钉数依次减少。除门钉数外，大门的颜色、门环的材料也有区分等级的规定。据明史记载，亲王府正门以丹漆金涂铜环，郡王府门绿油铜环，一二品官门绿油锡环，三至五品官门黑油锡环，六至九品官门黑油铁环。大体可以看到，从皇帝的宫殿大门到九品官的府门，依次为红漆金钉铜环，绿漆锡环，黑漆锡环，黑漆铁环，从色彩上区分为红、绿、黑，从门环上区分为铜、锡、铁，由高到低，等级分明。一副简单的板门却记载着专制社会的等级制度，社会思想如此明显地反映在建筑装饰之中。

在中国古代社会生产力发展相对比较缓慢的状况下，古代建筑在结构形式、个体形象以及群体组合上都在一个相当长的时期内保持着比较稳定的状态，因而建筑装饰的形式和内容也都出现了前后比较相同，变化不很明显的现象。我们在古建筑上可以找出许多经常使用，经久而不变的装饰题材内容。动物中的龙、虎、凤、龟四神兽和狮子、麒麟、鹿、鹤、鸳鸯等，植物中的松、柏、桃、竹、梅、菊、兰、荷等花草树木都是装饰中常见之物。此外还有文字装饰和大量的几何纹样。所有这些题材被用作装饰不仅在于它们的外在形象具有一定的形式美，而且还在于它们能够表达出一定的思想内涵。

装饰的表现手法

那么，这种思想内涵是怎样表现出来的?它们是通过什么手段得以表现的?在长期的实践中，我国古代的艺人与工匠在应用装饰表达内容上创造和积累了不少经验，掌握了多种有效的手法。

(一)象征与比拟

在前面论述古代园林的篇章里已经讲过了象征与比拟的内容。无论是东海中的神山，植物中的松、竹、梅岁寒三友，经过不断的应用与渲染都使它们具有了特定的象征意义。这种手法不仅用于中国的诗、词、书、画和园林中，同时也广泛地用在建筑装饰里。因为建筑装饰

瓦当上程式化的动物纹样

木门上的莲荷及公鸡装饰

木门上的喜鹊．梅花．竹装饰

也和诗词书画一样，都是要在有限的篇幅和画面里，通过较简练的主题形象来表达一定的思想内涵，应用象征与比拟自然是一种比较好的手法。这种手法表现在建筑装饰上，常用的有形象的比拟、谐音比拟和数字的比拟等，有的比较明显，有的比较隐晦。

1.**形象比拟**：建筑是一种形象艺术，所以形象比拟在建筑装饰中应用得最广泛。动物中龙属于神兽，它代表皇帝，龙的形象成了帝王的象征，狮子性凶猛为兽中之王，成了威武、力量的象征。古代早期的阴阳五行学说将天上的天宫星象与地上的五方地象相配联，使龙、虎、凤、龟不仅成了四灵兽，而且还成了代表地上东西南北四方的神兽，左青龙，右白虎，前朱雀，后玄武，使四灵兽带上了更为神秘的色彩，它们成了建筑装饰中常用的主题。秦汉时期用龙、虎、凤、龟装饰的瓦成了皇家宫殿专用的瓦，唐、宋、明、清四个朝代的皇城宫门也取名为朱雀门（南门），玄武门(北门)，体现出古代“天人合一”的思想，这种象征意义已经扩大应用到建筑物的名称和建筑群的规划上了。

植物形象的象征意义也普遍地被用在建筑装饰里。莲荷在装饰中的被广泛应用不仅因其形象之美，更由于莲荷所具有的思想内涵。在中国长期的封建主义统治下，在混浊的世俗社会里，人要出污泥而不染，身处低微仍能保持气节，坚韧不拔，遇难而进，这些都是善良人们所追求的品德。而莲荷生于淤泥而洁白自若，质柔而能穿坚，居下而有节的这些生态特点正显示了古代社会所倡导和崇扬的道德标准。松、竹、梅象征着人品的高洁，牡丹象征着高贵富丽，它们的形象都经常出现在建筑的装饰中。

在建筑装饰里，不但采用单种动、植物的形象，而且还常常将动、植物的多种形象组合在一起，综合地表现出更多的思想内涵。植物中的松树、桃，动物中的鹤都有长寿的象征意义，在装饰中有将松树与仙鹤组成画面，寓意着“松鹤长寿”，把牡丹与桃放在一起，象征着富贵长寿。这种组合有时刻在木格扇上，排列成行，组成系列的装饰画面。

2.谐音的比拟：在建筑装饰应用象征手法中，经常借助于主题名称的同音字来表现一定的思想内容，例如狮与“事”，莲与“连”、“年”，鱼与“余”。这种方法称为“谐音的比拟”，这是伴随中国语言文字而产生的一种特有现象。

狮子以其凶猛的性格特征已经在装饰中得到充分的应用，同时它又以狮与事的谐音组成了不少吉祥意义的题材。画面中用两只狮子表示“事事如意”，狮子配以长绶带则表示“好事不断”，再加上钱纹则喻意“财事不断”。鱼是人类很早就认识了的动物，在古代彩陶、玉器的装饰中得到广泛地应用，它的形象在建筑里也多有出现。鱼所象征的内容，其一是它与龙有关系，鱼龙共生水中，但龙为神兽，鱼却属凡物，古代神话传说二者之间有一道龙门相隔，鱼只有经过长期修炼才能跃过龙门而成神兽，所以才有鲤鱼跳龙门之说，它比拟着凡人如能

窗上蝙蝠装饰

升入朝门则功成名就，福禄俱得，所以在建筑木雕、砖雕中常见有鱼跳龙门的题材。其二是鱼属卵生动物，每年产仔甚多，繁殖力强，这种现象在家族繁荣受到极端重视的中国古代确具有重要的象征作用，所以在古代婚礼中才有新娘出轿门以铜钱撒地称“鲤鱼撒子”的习俗，在建筑装饰里出现鱼产仔就能起到儿孙满堂的象征作用。其三是鱼与余的谐音，余与欠相对立，含有多余之意，多福多财多寿皆人之所求。正因为鱼有多种象征作用，所以成了装饰中常见主题。公鸡的谐音既有“功”又有“吉”，所以它与牡丹组合表示“功名富贵”，石头上立公鸡，则象征“宝上大吉”。

最具有谐音比拟效果的当属蝙蝠。蝙蝠是一种动物，头尖身有翼，色灰暗，其貌不扬，又常年躲在黑暗中只有夜间出来活动，其形其色皆不具装饰效果，但它的形象却常出现在建筑装饰中，这全归功于其名与“福”谐音，所以格扇窗格上喜用蝙蝠作菱花，门板上用五只蝙蝠围着中央的寿字，名为“五福捧寿”。从帝王宫殿到农村农舍的装饰里几乎都可以发现它的踪迹，而且经过工匠的艺术加工，蝙蝠的形象还大大地被美化了。

植物中的莲荷，既有“连”、“年”又有“和”、“合”的谐音。连有连续、连绵不断，和有和谐、聚合、团圆之意，所以莲荷底下有游鱼则喻意“连年有余”，莲与盒组合有“和合美好”之意。

除动、植物外，某些器物也同样具有谐音内容。装饰中常用的有盒、瓶，乃取“和”、“合”与“平”的谐音，瓶中插月季或四季花，有“四季平安”意，瓶中插麦穗，象征着“岁岁平安”。

3.**数字的比拟**：数字作为装饰的内容并非指具体数目字在装饰里组成纹样，而是指装饰中某一主题的多少个数所表达的意义。数字的多少能表达思想内涵完全依靠数字所象征的意义。

前面所讲的天坛广泛地应用了数字的象征手法，祭天的主要场所圜丘，它的台阶、栏杆、铺地石都采用象征帝王的最高数九为单位。三层圆台上层直径为1 × 9=9丈，中层直径3 × 5=15丈，下层直径3 × 7=21丈，阳数中的一、三、五、七、九皆包含在其中了。在北京紫禁城太和殿、保和殿台基中央皇帝专用的御道上雕着9条石龙，主要宫殿的四条戗脊上排列着9只走兽,皇宫大门的红色门板上，横竖各9排9枚共有81枚金色的门钉,皇极门前最大的影壁上用9条龙作装饰，所以称为“九龙壁”，而且在这座九龙壁的屋脊上有2 × 9=18条行龙，影壁壁面用了30 × 9=270块不同的琉璃面砖拼合而成。但是数字与形象相比，它的象征作用比较间接和隐晦，它不如形象和谐音装饰那样具有视觉的直观性，它的象征比拟作用往往需要经过解读才能表达出来，否则很难使人们认识和理解。

（二）形象的程式化

装饰艺术如果与绘画、雕刻艺术相比，它们相同之处是同属于可视的形象艺术，它们都通过具象或者抽象的形象来表达一定的内容，但不同之处是建筑装饰附属于建筑，成为建筑整体的一部分，很少独立存在，而且其外形还受制于构件的形式，它们常常被成片、成线地使用，因此建筑装饰中所用的主题形象往往连续地、重复地出现在建筑上，这恰恰是绘画、雕刻中的禁忌。因此，用在建筑中的主题形象需要一种更为简化的形态与结构，在中国古代建筑上的许多装饰都说明，那些动物、植物、山水、器具的形象都被概括、简化而程式化了，都比它们原始的形态更为精练了。

这种程式化的现象出现得很早，早期汉墓中画像石上用线刻的虎形还较为写实，但在当时柱础上的石雕虎形象已经比真虎简练得多，虎头、虎身略呈方形，虎尾很长，盘绕着柱子，显得十分有力度；南唐时期墓表石础上也刻有两只老虎，它们首尾相接，弯曲着身子，环抱着石柱，造型简练，但却表现出了老虎凶猛、骠悍的特征。秦汉时期大量瓦当上的动物形象也大大被程式化了，鹿、虎、龟、凤都被简化为二度空间的平面形态，但依然展示了它们各自的神态特征。装饰中植物花纹多用作建筑上的边饰，往往成片地出现，所以花卉植物的程

木门上的琴、棋、书、画及瓶等

式化表现得更为普遍，常用的莲荷、牡丹在工匠长期的创作实践中，它们的形象都已经有了定型的图案样式。装饰中的器物也多以程式化的式样出现，琴、棋、书、画这个表现文人士大夫超脱凡俗生活的题材经常出现在住宅的砖门头、木格扇等装修上，在这里，简化得只用竖琴、棋盘、书函、画卷来表现，而且在各地几乎成了统一的定型。民间建筑上常用八仙作装饰，八仙的形象很复杂，很难在木雕、砖雕中表现，所以干脆将八仙的形象免去而只剩下张果老的道情筒、钟离权的掌扇、曹国舅的尺板、蓝采和的笛子、李铁拐的葫芦、韩湘子的花篮、何仙姑的莲花和吕洞宾的宝剑八件器物，而且这八件器物在装饰中也形成了相当标准的式样。

（三）装饰中情节内容的表现

通过建筑装饰表现出一定的思想内涵，这种现象不但在宫殿、陵墓、寺庙等类建筑上表现得很突出，而且在一些地方祠堂、仕官、豪门、富商的住房建筑上同样也表现得十分明显。他们不满足于单从建筑规模的大小上、建筑色彩的绚丽上和所用材料的高贵上去反映自身的价值，而且还要求通过建筑装饰表达出主人的意志与追求。于是建筑装饰上单一或者复合主题所表达的内容已经不能达到这个目的，更多样更复杂的主题组合开始在装饰中出现。

前面介绍过的广州陈家祠堂墙上的那两幅巨型砖雕，都有数十位人物组成有情节的内容。那中央正厅上长条正脊的装饰彩带更表现出陈氏宗族的兴旺与荣华富贵。

皇家园林颐和园内有一条长达728米的游廊，在这条长廊的彩画里也集中表现了这种情节性的装饰。园林建筑梁枋上的苏式彩画在构图上提供了比较大的装饰面积，颐和园长廊正是充分应用了这些面积，绘制了古代《红楼梦》、《西游记》、《三国演义》、《水浒》等著名小说中的精彩片断情节，绘制了自然山水与植物花卉，在273开间的一千多幅彩画里，几乎没有完全重复的形象，使长廊变成为一条画廊。游人漫步廊内，既能观赏廊外的山水湖景，又能欣赏这历史的长卷，陶冶于民族文化之林。在特定的环境里，这种带情节性的装饰画面比单一题材所表达的内容要丰富得多，它们的装饰效果也更为强烈而持久。

第十六讲

龙的世界与狮子王国

在中国古建筑的装饰内容里，龙占了很大的比重。尤其在北京紫禁城，可以说无处不见龙，石栏杆望柱头上有雕龙，皇帝御道上有9条石刻的游龙，大殿的井字天花板上布满着坐龙，屋檐下彩画里则有行龙、升龙和降龙。不仅龙本身充满在各部位的装饰里，龙的子孙也参加了装饰的行列。屋脊两端的鸱吻，屋脊顶端的走兽，宫门上的铺首，铜香炉脚上的兽头等等，都被称为是龙的儿子，所谓“龙生九子，各

紫禁城栏杆石雕龙

紫禁城宫殿天花龙纹

司其职”，紫禁城可称得上是龙的世界了。

龙的起源

关于龙的起源，国内学者有多方面的研究与论断。比较流行的论断是说龙是原始人类的一种图腾，而且是由蛇图腾演变而来的。因为在中国早期神话中流传最广的女娲和伏羲，它们的形象都与蛇有关系。在一些后世流传的文献中不仅把女娲、伏羲这两位神描绘成“人面蛇身”或“人首蛇身”，而且还将其他一些传说中的神如“共工”、“盘古”等都说成是“人首蛇身”。所以闻一多先生在他的《伏羲考》中曾说：龙的形象是蛇加上多种动物形成的。它以蛇身为主体，接受了兽类的四脚，马的毛，鬣的尾，鹿的脚，狗的爪，鱼的鳞和须。总之，是蛇图腾又不断合并其他图腾逐渐演变而成为龙。

也有相当一部分学者认为，龙的最初形态就是鳄鱼，有一种海湾鳄和扬子鳄，它们的形象不但类似龙，而且还生活在江河湖海的深潭之中，每逢下雨前发出鸣叫，这些与传说中龙的习性也正相符合。甚至有人认为龙的原始祖型是恐龙。恐龙有细长颈、长尾，有类似牛虎之头，这正是龙的基本形象。至于后来的龙，则是在这种恐龙和鳄鱼的形体基础上吸取了别的动物形象综合演变的结果。

其三是说龙是一些自然现象的表现。因为古籍中常载，“云从龙”，“召云者龙”(《易 · 系辞》)。《说文》中说：“龙，鳞虫之长，能幽能明，能细能巨，能短能长，春分而登天，秋分而潜渊。”这种形象，蛇不能有，恐龙和鳄鱼也不具备。这只有天上的云，雷雨前的闪电。所以这些学者认为，不是某些生物被神化而成为龙，而是某些自然现象被生物化而变为龙。

其四是认为龙是古人根据传统观念的一种创造。这种创造自然离

汉代龙形

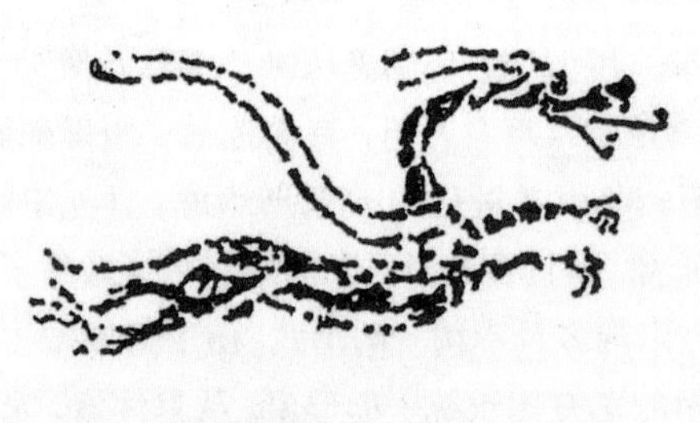

秦汉瓦当上龙纹

不开具体的动物形象。有的学者从原始人类用绳索串穿贝壳和牙齿而造成环形装饰，在葬地撒上一圈红色粉末，从早期环状的玉饰，卷曲形的佩饰，以及圆形的陶器和铜器等现象中得出结论：圆环形的线状造型，可能在远古时代就表达了某种观念，正是在这种代表了某种观念的环形线条里，潜伏了一条龙的躯体。所以他们认为，古人以环形为躯体，融合吸收了其他动物的部分形象而创造出了神兽龙。

当然还有其他的见解。因为龙的起源涉及古生物学、历史学、古代神话和原始宗教的起源，以及语言文字学等一系列学术问题，所以目前很难有一种统一的、具有权威性的定论。但是在诸家主张中有两点是比较一致的。

第一，现在我们能见到的龙形象实体，不论它起源于生物(蛇、鳄鱼、恐龙)，还是来自自然现象(云、闪电)，实际上都是代表了古代人类的一种神话意象，或者说是一种类似图腾的表记，它已经不是现实物质世界中的某种生物了。

第二，龙是原始人类崇敬的一种神物，它代表了人类所崇敬的神人或者是原始人类所不认识也不能驾驭的某些超自然力量的化身。洪水给人类造成巨大的灾害，所以解释成是神龙发怒，降灾于人世。凶猛的、突然而来的卷风可以在顷刻间造成屋毁人亡，人们称之谓“龙卷风”。夏禹治水成功后，相传他就是骑着飞龙巡视各地，后来甚至夏禹本人也成了被世人崇敬的龙神了。

龙已经不是自然界的某种生物而是人类所创造的神物，我们今天在九龙壁上，在皇帝的龙袍上，在象牙雕刻上以至在民间的龙灯、龙舟上所见到的龙可以说都是由多种动物所组成的一个复合形象，这就是通常说的“龙有九似”，即项似蛇、腹似蜃、鳞似鲤、爪似鹰、头似驼、掌似虎、耳似牛、眼似虾、角似鹿。民间说法是“龙有九像”，即头像牛、身像鹿、眼像虾、嘴像驴、须像人胡、耳像狸猫、腹像蛇肚、足像凤趾、鳞像鱼。到底是哪9种(或者是几种)动物所组成，并无定论，因为龙既是人所创造的一种形象，而且在我国广大的地域里又经历了一个漫长的历史时期，它必然会出现多种不统一的形式。由于封建帝王将自身比作龙体，所以皇帝所用的龙有比较统一的形象。从总体看，龙的形象发展到汉朝以后可以说有了基本的定型，它已经成了我们民族的一种共同的象征，使中华民族的子孙都成了龙的传人。

龙与建筑

龙作为一种神兽的标记形象，很早就出现在工艺品上。内蒙古三星他拉地区发现的玉龙是距今约五千年前的遗物，陕西半坡出土的彩陶上(约六千年以前)也有龙的形象，其后到战国的青铜器上龙的形象用得就更多了。在建筑上，至少在战国时代的瓦当上就已经有了龙的形象。

龙与皇帝什么时候有联系的?《古今注》中说，“皇(黄)帝乘龙上天”。在汉墓砖画《黄帝巡天图》中，黄帝乘坐的是龙拉的车。这些都说明，至少在后人的描绘中，公元前21世纪以前的黄帝就与龙有关系了。至于皇帝将自身比作龙，据《史记》记载，那还是秦始皇以后的事。汉高祖出身低微，所以设法论证自己是龙的后代，自称为龙子。自此以后，皇帝都以真龙天子自居，于是在皇帝使用的宫殿房屋，在皇帝穿戴的衣

《黄帝巡天图》中龙拉车

帽，使用的器具，供皇帝观赏的工艺品上都出现了大量的龙，龙的形象成为皇帝的代表，在皇宫建筑的装饰中，龙占据了统治地位。

在北京紫禁城和沈阳故宫这两座皇宫里，可以说无处不出现龙。屋顶上有琉璃烧制的游龙，屋檐下的彩画里、门窗的门钮、角叶上、台基的御道、栏杆上都布满了龙的形象，殿内天花、藻井，皇帝宝座的台基、屏风、御椅上也有多种式样的木雕龙。据有人统计，光在紫禁城的太和殿一座大殿上，里里外外，上上下下，共有12654条龙，一走进皇宫，仿佛到了龙的世界。

龙既然成了皇帝的代表，皇帝的象征，所以皇帝总想掌握龙的专用权，尤其在元明以后，朝廷三令五申，甚至立以法典，规定民间建筑不得使用龙的装饰。但是事实上皇帝没能控制。在各地的寺庙、佛塔、祠堂，甚至在园林建筑和民间住房上，都可以发现龙的形象。千姿百态的神龙，或隐或显地装点着各类建筑，使它们更显光彩。

装饰中龙的形象

龙，既然已经不是自然界的动物，而是人类在历史上逐渐创造出来的一种理想形象，所以它的体态、大小多变而无定型，这就给装饰造成了方便的条件。

华表上的龙，以它硕长的龙体盘绕柱身，龙尾在下，龙头在上，具有冲天之势，使华表更显壮丽。九龙壁上的9条巨龙，有的仰首向上，有的俯首往下，龙身扭曲，张牙舞爪，前后呼应，翻腾于云水之间，组成一幅绚丽的蛟龙闹海的画面。

宫殿梁枋上彩画中的龙因所在位置的不同而描绘成多种形态。两头菱形画面中是坐龙，龙头在上，龙身盘曲，龙爪舒展在四方如坐状，左右长方画面中为龙头在上的升龙和龙头在下的降龙。中央横条部分是两条行走中的行龙，龙头左右相对，中央为一粒宝珠，组成双龙戏珠的图案。殿内天花上每一块小方格中有一条坐龙，中央藻井部分有木雕的金龙盘绕，龙头朝下，龙嘴中衔着球形宝珠，构成华丽的重点装饰。

在上海豫园的墙上和云南景洪佛寺的围墙上都装饰着一条长龙，龙头高出墙身，龙体即为墙上脊瓦，随着墙脊的起伏，长龙仿佛在空中游动。

上海豫园院墙上的龙

我们在一些石碑碑头上又见到龙的另一种形象，6条龙前后左右排列，龙首向下，龙身、龙足向后拱起，相互交错组成一个整体，与我们在九龙壁上见到的蛟龙完全是不同的式样。更有意思的是在河北承德须弥福寿庙妙高庄严殿上几条游龙直接上了屋顶，在四条屋脊上各有两条行龙，形成四龙围聚中央宝顶，四龙高据屋檐，远视四方，形态十分生动。

正因为龙是一种理想的神兽，在色彩上也可以随意创造而不受限制。皇宫彩画里的龙，因为它象征皇帝，又处在大片阴影部位，所以它多用金色，闪闪发光，雍容华贵。北京北海中的九龙壁是皇家建筑前的照壁，在青蓝色和绿色的水天背景前，翻腾着九条色彩绚丽的蛟龙，加上九龙壁上下壁顶和须弥座上的琉璃装饰，使整座照壁无比华

承德须弥福寿庙大殿屋顶龙

丽壮观。

以上这些实例，与其说是展示了龙的各种不同的生态形态，不如说是显示了古代工匠的丰富想像力和天才的技艺。神龙在他们的手里，因地制宜地、巧妙地被雕绘出这么多彩的姿态，它成了中国古代建筑装饰中极重要的一部分。

龙生九子与龙的变异

龙，既非自然界的动物，何能生子，所以所谓“龙生九子”并不具有生物学的意义。而且九子也只是泛指其多，在古籍中提到的龙子就不下十余种，现在把与建筑有关系的例举如下。

螭吻：即殿堂正脊两头的鸱吻，性好望好吞。

嘲凤：即殿堂屋脊上的走兽，性好险。屋脊上的小走兽最多有9个，各有其名，自前到后，依次为龙、凤、狮、天马、海马、狻猊、押鱼、獬豸、斗牛，最前面还有一位骑凤凰的仙人，所以统称为仙人走兽。其中只有打头的兽是真正的龙，但是在这里变成了四足动物蹲立

龙生九子（螭吻）

龙生九子（椒图）

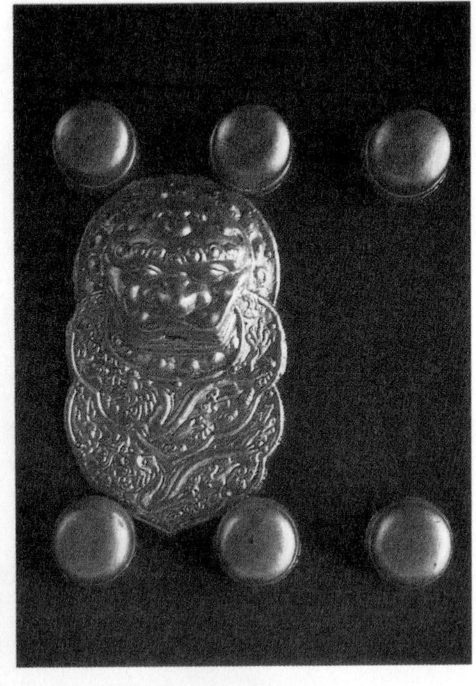

龙生九子（嘲凤）

在屋脊之上。

椒图：即大门上口衔门环的铺首，性好闭，这是一种称为蠡的神兽。

虮蝮：石桥栱券上的兽头，性好水。兽头张嘴，作排水用。

螭首：台基上的石雕兽头，性好水，也是用来排吐雨水的构件。

赑屃：即石碑下的龟，性好负重。

金猊：即香炉脚上的兽头，性好烟。

龙生九子（虮蝮）

龙生九子（螭首）

综观这些兽形装饰，不论它们与龙的亲疏关系如何，但在它们身上总有某一部分与龙体相似，尤其是头部与龙首有较多的近似之处。栏杆下的螭首，张嘴露牙，嘴唇上翻，眼珠突出，两只后腿蹬着石座，很像常见的龙头和龙足。屋脊上的鸱吻不但头部像龙，而且在有的吻上部还附有一条小龙。

宫门上的铺首、香炉脚上的兽头都是张嘴衔着门环和香炉脚，瞪眼

龙生九子（赑屃）

龙生九子（金猊）

做用力状，它们的样子，你看像龙也可以，像狮子也行。这种现象并不奇怪，因为龙的形象本来就是诸种兽类的复合体。同样，屋顶的鸱吻、门上的兽头、台基上的螭首也都是经过人创造的某一种神兽，而不是某种自然兽类的真实写照，所以这些兽类与龙头的相似就不足为奇了。

值得注意的是，宫殿建筑的装饰中除龙纹以外，为什么又出现这些龙的亲属呢?龙既然成了人们所崇敬的神兽，那么在装饰中应用龙的形象，自然就带了一种神圣的意义。从形象上来说，龙既为封建皇帝所垄断，它的形象也逐渐被程式化了，被固定为一种模式了。所以装饰中又要用龙，但又不得在任何地方随意用象征着帝王的正规龙形，于是，工匠想出了办法，将狮子、乌龟、麒麟等的形象稍加改变，使它们接近龙形，或者接近于龙躯体的一个部分。这些被“龙化”了的狮、龟、麒麟，何以名之，统称之谓“龙子”，它们既没有损坏正规的龙形，又与龙拉上了关系，这应该说是一种妙法。可能正是这种原因，所以在装饰中出现了那些龙的儿子以及更多的龙族。人既然创造了神龙，当然也可以创造出更多的龙子龙孙和龙族。

龙的形象除了在龙族的延伸中得到发展外，其实，在它本身形成的过程中，也在不断发展。从新石器时代彩陶上发现的龙和出土的玉雕龙到后期的“九似”、“九像”之龙，龙形象的形成经历了漫长的历史时期，它受到政治的、文化的多方面的影响，经过历代文人和工匠们的创造，出现了丰富多彩的式样。如果把出现在建筑、工艺品、雕刻、纺织品上的历代的龙形加以比较，就可以看出，春秋战国、秦、汉时期的龙，体形比较简洁，除龙的头部和龙足有较具体的刻画以外，龙身和其他部位都较少有细致的描绘，它着意经营的是龙的整体姿态，力图表现出龙的飞腾威武之状，显示出这种神兽的博大力度。但是到了宋朝以后，尤其是清朝，虽然龙被用得更广泛了，龙体刻画得更细致

夔龙

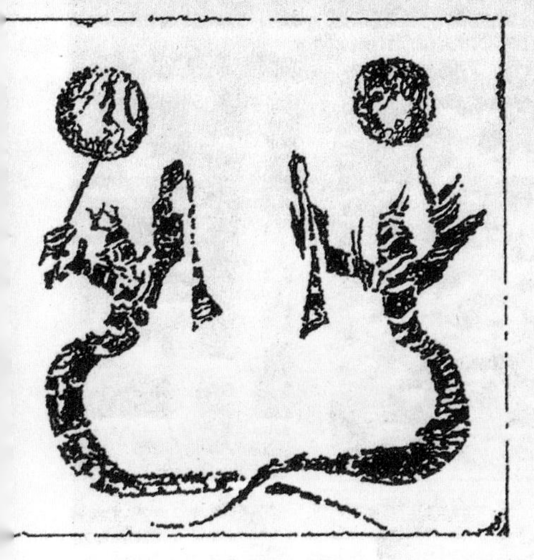
伏羲、女娲人头蛇身像

卷云龙纹

了，龙头、龙须、龙足、龙爪，连龙身上的片片鳞甲都描绘得十分清晰，但对龙整体造型的把握却不如过去，它缺乏刚劲的力度，缺乏蓬勃的生气，失去了那种飞腾倒海的神态与威势。

在龙形象的发展过程中，还有一种现象也值得注意，就是龙与其他纹样的融合。我们在战国时期的青铜器上同时可以见到龙纹和夔纹两种装饰。夔，相传也是一种奇兽，苍色无角，一足能行，目光如日月，其声如雷，实际上也是由人创造出来的一种神兽。有趣的是龙和夔这两种神兽居然在相当多的铜器上合成为一种装饰纹样了，头为龙形，身为夔状，称为夔龙。在个别铜器上也发现有头为饕餮，身为龙的。在汉代画像石上有伏羲、女娲像都是人头蛇身，这也可以看作是在龙体形成过程中的一种复合式样。这种融合他种形象的现象还不止限于动物类别，而且也扩张到植物和其他纹样上去了。汉代漆器喜欢用云纹作装饰，行云如流水，经过精心布局，具有生动活泼的装饰效果。在有的漆器上也出现了龙纹，这些龙有的只有具体的龙头，而龙身却完全和流云结合在一起，二者相互交错重叠，称为卷云龙纹。在河北承德须弥福寿之庙的琉璃门座上可以看到二龙相对戏珠的装饰雕刻，双龙仍具有一般行龙的姿态，但龙身、龙足、龙爪已经不像动物形状而开始向植物形象转化了。在承德另一处的石碑边饰中则看到龙身完全植物化了，整条龙只保持了龙头的原形，龙身则由植物的枝条和卷叶组成，如果去掉龙头，龙身和一般的卷草纹样几乎没有什么区别，这种形式的龙称为草龙。在各地寺

草龙纹

庙、祠堂、民居建筑的装饰里，这类草龙应用得很多，它们既有神龙的头，又具有植物花卉的躯体，生动而自然。

这种将诸种装饰合并组成新的纹样，在装饰创作中是常见的现象。我国民间艺术工匠在实践中总结出一种“花无正果，热闹为先”的创作原则，意思是说在设计花纹时，无论是花草藤蔓、水纹云气，都不必受它们自然形态的约束而可以任意安排，可以在枝上直接生出花朵，在花朵中又可以长出叶子，叶子上还可以生出枝干，其目的就是要创造出热闹而丰富的构图。在古建筑装饰中就充分体现出我国工匠具有的这种浪漫主义创作思想及无比纯熟和高超的技术。也正是在这样的创作实践中，龙，这个代表着我们民族的神兽，才呈现出如此丰富多样的形态，使它在数千年古建筑的发展中，作为建筑装饰的内容，始终具有强大的生命力。

狮子与建筑

在以动物为内容的建筑装饰中，除了龙以外，恐怕狮子要占据第二位了。从宫殿、陵墓到寺庙、祠堂，这些建筑的大门前几乎都可以见到狮子。在牌楼、台基、栏杆、柱础的装饰雕刻中也多有狮子的形象。狮子不但与龙一样成为建筑装饰中的重要题材内容，而且还以独立的体态站立在建筑群中，成为一种重要的小品。

狮子原来产于非洲和印度一带，相传在1900年前的东汉时期，安息国王万里迢迢带来狮子赠献给汉章帝，从此狮子传入中国，并且在这块新的土地上传宗接代，定居下来。狮子，作为兽中之王的形象，自然被运用到建筑中来了。于是，在历代帝王陵墓前，在排列着一系列石人、石兽的行列里可以找到石雕的狮子，在皇帝的宫殿、园林和寺庙的大门前，可以看到石头或者铜铸的狮子，它们都是在大门的两边，左右各一(指人面向大门外的左右)，左为雄狮，足蹬一绣球，右为母狮，脚按一幼狮，这已经成了相当固定的形式了。这些狮子放在大门前起着一种象征性的护卫作用，并借用它凶猛的形象以显示主人的威势。这可以说是用其所长，发挥狮子的优势。所以，不仅在宫殿、寺庙，连官第、王府，甚至稍富一些的人家，大门前都有一对狮子分列左右，或者在住宅的门枕石上雕上两只小狮子。

狮子不光用在大门两边作守护神，还被大量地用在建筑的装饰里。石栏杆的望柱头雕成各种形态的狮子，石牌楼、木牌楼的基座两边用狮子作护卫，基座的面上有的还雕有双狮耍绣球的形象，有的殿堂用石雕狮子作柱础承托着上面的立柱，在木建筑的梁架上，檐下的撑栱、牛腿上都有用狮子作装饰的。狮子已经成为建筑中常用的装饰内容。

狮子形象

狮子以凶猛著称，它的形象自然也是表现出勇猛威武之势，但是从各种建筑装饰中的狮子来看，它们的形象却很多样，有凶猛的，也

宫殿大门铜狮

颐和园十七孔桥栏杆上石狮

有温驯的，有严肃的，也有顽皮的。作为守门神兽，紫禁城太和门门前的铜狮子体大色浓，高踞于石座之上，的确增添了皇宫入口的宏伟气势。乾清门、宁寿门前的铜狮虽没有前者那么高大，但也是龇牙咧嘴，脚爪伸得老长，连对待自己胸前的幼狮都没有一点温驯的姿态。这些造型真是把狮子的猛烈凶狠充分表现出来了。但是即使是皇家建筑中的狮子雕刻也并非都是这么凶狠的。北京北海石桥两头的石狮子，蹲在不高的石座上，侧着脑袋，脖子上系着响铃，显出一副顽皮相。北京颐和园里有一座十七孔石桥，桥两边栏杆的每一根石柱子上都雕有一只狮子。这众多的狮子粗看形象都近似，细观才能发现它们的形态各不相同，有的正襟危坐，有的侧头望着昆明湖，有的脚踩小狮，有的同时双腿抱着，胸前抚育着几只幼狮。这许多石狮通过头的仰伏，身子的扭曲，四肢的不同姿态而呈现出各具神态的形象。

其实，自从汉章帝接受安息国王赠献的这种异国猛兽并且成了艺术形象之后，狮子并没有被皇帝所垄断。在我国广大地区，自古以来，早就将狮子变成一种民俗活动中不可缺少的吉祥动物了。每逢年节，在庙会、集市等热闹之地，总要举行耍狮子的游艺节目。狮子由人扮演，有一人扮的少狮，二人扮的太狮，还有手持绣球，专门引逗狮子的武士。这种游艺与耍龙灯一样，成了深受老百姓喜爱的吉庆娱乐，并且经过艺人的不断创造，将它们搬上舞台成了有名的狮子舞。这种舞蹈，使狮子更显出千姿百态，这些狮子舞中的动作，是人们经过长期观察，把动物的动作集中起来，而且还加上自己的想像和希望，综合设计出的，使它们艺术化。再通过艺人的表演，凶悍的狮子变得温驯和顽皮了，变得可亲可近，逗人喜爱了。这种现象，可以称之谓狮子的“人化”。在装饰艺术创作中这也是常用的方法。

这种人化了的狮子形象大量表现在狮子雕刻和其他以狮子为内容的建筑装饰中。即使是在皇宫里，在紫禁城断虹桥栏杆上也可以见到蹲立柱头、抬腿摸脑袋的顽皮狮子形象。

北京宛平县卢沟桥，两边石栏杆的每根望柱头上都有石雕的狮子，自古以来就传说卢沟桥的狮子数不清。因为栏杆柱子多，一根柱子上

牛腿上木雕狮

宫殿门口铜狮

常常是大狮子带着小狮子，有的小狮子在大狮子的胸前、脚下，有的还有意隐藏在大狮子的腋下、背后，让人不容易发现。这样的传说既表明了狮子形象的多姿多态，也反映了人们对狮子的喜爱。在全国各地的寺庙、园林大门前，在各种殿堂的屋檐下，在众多的石雕、木雕装饰中，我们可以看到更多的狮子形象。有口叼飘带、胸怀幼狮嬉戏的，有仰首鼓眼望天空的，有一足按小狮子，一足捧绣球，雌雄不分的，有张嘴挤眼面目可憎的，真可谓千姿百态，不拘一格。

龙与狮子，一个是天上的神兽，一个是人间的猛禽，一个出自民族本土，一个来自异国他乡，但是它们经过人们长期的艺术创造和渲染，如今都成了广大百姓喜爱的信物。逢年过节，在中华大地上可以见到数不清的耍龙舞狮的队伍，人们常用“龙腾虎跃”来形容奋发与欢庆的景象，但是在实际生活中，在城乡各地真正看到的却是“龙腾狮跃”。这龙腾狮跃表达出了人们的喜悦与美好希望，表达出了欢乐与吉祥，这就是人类智慧的力量，这就是艺术的力量。

民间狮子舞

第十七讲

神异的色彩

走进北京紫禁城，进入你视野的是碧蓝的天空下一大片金黄色的琉璃瓦屋顶，宽大的白台基上成排的红柱子与红门窗，色彩强烈而鲜明。但当你步入江南苏州园林，围绕你的却是白墙黛瓦，绿树碧水，色调宁静、淡雅。还有令人难以忘怀的西藏寺庙，红、白相间的墙体，屋顶上金色的法轮法幢，在蓝得发紫的天空衬托下，显得浓艳与粗犷。这些不同的色彩效果是怎么形成的?它们都有着什么样的含意?古代匠师在应用色彩上又创造和积累了哪些经验?

宫殿建筑的色彩

历代宫殿建筑，因专为帝王所用，所以可以集中人力与物力，不惜工本地建造，使它们成为一个时代建筑技术和艺术的代表，我们现在所能见到的完整宫殿建筑群只有北京的紫禁城和沈阳的故宫了，而论及它们的色彩自然还是选择紫禁城为例。

(一)总体效果：由天安门、午门进入宫城，在你面前的是北京特有的碧蓝色的天，蓝天下是成片的闪闪发亮的金黄色琉璃瓦屋顶，屋顶下是青绿色调的彩画装饰，屋檐以下是成排的红色立柱和门窗，整座宫殿座落在白色的石料台基之上，台下是深灰色的铺砖地面。这蓝天与黄瓦，青绿彩画和红柱红门窗，白台基和深地面形成了强烈的对比，给人以极鲜明的色彩感染，所以，紫禁城的总体色彩效果就是鲜明和强烈。

为什么要用黄色屋顶和红色屋身。黄色是五色之一，《易经》上说，“天玄而地黄”，在古代阴阳五行学说中，五色配五行和五方位，土居

宫殿建筑

中，故黄色为中央正色。《易经》又说："君子黄中通理，正位居体，美在其中，而畅於四支，发於事业，美之至也。"所以黄色自古以来就当作是居中的正统颜色，为中和之色，居于诸色之上，被认为是最美的颜色。黄色袍服成了皇帝的专用服装，960年，后周大将赵匡胤带兵在外，诸将乘机拥立他为帝，把黄袍加在他身上，成了北宋的第一位皇帝宋太祖。皇帝行进的道路在诸条并行的道路的中央，称为黄道。黄色与皇帝联系在一起了。红色也是五色之一，人类认识红色很早。燧人氏发明钻木取火，人类开始知道熟食，这是一个了不起的进化。火是红色的，自然界的太阳也是红色的。考古学家在原始的山顶洞人生活的山洞里发现有红色染过的贝壳和兽牙，判断它们是原始人类的装饰物。这说明人类那时不但认识了红色，还把它当作是表现美好的色彩了。因为红色给人以希望和满足，所以能够产生一种美感。在古代，红妆代表着妇女的盛装；明朝规定，凡专送皇帝的奏章必须为红色，称为红本；清朝也有制度，凡经皇帝批定的章本由内阁用朱画批发，也称为红本；民间更以红色为喜庆颜色，被大量用在结婚、做寿、生子以及节日的民俗活动中。所以，紫禁城根据封建社会的礼制，在宫殿建筑上把黄色与红色作为主要色彩就在情理之中了。

如何去组织和安排这些黄、红两种色彩呢？这就决定于建筑艺术所要达到的效果和所要表现的内容，决定于设计建造者的艺术水平。明朝结束了蒙古族的统治，统一了中国。明太祖朱元璋雄心勃勃，先建都于南京，在当地规划和兴建了规模很大的皇城和宫城。明成祖朱棣迁都北京，又在元大都宫城的基础上，大规模地重新修建了紫禁城。皇帝对宫殿建筑的要求自然要整体气魄大，建筑要华丽，要尽量体现出封建帝王的权势与威望。为了达到这种要求，除了在建筑群的规划布局、空间大小的组合变化、建筑形象的塑造上下功夫以外，在建筑色彩上就是应用了对比的手法。在色彩学中，对比是指冷暖色对比和补色对比；在绘画中，通常把红色和黄色称为暖色调，蓝色与绿色称为冷色调。所谓补色是指凡二种色光混合叠加成为白光，二种颜色调和在一起成为灰黑色，这两种色光或者颜色即称为互补色，例如红与绿、黄与紫、蓝与橙。把两种冷暖色或者互补色放在一起可以相互衬托，显得分外鲜明、活跃，效果醒目而突出。紫禁城建筑就是用的这种对比规律，在蓝天下用一色金黄色的琉璃瓦，用青绿彩画和大红的柱子、门窗，用白色的石基座和深色的地面形成了蓝与黄、绿与红、白与黑之间的强烈对比，造成了宫殿建筑极为富丽堂皇的总体效果。

（二）细部处理：我们在观赏欧洲中世纪的古典油画时都有这样的体验，无论是人物肖像画还是田园风光，远看，人物有神态，风光有气势；近观，人物的脸面、衣着，田园的树木、河流都刻画入微，使人赞叹不止。这是因为画家们不但注意绘画总体效果的经营，而且也注意细部的描绘与刻画。观赏建筑也是这样，远看宫殿建筑，注意它的大体形、总体形象；近观又有各部分细部的装饰与处理，这才称得上是成功之作。宫殿的屋顶有庑殿、歇山、悬山之分，这是指大形象而言；走近了看，又有屋脊上的正吻、檐角上的仙人走兽、勾头、滴水上的雕饰可供仔细欣赏。所以，好的建筑不但需要大体型的设计，而且还要细部的经营推敲，缺一不可。同样，对于色彩的处理也是如此，大片的对比颜色放在一起固然鲜明突出，但如果没有进一步的细致处理，效果也是有限的。紫禁城宫殿建筑的色彩处理既有大面积的经营，又注意了细部的处理。

宁寿宫的皇极殿是一座清乾隆皇帝准备在退位后当太上皇时使用的大殿，所以装饰十分豪华，从屋顶到基座都有色彩装饰。屋顶下的檐部是青绿色调的斗栱和额枋，下面是大红色的立柱和门窗，在这里，檐下阴暗的青绿色的彩画和明亮的红柱红门窗形成了色彩与明暗的对比，这是总体效果。仔细观察，我们就可以发现在檐下各攒斗栱之间的栱垫板是红色的，两条额枋之间的垫板也是红色的，在下面内外红色柱子上又挂着四条蓝色的楹联。这就是说，在蓝绿色调的檐下彩画中间有红色的色带与色块，在红色的柱子门窗部分也有蓝色的色条，你中有我，我中有你，两种对比的主要颜色都向对方渗透了，虽然只是很小部分，不会破坏整体色调的效果，但却起到一个中和、平衡的作用。我们还看到，上下两部分里都用了大量的金色作装饰。黄金是一种稀贵的金属，颜色近黄而带有光泽，是一种高贵的用料，被广泛地

紫禁城皇极殿

用在皇家的器具、服装和工艺品上，当然也大量地被用在宫殿建筑的装饰上。金如果也作为一种色彩的话，它无论和暖色调还是冷色调的色彩放在一起，都显得光亮而突出。在斗栱、额枋上的彩画里，用金绘制龙的图案，用金勾划边线；在门窗上用金装饰裙板和槅心，勾勒边框和角叶，使整座宫殿闪闪发亮，异常豪华。同时由于金色散布在上下两部分的各处，使对比的色彩不显得那么生硬和绝然对立了，金色在这里起了一个对比色之间的调和作用。

还有一种调和冷、暖色调对比的办法，就是运用黑色与白色。严格地讲，黑、白、灰不包括在色彩中，因为物体对光线全吸收而成为黑色，全反射而成为白色，前者具有收缩性，后者具有放射性，它们可以和任何冷暖色彩在一起，不但不显得唐突而且还可为其他色彩增辉，所以经常在绘画和服装中被采用。俄罗斯抽象主义画派大师康丁斯基对黑、白二色有过精彩的描绘，"白色虽为无色，但可以看出一种伟大的沉默，而那沉默绝不会是死的，而是新生的无，是诞生之前的无。而黑色是绝对的虚无，具有无未来、无希望，而永远沉默似的内在音调"(《论艺术的精神》)。我国古代匠师在建筑上也采用了这永远沉默的，绝对虚无的黑色。紫禁城宁寿花园中的倦勤斋，檐下梁枋是青绿色调为主的彩画，它们和大红柱子、门窗形成了强烈的、甚至是生硬的对比。在这里，除了用绿色的窗格和在梁上彩画的枋心里用了红色的花饰以起到调和作用以外，还特别应用了黑色。梁上彩画的两端用的是黑色的墨线，在檐廊顶头用了黑色的门框，这门框在红柱子中虽然显得比较突出，但它却和上面的梁枋取得了协调，在色彩强烈对比的两部分中起到过渡的作用。

在色彩的细部处理上，还使用一种色彩交替的手法，就是彩画中常用的"间色"法。皇极殿檐下上下两层额枋上都是和玺式彩画，上面彩画的枋心是蓝色底子上绘金龙，两边则是绿色底子上绘升、降龙；下面的彩画恰恰与上面的相反，即枋心为绿色底子、两边为蓝色底。更有意思的是当心明间彩画是这样布局，两边次间又变了，次间上面彩画枋心是绿色底，两边是蓝色底，下面彩画枋心是蓝色底，两边是绿色底了。就是说，无论是枋心还是两边，它们的底色都是用蓝、绿二色在上下左右交替使用，使临近的两部分都是蓝、绿相间而不重复。这种交替手法自然也用在斗栱上，平列的一串斗栱，如果中间一攒是斗绿栱蓝，则两边两栱必然是斗蓝栱绿。与彩画一样，斗和栱上

紫禁城倦勤斋梁枋

下左右也是蓝、绿二色交替使用，最后用黑、白线或者用金线勾边，使成串斗栱在统一中又富有变化。

在紫禁城或者沈阳故宫，也并不是所有建筑都采用强烈的对比色彩。沈阳故宫西路后面有一座文溯阁，这是专用来贮藏四库全书和供皇帝读书的地方，所以特别用了黑色琉璃瓦绿琉璃剪边，门窗、柱子也用的是绿色，它和四周的堆石、绿树组成了一个冷色调的，比较幽静的读书环境。在紫禁城的御花园、宁寿宫花园等几处园林里，不少亭台楼阁也并不都用黄琉璃瓦和红柱子，有的屋顶用黄心绿剪边，有的用绿心黑剪边和绿色的立柱。因为这些场所，主要供帝后们娱乐和休息，并不需要强烈色彩的刺激。

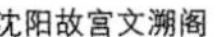
沈阳故宫文溯阁

园林建筑的色彩

为了说明古代园林建筑与宫殿建筑的不同色彩效果，我们选择文人园林为代表。文人园林的兴起可以追溯到1400多年前的魏晋南北朝时期，经过唐、宋时期的发展而达到成熟，到明清时期，文人园林的建筑成就达到顶峰。幽寂脱俗，自然雅致可以说是文人园林的风格追求。白居易在《池上篇》里对他喜爱的私园履道坊宅园有过精辟的描

江苏扬州瘦西湖

绘："十亩之宅，五亩之园；有水一池，有竹千竿；勿谓土狭，勿谓地偏，足以容膝，足以息肩；有堂有庭，有桥有船，有书有酒，有歌有弦。有叟在中，白须飘然；识分知足，外无求焉。……优哉游哉，吾将终老于其间。"这就是文人自己所创造的园林空间，所追求的园林意境。虽然苏州、扬州留下的私家园林有的属于官吏、地主，或者商贾、富家所有，但园主有的也兼擅诗文绘画，有的则附庸风雅，出资延聘文人雅士替自己经营策划，所以这些园林基本上都保持着传统文人园林的风格。

怎样方能取得这种风格和创造这种意境呢？除了从园林规划、建筑造型、植物配置等方面做文章外，在色彩的应用上也是颇有讲究的。首先从色彩的总体效果上看，这类园林与宫殿建筑相反，它所要求的是一种自然的、平静的感染。无论是无锡寄畅园还是苏州拙政园、留园、西园、网师园，它们的建筑，从尺度较大的厅堂、楼阁到较小的亭台、门廊都是白色的墙，灰黑色的瓦，赭石色的门窗和立柱，没有大红大绿，没有彩画。建筑周围的植物，讲究四季常绿，最爱用青竹，或连绵成片，或于庭前屋后散置数株，水边植垂柳，水中种莲荷。《长物志》中主张"桃李不可植庭际，似宜远望"，"红梅绛桃俱借以点缀村中，不宜多植"，可见连稍带鲜艳色彩的花树都用得十分小心，不能让它们破坏了一片青绿的整体环境效果。拙政园的西部有一条架在水面上的游廊，曲曲折折，沿着一壁白粉墙，时高时低地浮在水上，墙上嵌着块块石碑，有灰色的、黑色的，上面刻着先人的题记。间隔不远设有几方漏窗，窗外植青竹、芭蕉，漏进片片翠绿，廊外一片繁茂的树木，隔水对岸有一座小亭轩。明月当空，独坐小亭，清风拂面，此景此情，不正是文人园林所要达到的意境吗！网师园的布局也是如此，紧贴高大的屋墙下，建着"竹外一枝轩"，轩外古松探空，黄石铺砌至水面，白的墙，黑的瓦，绿树褐石，组成一个色调统一的、形象又有起伏变化的绝佳景点。

室外环境如此，室内布置也一样。追求一种清静无为，淡泊雅致的意境。白粉墙，褐色的梁架，黑色的望砖，配上木料本色的家具，最多油成赭石色的、红黑色的，连墙上挂的字画，几案上的摆设都是素色的，惟恐破坏了这冷色调的环境效果。

这些园林，也像宫殿建筑的色彩处理一样，既有整体的设计，又有细部的经营，在大片青绿色彩中又有局部鲜艳色彩的点缀。上面讲的网师园"竹外一枝轩"一带，在成丛的青竹、苍松中间种植了一棵红叶李，高大的白墙下栽了几枝紫藤。阳春四月紫藤花开，十月深秋李树叶红，在青绿丛中这紫色、红色，使园林生机盎然。拙政园中心部分的远香堂，堂北池中广植莲荷，每当盛夏，荷花齐放，粉的、白的、黄的，点缀在一片碧绿的荷叶上，顿使满园生辉。荷花与其他花

苏州网师园

卉不同，丽而不艳，华而不繁，“清水出芙蓉，天然去雕饰”，它给人以清新脱俗之感，使园林更加具有文人气息。在江南文人园林中十分讲究这样的植物配置，不但注意树木姿态之美，而且着意于植物因季节而在色彩上的变化，着意于这些植物色彩所造成的意境之美。

室内的色彩也注意细致的处理，网师园的厅堂，白墙、黑柱、灰地面，一色深褐色的家具，连墙上的字画、案上的画屏、瓷瓶都是素冷色的。但在几上却摆着盆花，红色的，紫色的，梁枋下挂着红木宫灯，灯下垂着穗带，红色的穗带上还带有小小的金箍。这红花、红带形体虽小，在素色环境中却显得鲜明突出，起到了画龙点睛的作用。在这些园林里，还很注意建筑内外过渡空间的色彩处理。厅前庭后，曲廊转折，门边墙角，堆石之前散置盆花，花石相间，形色相宜，宛然一景，触目清心，这都是南方园林匠心独到之处。

寺庙建筑的色彩

佛教寺庙在我国分布较广。从汉族地区的庙、云南边区的南传佛寺到西藏高原的藏传喇嘛教寺院，从建筑形象到色彩处理都有各自的特点。

浙江天台国清寺

苏州西园佛寺

根据佛教教义，信徒要远离尘世，消除俗念，修心养性，才能做到思想的净化而超凡入神达到理想的境地，所以多选择在远离城市的山林僻静之处建造庙宇，即使在城市中，也力求创造一个与世俗隔绝的环境。这类寺庙的环境色彩力求一种宁静肃穆的效果。浙江天台的国清寺，地处县城以北七里的天台山麓，建于隋朝，是我国佛教天台宗的发源地。寺中建筑虽多经清朝重修，但环境景色依旧。寺后有五峰环峙，建筑群卧于峰底，寺前有双涧环绕流过，寺内外满植苍松与巨樟，入山门有竹林夹道，建筑为黄墙灰瓦，暗红门窗，整个环境色彩浓绿，清幽而秀丽。苏州西园地处阊门外，兴建于明嘉靖年间，后毁于火，清同治光绪年间重建，后为太仆徐时泰的私园，经其子舍宅为寺，现为戒幢律寺及附属的西花园。它是一组拥有天王殿、大雄宝殿、罗汉堂、观音殿、藏经楼等建筑的完整佛寺，寺门前左右还有两道门洞，在江南称得上一处名刹。整座西园寺庙由引门开始到各座殿堂，连同院墙全部为黄色的外墙，灰黑色的瓦顶，建筑之外有绿树相间，整个环境为黄、绿二色所组成，色调统一，带有很强的宗教气氛，在苏州城郊纷杂的环境中，显得十分突出，形成一个特殊的景地。值得注意的是，这类寺庙的室内布置，以最主要的大雄宝殿为例，殿内的佛像、菩萨像以及罗汉、协侍群像，不论是木雕的还是泥塑的，都是彩色或者金色的，佛像前的供桌、香案，左右的钟、鼓摆设，梁枋上悬挂的幡帐、吊灯等等也全都用鲜艳

云南佛寺大殿内景

的色彩，加上红蜡烛、红拈香，丰富的各色供品，组成了一个五彩缤纷的室内环境，象征着佛教天国的繁荣富华，它与殿外的清幽环境形成强烈的对比，人入其内，仿佛一下子来到了天上佛国，给人以强烈的感受。

而有的寺庙则把大殿内的五彩缤纷延续用到室外来了。我们在云南大理市的观音堂、福建厦门市的南普陀寺都看到这种情况。在这两座寺庙内，建筑从屋顶到基座几乎都是彩色的，屋顶上有透空的花脊与走兽，屋檐下绘有彩画，柱子上有题字楹联，有的还附有彩色盘龙，门窗上也用彩绘装饰，台基上用雕花的栏杆，组成了一个多彩的热闹的环境。在这里，严肃的宗教气氛淡漠了，反倒充满了一派世俗的景象，这自然和中国广大百姓对宗教信仰的功利主义有关系，他们拜佛求神往往都是为了自身的某些现实利益，他们的宗教活动也和赶庙会、游春、看大戏一样成了日常世俗活动的一个部分，所以在他们眼里，寺庙也是现实世界，应该是繁华的理想世界。

西藏地区的喇嘛教寺院在建筑形象和色彩上都有很鲜明的特点。著名的布达拉宫主要由白宫与红宫两部分组成，白宫供活佛生活起居，红宫为活佛灵堂所在地。另一座著名的大昭寺外观也是红、白二色的墙和罩在窗上的红、白大幔帐。这白、红二色成了西藏寺庙的主要颜色当然不是偶然的现象。藏族人民长期以来以游牧为生，经常住帐篷，食品以奶、酥油和牛、羊肉为主。其中奶和酥油是白的，牛、羊肉是红的。观察牧民的生活，就看他们有没有这白、红两色的食品，甚至在当地宫廷摆宴时，也是平时设以奶、酸奶、奶酪等奶制品为主的白宴，庆贺战功则设以牛、羊肉为主的红宴。在日常礼仪和生活中，敬献哈达是白色的绸巾；庆贺时撒白色桑巴；战士出征时宰羊开膛取心，让将领咬一口并在脸上涂抹以求凯旋而归；人死后也在墓上刷以红

西藏拉萨布达拉宫墙体装饰

布达拉宫墙体

色；红、白二色在西藏已经成为有某种象征意义的色彩了。如今被大面积地用在寺庙建筑上，加上屋顶金光闪闪的法轮与法幢，在高原地区独有的蓝天衬托下，色彩效果浓烈。如果我们把它们和宫殿建筑的色彩效果相比较，就可以发现，同样是利用色彩对比的手法，一个表现得比较细致，一个则很粗犷。这种特点是怎样造成的?从建筑体形看，宫殿建筑都是独立的单栋殿堂，具有各种式样的屋顶，庑殿、歇山，单檐、重檐各有风采，顶面是曲线的，屋角是起翘的，处理得十分细致；而西藏建筑，多为平屋顶，它们的殿堂连成一片，形成一座高低起伏的，体形巨大的整体建筑。从建筑材料和做工来看，宫殿用的是琉璃瓦，细磨的砖，对缝的墙，加工精细的木门窗，勾画描金的彩画；而西藏建筑则多用粗石和土筑墙，大片的颜料泼倒在粗糙的墙体上，质地虽粗但效果强烈。如果我们进一步观察这里的寺庙，可以发现，在这大面积的色彩对比中也还有细致的处理，也同样应用了色彩的相互渗透方法。布达拉宫的红宫，在大面积的红墙上有一条极鲜明的白色檐带。在大片白墙的白宫部分，檐部和窗下有红色的色带。在红宫、白宫的檐口，有红白相间的装饰带。红白二色相互渗透了，在保持红、白大效果的前提下，也做到你中有我和我中有你。有人形容西藏民族的百姓具有粗犷、刁悍的作风，这是藏族人民在险恶的条件下，与自然和社会长期斗争中形成的性格。我们观察西藏建筑，尤其是它们的色彩效果，似乎也具有这种粗犷与刁悍之美，这是在别的地区很难看到的一种特殊的美。

乡土建筑的色彩

乡土建筑比较简单和朴素，就乡土建筑本身而言，其色彩处理不是很多，但它依靠周围的山川地理、自然植物，依靠乡里的人物服饰，依靠民俗民风把建筑环境依然打扮得丰姿多彩，有声有色。

乡土建筑本身的色彩处理主要依靠材料本身的不同色彩。安徽徽州地区一带的祠堂、民舍都是白粉墙，黑色的瓦和灰色的砖、石墙

安徽徽州民居

脚，黑、白、灰组成了这个地区乡土建筑的主色调。由于这些建筑多为封闭式内向的院落，外墙高而面积大，所以，从远处望去，大片的白墙，上面是黑色的顶，封火马头墙上的瓦顶组成了跳跃式的黑边。浙江永嘉楠溪江自然风景区一带的民舍，用的都是当地的材料，穿斗式的构架，露出杉木木料本色，柱间都是白灰墙，顶上盖着黑瓦，有的柱下还有砖石的墙座，在黑、白、灰中加上赭石色的木柱，配上起翘的屋顶，弯弯的曲线，朴素而且秀丽。尤其是石头，更是这个地区取之不尽的天然材料，村村都是石头的地，石头的墙。圆的卵石，整齐的块石，长形的，方形的，在工匠的手里被组成各式纹理，形成不同的色彩效果。尤其水边的石墙，石缝中长出些许绿草，石面生出青苔，经雨水湿润，其色彩之丰富可以入画。

乡土建筑本身的色彩朴实而不绚丽，但它们在自然山川、植物的环境中被衬托得分外醒目而清新。徽州地区的乡村建筑，楠溪江的民舍，在周围青山绿树和翠竹的衬托下，更显明朗而清新了。浙江建德市有一个古老的乡村新叶村，大片民舍中间竖立着一座风水宝塔，塔下有文昌阁，四周远处是山，近处是田地，山上田边还有成片的橘子树林。村里的建筑都是白墙黑瓦，色调单一，但它周围的山川植物形成了丰富的色彩环境。阳春三月，油菜花盛开，大地一片金黄；五月收了菜籽，插上稻秧，顷刻间，大地又换上一片翠绿；十月入秋，稻

浙江新叶村

新疆吐鲁番民居

谷成熟待收，近观一串串稻穗，沉甸甸的，远望则一片橙黄，有时在早晚的阳光照射下，简直变成红色了；加上近处的橘子、枫叶，更将村庄点缀得万紫千红。这黄、这绿、这橙、这红，加上远处的青山，近处的绿水，都是大自然所赋予的，都是只有在农村这个广阔的天地里才能获得的，从这个意义上讲，乡土建筑这种大环境、大面积的色彩效果在城市里反而是见不到的。

有房就有人，人物服饰的颜色在建筑的色彩环境中起着不可忽视的作用，这在乡土建筑中表现得尤为明显。新疆吐鲁番的住宅全部都用土坯砖砌造，外面抹黄泥，外观上呈一色的黄，在终年少雨的蓝天下，配上家家户户都有的葡萄绿叶组成了浅而偏冷的色彩环境。就在这样的环境下生活着维吾尔民族的百姓，女的穿着鲜艳的筒裙，男的头戴彩色新疆小帽，真有点万绿丛中点点红的意味。

云南西双版纳傣族的村落，一幢幢竹楼鳞次栉比，竹子扎的，木板搭的，都呈灰色调子。四周的芭蕉、木薯等丰富的热带植物组成一个浓绿的背景，穿着长裙的傣族妇女，背着孩子，挑着担子，牵着水牛出没于村落，有趣的是这种长裙几乎全都是彩色的，红、黄、紫、蓝，

云南傣族村

有的还镶金边带银线，出门身上还喜欢挎着鲜艳的小包。傣族村是彩色的，更不要说每年四月泼水节男女老幼争艳比美的时候了。贵州东南山区的苗族、侗族聚居区，民舍是当地杉木建造的吊脚楼，依山势而建，高低错落，颜色灰暗，但是四周全是青山绿水，妇女们穿着民族服装，蓝色、黑色的底子上绣着红红绿绿的花饰，使这里的环境色彩不但不单调而且还很鲜艳了。以上举的全是少数民族地区，可能带有特殊性，但是我们在浙江楠溪江地区也见到同样的情景。山青水秀的楠溪江，田地一年四季差不多都是绿色的，而当地的妇女儿童特别喜欢穿戴红色的衣着和红色的头饰，无论是江河边的洗衣女，稻田间的过路村姑，还是在水边嬉戏的儿童身上都可以见到这红色。紫红的毛衣，粉红的外衣，橘红的衬衣，浅红的发带和蝴蝶结，在绿色环境中是那么鲜亮，给村寨平添了光彩。我们曾经问过当地的妇女小孩，为什么喜欢穿戴红色，她们回答说是因为这样好看。是的，她们可能并不清楚色彩学中的互补色、对比法，但是她们爱美，她们知道在生活中去创造美，在这个意义上讲，她们是知道色彩的作用的。无论是楠溪江的红，苗族、侗族的浓，还是吐鲁番的花和西双版纳的艳，这些色彩的美都是人创造出来的，都是建筑环境色彩不可分割的一部分。

说到乡土建筑的色彩，不能不提到乡间的民俗与民风。人们为了去邪纳福，很早就有了门神，在住宅大门上贴一对自己心目中崇拜的神灵，武将也好，文臣也好，目的都是不让邪魔进来，直到如今过年时还可以从商店里买到这种彩色印刷的各式门神像。除门神之外，大量住家门上还贴着红色对联，红对联贴在两扇门板上，左右各一，有的门上方还有横批。对联的内容多因时因事而异。“三星拱照平安宅，五福星临康乐家”，“入新宅万事如意，进高楼四季安康”，这是乔迁新居的对联；生意人常用“门迎春夏秋冬福，户纳东西南北财”；读书人喜欢文雅一些的“青山不墨千秋画，绿水无弦万古琴”，这是形容宅第环境之美；“奉祖先遗训，克勤克俭；教子孙两行，唯耕唯读”，则有了传统文化的内涵。但是不管什么字句，都写在红纸上，因为红色表

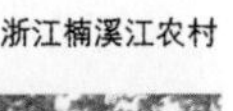

浙江楠溪江农村

浙江农村住宅大门

示喜庆吉利。只有一个例外，就是有的地区家里死了长辈，门上的对联纸要换成绿的，或者蓝的，内容也改了，以表示哀悼之意。此外在不少地方的大门上还保留着敬神灵用的香炉，大多用纸糊，逢年过节，里面插上几支香。门上还有贴元宝的，用红纸剪成元宝形状，表示招财纳宝的意思。一户住宅大门上的红红绿绿，既有丰富的思想内涵，又装饰了朴素的乡村民舍。

建筑色彩不是单指建筑物本身的色彩，它还包括四周的环境，天地山川、植物绿化、人物服饰以及依附于建筑上的种种装饰。这样，简单朴素的乡土建筑也变得有声有色，充满生机了。

山西农村住宅大门

第十八讲

古建筑与风水

在1980年出版的《辞海》中对“风水”有如下的定义：“风水，也叫堪舆，旧中国的一种迷信。认为住宅基地或坟地周围的风向水流等形势，能招致住者或葬者一家的祸福。也指相宅、相墓之法。”这段定义代表了当时一些学者对风水的认识，但是也有相当一些学者对此持有不同看法。他们认为，风水是中国古代的一种文化现象，包含有丰富的内容，不能简单地与迷信画等号。进入20世纪90年代，学术界，尤其是建筑界对风水研究者日益增多，发表了不少论文与专著，对风水提出了自己的看法。有的认为风水是古代人们对居住环境进行选择和处理的一种学问；有的认为是一种有关环境与人的学问，具有神秘色彩、朴素思想、浓厚迷信成分、少许合理因素的经验积淀。也有的认为风水是集天文学、地理学、环境学、建筑学、规划学、园林学、伦理学、预测学、人体学、美学于一体，综汇性极高的一门学术等等。在这里，自然不能对风水这门庞大而又繁杂的学问进行全面地介绍和分析，但是因为风水与古代建筑关系太密切了，在较全面地讲解古建筑时，不应该不讲风水，所以把“古建筑与风水”专门作为一讲，内容是通过实际的例子，主要选择风水盛行的乡土建筑来说明风水学对这些乡村和建筑的关系，并略加评论。

风水学与古建筑

风水这个名称的定义，学术界公认为晋代郭璞所著《葬书》中首先提出的：“葬者，乘生气也。气乘风则散，界水则止。古人聚之则不散，行之使者止，故谓之风水。”这里说的是死人安葬需选择有生气之

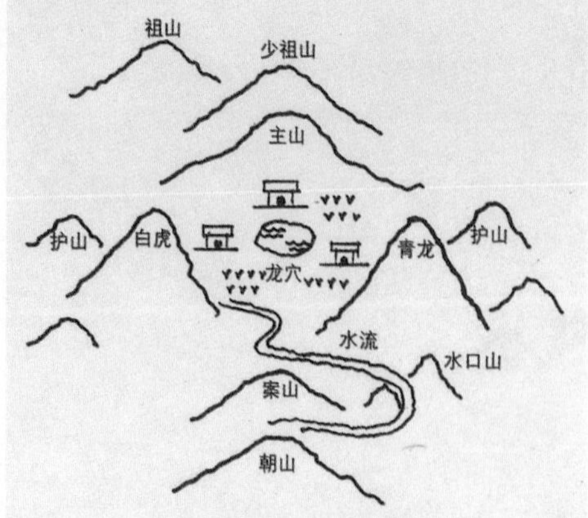

风水环境图

地，生气遇风则散，有水则止，所以只有避风聚水才能获得生气。什么是生气，综观风水著作中的解释，可以理解为生气可以促发万物之生成，有生气之地是使万物获得蓬勃生机的一种自然环境。

什么地方能够避风聚水，这就产生了风水学中选择环境和处理环境的一整套理论与方法，正是这套理论与方法构成了风水学的主要内容。风水学的选择环境可以归纳为四个方面，即觅龙、察砂、观水和点穴。

（一）觅龙：在风水学中，龙就是山脉，山上长植物，山中藏动物，从原始人类开始，生活就离不开山，由此而产生了对山的崇拜与信仰，成为人类对自然崇拜中很重要的一个内容。所以在人类生存环境的选择中，首先要觅龙即寻山。寻山首先从山脉的出处开始，古人认为那里是祖宗居住的最高处，再找近处山脉的入首处，从远而近分别称为太祖山、太宗山、少祖山、少宗山及父母山，后来简化为祖山、少祖山及主山。寻到山脉还得要看山之形势，远观得势，近观得形，总的要求群峰起伏，山势奔驰为好，认为这种山势为藏气之地。在宋朝黄妙应所著《博山篇》“论龙”中说：“认得真龙，真龙居中，后有托的，有送的，旁有护的，有缠的。托多、送多、护多、缠多，龙神大贵、中贵、小贵，凭这可推。”真龙居中，两旁还需有护、有缠的，才称得上是贵地。这护和缠就是“察砂”要解决的问题。

（二）察砂：砂就是主山脉四周的小山。在《博山篇》“论砂”中讲：“两边鹄立，命曰侍砂，能遮恶风，最为有力。从龙抱拥，命曰卫砂，外御凹风，内增气势。逶抱穴前，命曰迎砂，平低似揖，拜参之职。面前特立，命曰朝砂，不论远近，特来为贵。”在主山的两侧有上砂与侍砂相拥抱，能遮挡住外来恶风，增加小环境的气势，在前面远处还有低平的迎砂，这也是贵地的象征。风水学又把这四周的山与象征着地上前后左右四方位的神兽相联系，形成为左青龙、右白虎、前朱雀、后玄武的环抱形态，这就是觅龙察砂的理想环境。

（三）观水：但是有龙砂环绕的环境还不行，重要的还要观察水的状况。人的生命离不开水，尤其在长期处于农耕社会的中国，更把水视作福之所倚，财之所依，所以风水学中把观水视为比觅龙更为重要的内容。观水首先看水口，所谓水口即这个环境的水的入口处与出口处，在风水学看来："凡水来处谓之天门，若来不见源流谓之天门开，水去处谓之地户，不见水去谓之地户闭，夫水本主财，门开则财来，户闭则用不竭。"(《入山眼图说》)所以水来处要开敞，水去处宜封闭，这样才能留住财源。观水还要看水形，"洋潮汪汪，水格之富。湾环曲折，水格之贵。直流直去，下贱无比"。(《博山篇》论水)除水形外还得察看水的质量，这就是风水中的"寻龙认气，认气尝水"。"其色碧，其味甘，其气香，主上贵。其色白，其味清，其气温，主中贵。其色淡，其味辛，其气烈，主下贵。若酸涩，若发馊，不足论。"(《博山篇》论水)古人用眼、口、鼻检察水之色、味、气从而判断水质之优劣，而水质之优劣又直接关系到环境之生气。

（四）点穴：就是决定人住的阳宅和葬地阴宅的位置。从上面所说觅龙、察砂、观水中实际上已经决定了穴的最佳所在环境。当然在具体确定一座阳宅、阴宅时还有许多风水讲究。例如在穴与水的关系上，"有形与穴克的，穴小水大的，穿破堂局的，穴前割脚的，过穴反背的，尖射穴的，皆从凶论"。(《博山篇》论水)

风水学中所说的理想环境应该是背靠祖山，左有青龙，右有白虎二山相辅，前景开扩，远处有案山相对；有水流自山间流来，呈曲折绕前方而去；四周之山最好有多层次，即青龙、白虎之外还有护山相拥，前方案山之外还有朝山相对；朝向最好座北向南；如此即形成一个四周有山环抱，负阴抱阳，背山面水的良好地段。这样的一个相对封闭的空间，用现代科学观念来分析，无疑也是一个很好的自然生态环境。背山可以阻挡冬季寒风；前方开扩可以得到良好日照，可以接纳夏日凉风；四周山丘可以提供木材、燃料，山上植被既能保持水土防止山洪，也能形成适宜的小气候；流水既保证了生活与农田灌溉用水，又适宜水中养殖。

关于阴宅与阳宅，也是风水学中很重要的内容，尤其是阴宅，古代风水学著作中，专门论述阴宅的为数不少，其中以晋代郭璞所著《葬书》最著名，并被当作风水著作中之经典。《葬书》中提出："风水之法，得水为上，藏风次之。"即将藏风得水方能获得生气作为选择阴宅的标准，这当然也是选择阳宅的标准。古人为什么如此重视阴宅，这自然与传统的祖先崇拜有关系，厚葬祖先，以表示子孙的尽孝之心。郭璞在《葬书》中提出："人受体于父母，本骸得气，遗体受荫。"进一步道出了重阴宅的根本原因，祖宗遗骸得到生气，子孙就能受到荫佑，厚葬死人是为了活人。

清朝吴鼒所著《阳宅撮要》是专门讲阳宅的风水著作，据学者分析，此书集阳宅文献之大成，书中撮合了清以前许多部风水著作之要点，所以成为有关阳宅风水的重要著作。《阳宅撮要》从阳宅的选地、阳宅的外貌、间数、开门、天井直至室内的床位、灶位，室外的井、厕位置，以及宅内外的排水都有论述，内容相当齐全。对于阳宅的选址除了风水要求的山水环境外，还进一步提出："神前庙后乃香火之地，一块阴气所注，必无旺气在内。逼促深巷、茅坑拉脚，滞气所占，阳气不舒，俱无富贵之宅。屠宰场边一团腥秽之气。尼庵娼妓之旁一团邪气，亦无富贵之宅。祭坛、古墓、桥梁、牌坊，一团险杀之气。四围旷野，总无人烟，一块荡气。空山僻坞独家村，一派阴霾之气。近山近塔，一片廉贞火象，亦无富贵之宅。"对于阳宅的形象，书中提出："凡阳宅须地基方正，间架整齐，入眼好看方吉。如太高、太阔、太卑小，或东扯西曳，东盈西缩，定损丁财。"关于门，书中将阳宅门分为大门、中门、总门、便门与房门五种，对每种门都指出了适宜的位置以取得吉祥，例如，"宅之后墙不宜正中开门泄气，故便门必在两角上择三吉方开之"。"屋门对衙门、狱门、仓门、庙门、城门者凶，街道直冲门者凶，街反出如弓背者凶"。并提出，"门不宜多开，多开则气散矣"。关于天井，"天井乃一宅之要，财禄攸关，要端方平正，不可深陷落槽，大厅两边有弄，二墙门常关，以养气也"。关于厕所，"乾足天门莫作坑。……乡居住宅若于来龙处开坑，大则伤宅主，小则官非人命"。这里说的是不能把厕所放在宅门口，不能放在乡村的上风口上。以上这些关于阳宅环境和形态的风水讲究实际上都是生活实践经验的总结，反映了人们现实生活中的利弊与得失，只不过用了风水语言来表达。

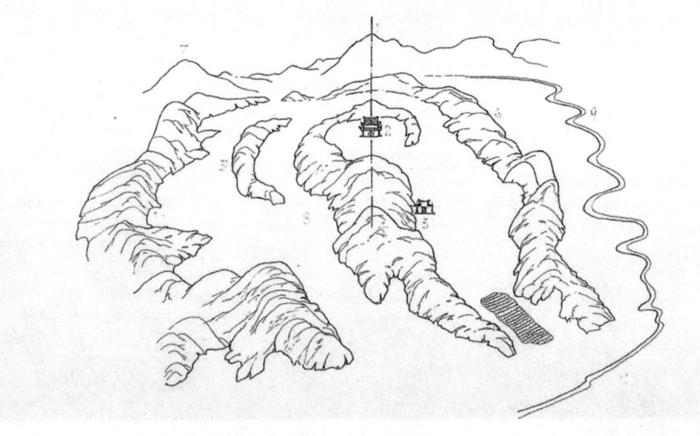

浙江诸葛村环境风水图

风水学的实际应用

(一)浙江兰溪市诸葛村：诸葛村是诸葛亮第28代世孙宁五公选中的定居聚点，在《高隆诸葛氏宗谱》的《宁五公迁居始末》里记宁五公："克勤振起，好义乐施，且精堪舆术，深歉故居之隘，谓不足裕后，因亲相宅址。初得田塘之南，未慊。及步至高隆，始忻然曰，此庶足称吾居也。时其地荒僻，惟王氏舍其旁，地亦其所有，即捐重价求得之。垦平结构，携二孙瑞二公、瑞三公居焉。"这里说明了精于风水的宁五公之所以选择高隆，主要是看中了这里的风水。诸葛族人清朝进士诸葛淇还为此专门在宗谱里写了一篇《高隆族居图略》，文中对诸葛村的风水形势作了描述："吾族居址所自肇，岘峰其近祖也。穿田过峡，起帽釜山，迤逦奔腾前去，阴则数世墓桃，阳者萧、前两宅也。从左肩脱卸，历万年坞殿，蛟龙既断而复起峙者，寺山也。从此落下，则为祖宅位居。旋折而东，钟石阜蒲塘之秀，层冈叠嶂，鹤膝蜂腰，蜿蜒飞舞而来，辟为高隆上宅阳基，其分左支而直前者下宅也。开阳于前，为明堂则菰塘畈敞；环绕于境，为襟带则石岭溪清也。夫且复夹诸峦，四望四合，以龙山桥堰为水口捍门。"如今，按此描述对照村里村外现状，仍可看到当年的风水形势。作为祖山的岘峰迤逦奔腾，断而复起为寺山居于北而成为诸葛村的少祖山，其东其西各有护砂自北而蜿蜒向南，两砂之间有宽有70米的谷地，其前近有案山桃源山，远有朝山乌龙山。村之东护砂之外有石岭溪源自北角山脉而曲折向南，村之西有高隆市路。诸葛村就选择在这块复夹诸峦，四望四合的宝地之

山西西文兴村四周山势

中，地势西北高而东南低，全村的主要建筑大公堂正位于这宝地的中心穴位上，它的朝向为朝南偏东40度，它的轴线北联西北远处的天池山主峰，南至桃源案山。在村之南更有菰塘畈作为近口，十公里之外还有龙山桥堰作为水口守门。在《阳宅十书·论宅外形》中说："凡宅左有流水谓之青龙，右有长道谓之白虎，前有污池谓之朱雀，后有丘陵谓之玄武，为最贵地。"诸葛村就是这样一块贵地。

(二)山西沁水县西文兴村：西文兴村距离沁水县城25公里，属低山丘陵区。村里有一块明朝石碑上记载着村四周的形势："环吾乡皆山也，出自太行地，北有鹿台蟠回，高出诸峰。南应历山驰奔云矗，倚空向出者，千峰碧苍翠。东曲陇鳞鳞，下临大涧。西山隆沃壮，似行而复顾，或曰伏虎山，或曰凤凰岭。"

从现状看，应该说柳氏祖先描绘得相当如实。中国龙脉之源为昆仑山，入山西则为太行。入沁水即为坞岭。坞岭自西而东分为两支，行向东南的一支为鹿台山，正处于西文兴之北，当为村之祖山。鹿台自北而来，又分为二支，村之西，今称西岭，连绵九冈，即古称之伏虎山或凤凰岭；村之东，山岭呈三峰笔架之势，岭下近处有沟涧。村之南面呈开扩之势，远处有历山横列，中央有尖形山峰远拱于群岭之间。村北山脚下有溪流自北而来，沿着村东向南而去。这条溪河除夏季外虽流量不大，但不断流，在沁水山区丘陵地，已经是很难得了。西文兴村就建造在这块北有祖山鹿台，前有朝山历山，东西有连绵山冈相护，左有青龙(水流)，右有白虎(山岭)的风水宝地的台地上。村里现存的《魁星阁新建记》石碑上也这样论断："文兴村，沁南胜地也，由鹿台发源，迤逦十数里而山势蟠结，九冈西绕，三台东护，东南尖山远拱，正当文明之方，堪舆家争称之，以为文人代兴者实由于此。"在另一块明朝的石碑上记道："吾柳氏族世居之，最蕃且盛，岂非钟斯然哉。"看来柳氏族人对这样一块风水宝地还是十分满意的。

(三)浙江武义县郭洞村：郭洞村是一座何氏宗族聚居的血缘村落，位于县城之南约20里，处于东西两山夹峙的一块狭长谷地上，两山之下有两股山泉汇合而成的溪河自南而北自村中穿过。村之南北也均有远山相拱。在这块有山有水的风水宝地上，何氏族人花了很大的精力

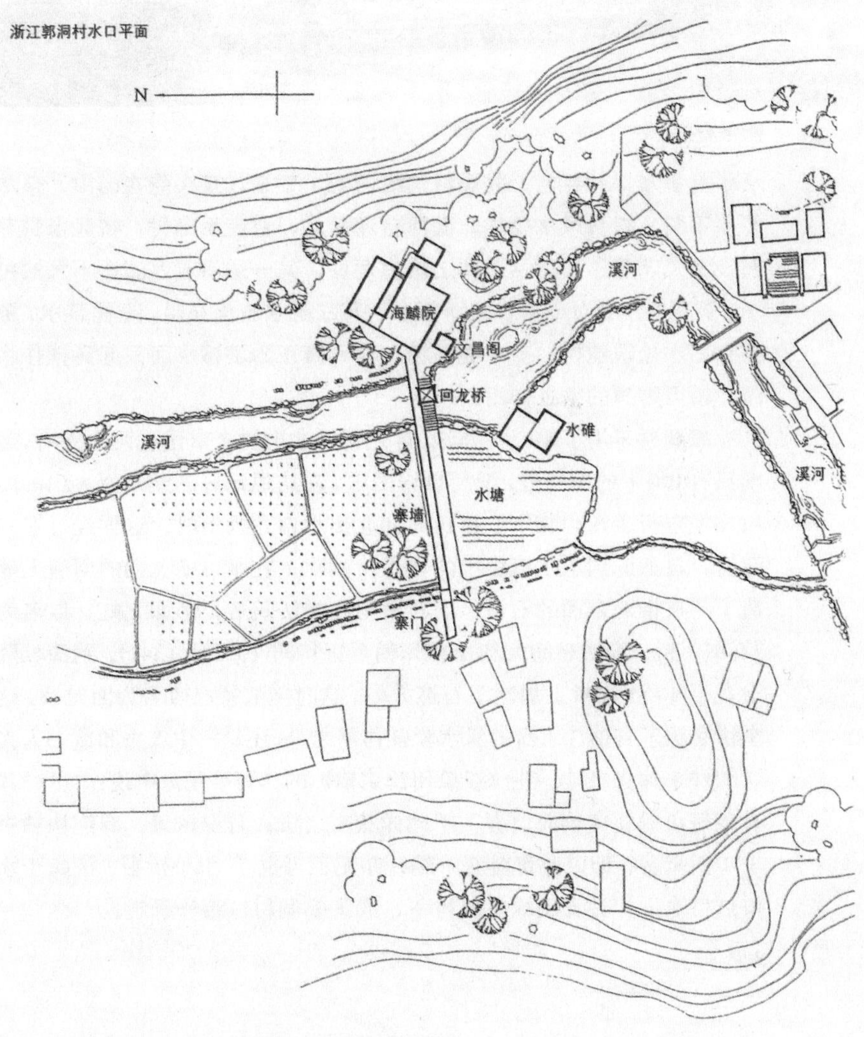

郭洞村水口

从事村里水口的经营。郭洞村的溪河源于二泉，泉头均在山中，泉水终年不断，符合风水要求。溪河自南而北，直流而出村，按风水讲究需设法关闭紧密。通常关闭之法有两种，其一适用于水流量不大的村子，需要在出口处筑坝、挖塘蓄水；其二是水流量充足，无需蓄水，则需在出水处筑建桥、亭、堤、塘，并非真正为了蓄水而只起到锁住水流，留得财源的象征作用。

郭洞村采用了第二种办法。首先将溪水出村之口选在两山夹峙，宽度只有100米的山谷处，溪河自南而下，在这里正好遇到西面突出的山包，经东折至东山脚下，再折而向北出水口直泻出村。这样经过左右两折，自然起到了水流缓出的作用。其次，在水口南北向的河道上建造了一道横跨东西的石桥，因石桥用石券法筑造，形如飞虹，取名为"石虹"桥。建桥时间大约是在元朝至正年间(1335—1341)。到清乾隆十九年(1754)在桥上加建了石造方亭，这时飞虹桥已改名为回龙桥。这座桥亭除了有锁住水流的风水象征作用之外，还是村中农夫和读书人喜欢的往来休息之地。在《双泉何氏宗谱》的《石亭记》中说："……其有戴笼负锄驱黄犊而过者，于此详菽麦之辨；月夕风景，有连袂袖书于于而来者，即以此奇黄石一编，亦无不可也。"小小桥亭，横跨于水口虹桥之上，在青山绿水映衬下，成了郭洞村口第一景观。

郭洞村水口回龙桥

这座石桥亭，自建成以来的数百年间，建了毁，毁了修，不论世道如何艰难，何氏历代族人都始终让它屹立于水口桥上，愈修愈加坚固与美观。何氏族人孚悦公在《重造回龙桥记》中说，“……及其既坏，村中事变频兴，四民失业，比年灾受，生息不繁……”而“一旦顿还旧观，嗣是民物之丰美，衣冠之赫奕，当必有倍于前者……”先人把石桥的存毁与郭洞村的兴衰联系在一起，桥存村兴，桥毁村败，从这里更加强化了风水学中水口造桥以聚龙气的应验作用。在实用功能与精神寄托的双重作用下，回龙桥成了郭洞村民心中不倒的图腾。

风水的经验

风水学关于环境的选择，阳宅、阴宅的定点、定向，住房形态的分析等等论述与主张反映了实际生活的利弊，是经过实践证明行之有效的经验总结。背山面水，负阴抱阳的生态环境自然适合人的居住生活；住房选地当然应该尽量远离古墓、茅厕、妓院和屠宰场；住宅堂屋、天井的方整、明亮在实际使用和在视觉、心理上都会感到舒适。而且风水学往往还将这些经验经过整理，用形象和口语化的方式表达。正是这种表达方式才使风水学在广大百姓中有了基础，才使风水学在长期的封建社会中久行不衰。

但是风水学中确有大量的迷信与不科学的成分，其中表现得比较明显的至少有以下几个方面：

第一，把自然环境中的山、水道路和建筑的各种形态简单地与人间吉凶、福祸相联系，因而导引出违背实际的结论。例如环境中的山形，在《博山篇》的《论砂》中明确提出："……有尖射的，破透顶的，探出头的，身反向的，顺水走的，高压穴的，皆凶相也。又有相关的，破碎的，直强的，狭逼的，低陷的，斜乱的，粗大的，瘦弱的，短缩的，昂头的，背面的，断腰的，皆砂中祸也。"山对人之有利有害，取决于山脉所组成的环境，山为石山、土山，砂石或其他土质的山体构成，山上的植被与水源，山体结构的状况等等诸种因素，尽管有的因素也会从山的外貌形态上表现出来，但这些外貌绝说明不了诸多复杂的内容，当然更决定不了对人的吉凶祸福。到如今，这些被风水定为凶相的山，说不定正以它的"凶"相而被开发为吸引参观者的旅游区。再例如屋基，在《阳宅撮要》的《形势》部分里提出："凡宅基最忌贪多，致有盈缺。诀云：乾宅屋基若缺，离中房有女瞎无疑。坎宅屋基若缺，巽长房多死少年人。艮宅基若缺，坤长房无子谁人问。震宅基址若缺，乾长房遗腹不须言。……"在这里，把八卦中各个方位与住宅相联系并且如果此宅基有缺而不整者必定引来女瞎、死少年人、无子等严重后果。在《阳宅撮要》最后一篇《看煞法》中更提出了许多神奇的论断，例如："墙角冲房必出寡妇。房前若对楼檐转嘴角必出瞽目。大石在门前主心痛瞎跛。柱对房门主孤寡。……房门前有破缺，主生缺唇。两门并开，名蝴蝶门，出寡妇……"凡此种种，哪里有一点科学可言。如果说大石在门前，主人进出容易摔跌而造成心痛瞎跛，但这也只是一种可能，不能当作必然的因果关系。

一个人的福祸，一个村的吉凶绝不是风水环境所能决定的，它涉及到自然与社会的种种因素。西文兴村处于风水宝地，村口还建了文庙、关帝庙、文昌阁、魁星阁、真武阁，以求神仙保佑，明清两代村里也的确出了几位进士、富商，村中兴建寺庙、住宅，着实兴旺了一阵，但是西文兴村却没有能抵御明朝末年的兵灾之祸，没有能避免清朝光绪年间的连年大旱，再好的风水与神明都没能挽回柳氏世族的衰落。

郭洞村口的石桥，被认为是桥存村兴，桥毁村败，"及其既坏，村中事变频兴”。据宗谱记载，在清光绪(1883)石桥大修之前一直破损，在此期间，村里确也发生多次“事变”。清咸丰八年(1858)及十一年(1861)太平军两次侵犯郭洞，百姓不得安宁，由宗族组织远近村民，同心合力才保住了家乡及财物。其实，清朝至嘉庆(1796)以后，步入衰败时期，至咸丰时已是外患不断，帝国主义列强侵入国境，清朝廷腐败无能，国内各地“兵”、“匪”纷起，清兵与太平天国军在江南一带激战达数年之久，地处江南的郭洞村在这期间，多次受到侵扰乃属不可避免的事，这当然和石桥之毁坏毫无关系。

诸葛村从总体规划到房宅的具体位置与形态可以说无不重视风水，而且也符合了风水要求。诸葛氏族也的确出了不少文才与商贾，他们经营药材，遍及全国各地成了氏族传统家业。这当然也可以说是风水选了这块地处水陆交通要道的宝地有关系。但是宗谱里也记载着这样的事实，当年宁五公选中这块宝地，带了两位孙儿瑞二公、瑞三公定居下来，但不久瑞二公和瑞三公皆因犯罪被送南北远处，结果死于异乡。瑞三公的儿子为迎回他父亲的灵柩，也不幸死于江西。族人见此情景，都认为这块地方乃大凶之地。同一块地方，一说风水宝地，一说大凶之地，而且都有事实根据，岂不自相矛盾，无法自圆其说。

第二，风水学除了对环境进行选择以外，还有对环境进行改造的理论和方法，通过改造使环境由不利转为有利，能逢凶化吉，这也是风水学中十分重要的一部分内容。这种改造之法归纳起来大致表现在两个方面。其一是对自然界的山、水、地势本身进行改造。例如遇到缺水或水势不佳的地区，则用开沟引水，挖湖、塘蓄水，筑堤坝拦水等办法取得宝贵的水；遇到不利的山则用山上植树，挖补山形以达到由凶化吉等等，这些主张和办法无疑都是有益的。第二种办法是采取象征性的办法，如水口建桥、造亭以锁住水源；村头筑塔建阁以保住文运，等等。恰恰是这类在风水中应用得十分广泛的方法却带有明显的非科学性。

我们在江南的许多农村的村头村口往往可以见到耸立于田间的宝塔，竖立于桥头路边的文昌阁。这些塔的形式与佛教塔相似但它们并非佛塔而是一种文峰塔。封建社会的科举制度实行很久，成了普通百姓通向仕途的惟一途径。一个村，一个世族，一个家庭之发迹不发迹，就看出了几个秀才、举人、进士，“书中自有黄金屋，书中自有颜如玉”，所以村里出读书人，中科举成了村里有无文运的标志。风水学正是看中这一点，提出了在村头建塔造阁的主张，文昌阁供奉的文昌帝君在神仙中是主管文运的，从佛教中借来形象显著而且具有神圣意义的佛塔，换以“文峰”之名也成了文运亨通的象征，所以这类塔也称为风水塔。它们有时和石桥、石亭、寺庙组合在一起，对一个村落，一个地区起着锁水口、留财源，兴文运，出人才的综合作用，它们成了风水中的一种符号，一种具有特定象征作用的符号。

塔与阁当然属大型符号，在村里，在房宅内外还有不少各种小型的符号。一所房舍当风水师测定朝向不吉，则一可将大门改变朝向，我们在农村有时见到住宅大门不直对街巷而有意保持一个斜度，其因皆由于风水。二可以在门前巷口的墙上立一条石，上刻“石敢当”，或“泰

山石敢当”。此类“石敢当”可以镇鬼魔、压灾祸，成了百姓的图腾石，往往在村口、路边多能见到。另外在住宅里常见有画在大门、正梁或屋顶上的太极图像，图形显示一阴一阳，一虚一实，象征着旋转不已，生生不息。挂在大门上的照妖镜、铁叉、五色布以及各种符号文字，它们都以形象、色彩、内容起着纳福招财、去灾避祸的风水符号作用。

这类从大到小的各种风水建筑与符号在现实生活中自然起不了作用。一个村，一个世族、家庭乃至个人的前途命运，不排除其先天的或已有的环境、地位、身体等各方面的条件，但起决定作用的是那个时代的社会条件，包括社会的生产力水平、社会制度、社会环境，还有个人的不同机遇等等客观的和主观的因素。如果一个人的生辰八字、

浙江新叶村文峰塔

住房和环境的风水就能决定一个人的命运，而且这种命运又可以通过一座塔，一栋阁，乃至一块“石敢当”，或者仅仅把大门变换一个朝向就可以得到改变，那岂不是成了天方夜谭。

《晋书·魏舒传》记载着一件相宅的事：“舒少孤，为外家宁氏所养。宁氏起宅，相宅者云当出贵甥。”魏舒听了以后说：“当为外氏成此宅相。”于是少年立志，发奋向上，后来果然当了大官，为宁氏争了光，也以他的行动应验了相宅者的预言。相宅即为住宅看风水，这里说的是风水对人所产生的心理作用。这种作用往往为风水家所乐道，成为风水应验很重要的一个根据。就如堪舆学中对人行为的预测吉凶一样，凡盖房、出行、治病等等均需选黄道吉日方可行。凡不利于出行之日出行，则必遭凶险，其中原因别的你可以不相信，但至少心理作用不能否定。出行者知道不利，则心存疑虑，神情恍惚，易出事故。这种因风水而引起的心理作用先不从科学的心理学作分析，而只从常理判断，心理作用之有无、大小、深浅至少是因人而异的。魏舒因其宅判为吉宅，当出贵人，因而发奋；但也有人因环境险恶但不屈于命运之刁难因而发奋向上而得到成功的。历史上处于困境而奋起者不乏其人，司马迁因得罪了汉武帝，受宫刑而写出《史记》，孙膑受刖刑而出《兵法》，这都是著名的史实。相反，因家境优越，整日游逸于风水佳境而不学无才，导致祖业破败的也大有人在。不过这些风水象征之物倒是给环境增添了景观，村头耸立的塔、阁往往成为村落的标志，房舍里外的祥物标记增添了乡土建筑的风采，它们在美化环境上确起了良好的作用。

对于风水学中迷信成分，古代各朝皆有人进行评论。风水认为围墙内不宜种树，因“口中有木，困字不祥”。东汉有一位士人讽刺说：围墙内有人，岂不成“囚”，人还能在院中活动么？据《闻见后录》记载：宋嘉祐年间，朝廷要修理宫中东华门，太史进言太岁在东不可犯。宋仁宗批奏：东家之西乃西家之东，西家之东乃东家之西，太岁果何在?命令照常施工。风水学不论用什么玄妙的理论，不管采取何等神秘莫测的方法，但是在现实的事实面前，在稍具辩证思维者的面前，总归是显得苍白无力的。

风水与建筑需要研究，更需要进行科学的分析与批判。

第十九讲

国徽上的天安门

1950年6月23日，在中国人民政治协商会议第一届第二次全体会议上通过决议，同意了由清华大学营建系国徽设计组设计的中华人民共和国的国徽。国徽内容为国旗、天安门、齿轮和麦稻穗，在鲜红的底子上，上面画着国旗上的五星，下面是端正的天安门形象。国徽的图案说明这样写道："天安门则象征'五四运动'的发源地和在此宣告诞生的新中国。"在1950年9月20日中央人民政府关于公布国徽而发

天安门上的国徽

布的命令中，同时颁布了《中华人民共和国国徽图案说明》，说明的全文是："国徽的内容为国旗、天安门、齿轮和麦稻穗，象征中国人民自'五四'运动以来的新民主主义革命斗争和工人阶级领导的以工农联盟为基础的人民民主专政的新中国的诞生。"在这里，再一次地说明和肯定了天安门所具有的象征意义。同时也引出了关于天安门所具有的功能与价值问题，也是古建筑所具有的功能与价值问题。

古代建筑的价值

建筑的价值由建筑所具有的功能所决定。中国古代建筑的个体形态多比较简单而单一，因而在物质功能上有比较大的适应性和通用性。合院式的住宅也可以用作佛寺，紫禁城的宫殿既可以用作朝政，也可以读书、居住和从事宗教活动。精神功能的适应性没有物质功能那么大。宫殿表现的是封建帝王的威严和王朝的权势；文人园林表现的是追求自然雅致与淡泊；寺庙表现的是宗教的神秘与神圣；住宅要求的是宁静与私密等等。这些不同的精神要求不但在建筑的总体布局，环境的设计，建筑的形象上表现出来，而且还应用建筑的装饰、色彩等等手段加以渲染与深化，所以才出现了紫禁城与苏州园林不同的环境与色彩处理，才出现了紫禁城建筑上大量的龙纹装饰。但是这些精神，这些意识形态的内容，表现在建筑却和绘画、雕塑艺术不一样，其特点是比较抽象，比较笼统。例如威严、崇高、文静、雅致、神秘等等，只能应用环境与建筑表现出一种气氛，尽管也借取于装饰，包括应用雕塑、绘画等手段，尽可能使这种表现具体化，但总体讲，还不可能像古代绘画、雕刻那样具体而明朗。正是由于这样的特点，从而使建筑的精神功能也比较能够长时期地起作用。清王朝可以全盘接收明王朝的紫禁城，从总体布局到装饰都不用更改。北京的北海琼华岛，自元代经营以来，明清两朝可以一直延续经营和不断充实，但从内容到形式都不必改变。这种延续，不但反映了在中国长期的封建制度下，历代王朝在政治制度、意识形态上的同一，同时也反映出建筑在精神功能上的特殊性。最集中表现封建帝王权势的紫禁城，当封建王朝被推翻，如今千百万人涌进游览时，仍能感觉到这种宏伟与威严的气氛，却已经失去了原来那种威慑的力量。江南多少座文人园林为游人开放，里面还是那些亭、台、楼、阁，还是那样曲径通幽，拙政园里的留听阁、与谁同坐轩仍然依立池畔水边，人们尽管可能没有感受到原来文人那种追求超凡脱尘的意境，但当他们漫步园中仍旧能够欣赏到那宜人的山水风光，那步移景异的一个又一个畅心悦目的景观。所以建筑的精神功能在一定的场合下，往往具有这种超越时代的性能。

中国古代建筑，由于是以木构架为结构体系，所以它存在的寿命比不上西方古代的石建筑。但是只要不遭受天灾人祸，它们保存数百年，上千年也是完全可能的。这样，建筑作为一个物质实体保存的长期性，它在物质功能上的通用性和在精神功能上的超时代性，就使得古代的一栋建筑或者一组建筑群体能够在历史的发展中受到长期的、反复的和多方面的使用，也就是说在这个建筑环境里会经历过许多事件，关系到许多的人。这些事件和人物因而也能够通过建筑这个物质环境而被记载和保留下来。这种记载的功能和文字、绘画、雕刻的记载一样，只是表现的形式不同，所以西方国家把它们的古建筑称为“石头的史书”。

建筑的这种记载功能，其实在人们日常生活中就可以经历感受到。当人们回忆往事，不论是儿时的欢乐，学生时代的天真，事业的成功与失败，这些人与事往往都与发生的建筑环境分离不开。自己曾经生活过的城市或乡村，自己居住过的住屋都成了人与事的一个部分。成长在文化革命期间的一代青年，当他们回忆这一段难以忘却的经历时，总离不开陕西的窑洞、内蒙草原的蒙古包和东北未曾开垦的黑土地。曾经热闹过一阵的北京“四合院文化”正是由生活在北京大杂院里的城市百姓当时的特定生活而罗织成的。出现在特定历史时期的北京大杂院才产生了这种特有的四合院文化。

建筑的这种记载功能对于未曾亲身经历过的人来讲，也可以通过参观、讲解而发挥作用。紫禁城后宫部分的主要大殿乾清宫，是明清两朝皇帝的寝宫，到清雍正皇帝以后才将寝宫迁至养心殿而把这里改为皇帝平日上朝的宫殿，所以乾清宫不免与明清宫廷的一些重大历史事件相联系。据史料记载，1620年明光宗朱常洛刚登位不久，住在乾清宫里患了痢疾，医官李可灼自称有仙丹可治，光宗服第一丸感到有效，令首辅方从哲准备赏银五十两，不料服第二丸即一命呜呼，不仅李可灼罪当杀头，连方从哲也受罪，这就是有名的“红丸案”。光宗死，其子熹宗朱由校继位，年方16岁，与他父亲宠妾李选侍同居乾清宫，为了防止李选侍挟熹宗而干预国事，大臣先请熹宗暂居慈庆宫，并迫使李选侍移居他宫，这就是“移宫案”。实际上，这两桩案反映了明朝廷正人、奸臣两派的斗争，并成了相互斗争与互杀的借口。清雍正皇帝吸取父王在确定太子方面的教训，决定生前不宣布谁为太子，而把皇位继承人秘密写下姓名，一式二份，一份带在身边，一份封在匣内藏于乾清宫正中的“正大光明”横匾之后，待皇帝死后，由大臣共同取匣开封，与皇帝身边一份姓名相对无误，才正式宣布皇位继承人。如今，当一批又一批的参观者到这里倾听讲解，人们看到这座宫殿，看

紫禁城乾清宫内

到殿内的皇帝宝座，看到依然悬挂在梁上的“正大光明”横匾，仿佛又看到了封建王朝内部那一幕幕明争暗斗的历史。

古代建筑不仅以它的实体记录了当时的建筑技术与建筑艺术，同时也记录了发生于这里的众多的事件，记录了古代的政治与历史。所以，建筑是一个古代历史、艺术与科学的载体，因此我们才说古代建筑具有历史的、艺术的、科学的价值。

天安门建于明永乐十八年(1420)，原称承天门，清顺治年间经重修后改称天安门，是北京皇城的大门，位于北京城的中轴线上和中心部位。它由九开间的大殿坐落在高大的城台上，组成一座城楼式的宫殿大门。顶上为黄色琉璃瓦，檐下有青绿色的彩画，红色的柱子和门窗，下面为土红色的城台，城台最下面有一层白色汉白玉石的须弥座。外观色彩绚丽，整体造型宏伟而庄重。1900年，英法八国联军打进北京，对天安门进行了野蛮射击；1919年5月4日数千名青年学生和工人在这里集会，反对辱国丧权的二十一条和巴黎和约，高举起反帝反封建的大旗；1925年五万多人在这里集会强烈谴责日本帝国主义屠杀我国人民的罪行；1935年12月北京广大青年学生在这里集会游行，大规模宣传中国共产党提出的抗日民族统一战线政策，推动了抗日战争，这就是著名的“一二·九”运动。天安门建成后五百余年的历史中，它经历了封建王朝25位帝王的改朝换代，经历了帝国主义列强对中华民族的侵略与压迫，经历了“五四”运动和人民民主的革命运动，最后在这座城楼上宣告了中华人民共和国的诞生。天安门经历了同时也记载了这些历史事件，它能带给人民的不仅仅是作为封建国家皇城大门的那一段历史了，人们看到天安门所能获得的信息远比皇城大门这一项要丰富得多。天安门作为昔日皇城大门那种对百姓的威慑力量不起作用了，人们看到它的形象，更多的是感到一种民族艺术的宏伟与壮丽，它表现出了我国劳动群众和祖先的智慧与才干。天安门的形象当之无愧地上了共和国的国徽，成了共和国的象征，并且随着共和国的成长，继续记载着共和国的风风雨雨，继续谱写着自身的历史。天安门是这样，别的古建筑也是这样，它们各自谱写自己的历史，记录着不同的经历，它们可以说是一部历史的教科书，在这些建筑上凝聚了无数祖先辛勤的劳动和无穷的智慧，沉淀了人类世代相传的文明。正因为如此，才产生了对古建筑的保护问题。

古建筑的保护

关于古建筑的保护，在西方国家起步较早，尤其在希腊、意大利、法国等文明古国，对于古建筑保护在实践上积累了丰富的经验，在理论上也提出了系统的观念与主张。在中国，对于古建筑的真正科学研究起步于20世纪的30年代，与此同时也提出了古建筑的保护问题。但是对古建筑的保护真正得到实施并有了规模性的开展还是在共和国成立之后。随着保护实践的开展，在各个时期都提出了若干有关的政策与法令，在此基础上，国务院于1961年颁布了《文物保护管理暂行条例》，1982年，又在总结了几十年保护工作正反两方面经验教训的基础上颁布了《中华人民共和国文物保护法》*。在这部保护法中，对文物的定义，文物保护的对象，保护的原则等方面都作了明确的说明并有了相应的法令。

（一）保护的对象

什么是文物，在《辞海》中对“文物”是这样的定义：“遗存在社会上或埋藏在地下的历史文化遗物。”古代建筑自然也属文物之列。在文物保护法中，将要受到国家保护的文物确定为具有历史、艺术、科学价值的文物。对于古建筑来说，一般都具有一定的历史、艺术和科学方面的价值，例如现在留存下来的大量城市、乡村中的清代住宅，在他们身上也记载着那个时代的社会和人们生活的信息。所以保护法中所提的三方面价值当指具有比较重要的价值而言，或者是在其中一个方面具有较突出的价值。北京紫禁城作为保存下来的完整宫城，在三个方面都有突出的价值，受到国家的保护。四川雅安有一座高颐阙，是在汉代陵墓前面的石阙，在地面上汉代建筑几乎没有留存的情况下，这小小的一座石阙就显得十分宝贵了，从它的存在和形象上可以看到两千年以前陵墓的形式，看到当时建筑的结构和装饰的式样，所以这座高颐阙具有突出的历史价值，也属国家保护的文物之列。为了便于管理和突出重点，《文物保护法》又将这些受国家保护的文物确定为“文物保护单位”，而且根据它们价值的大小分别定为县、市、省级和国家重点文物保护单位这样几个级别，把它们分别纳入县、市、省人民政

---

* 见《新中国文物法规选编》，文物出版社，1987年10月。

府和国家文物局的管理范围。《文物保护法》还规定：文物保护单位必须由各级人民政府“划定必要的保护范围，作出标志说明，建立纪录档案，并区别情况分别设置专门机构或者专人负责管理”。这就是通常说的文物保护单位所必需的“四有”。

中国是一个文明古国，留存下一批具有悠久历史的古城，为了保护这些保存文物特别丰富，具有重大历史价值和革命意义的城市，《文物保护法》又规定了将这类城市定为“历史文化名城”，例如北京、西安、开封、杭州等皆属此列。

1972年11月16日，联合国教育、科学及文化组织大会第十七届会议在法国巴黎通过了一项《保护世界文化和自然遗产公约》*，在公约中提出：“注意到文化遗产和自然遗产越来越受到破坏的威胁，一方面因年久腐变所致，同时变化中的社会和经济条件使情况恶化，造成更加难以对付的损害和破坏现象。”“考虑到任何文化或自然遗产的坏变或丢失都有使全世界遗产枯竭的有害影响，考虑到国家一级保护这类遗产的工作往往不很完善，……保护不论属于哪国人民的这类罕见且无法替代的财产，对全世界人民都很重要，考虑到部分文化或自然遗产具有突出的重要性，因而需要作为全人类世界遗产的一部分加以保护……”在这里，公约提出了一个“世界遗产”的新概念，这是根据现代社会对于那些十分珍贵的文化或自然遗产所造成的破坏而提出的，公约明确地说明这些遗产仍属于所在国所有，只是在实施保护中能够受到有关国际组织在技术和财力上的援助，受到国际社会的支持与关注。那么哪些遗产才能称为世界文化和自然遗产呢?公约中有明确的规定：

第一条　在本公约中，以下各项为“文化遗产”：

文物：从历史、艺术或科学角度看具有突出的普遍价值的建筑物、碑雕和碑画、具有考古性质成分或结构、铭文、窟洞以及联合体；

建筑群：从历史、艺术或科学角度看，在建筑式样、分布均匀或与环境景色结合方面，具有突出的普遍价值的单立或连接的建筑群；

遗址：从历史、审美、人种学或人类学角度看具有突出的普遍价值的人类工程或自然与人联合工程以及考古地址等地方。

第二条　在本公约中，以下各项为“自然遗产”：

从审美或科学角度看具有突出的普遍价值的由物质和生物结构或

---

* 见《国际保护文化遗产法律文件选编》，紫禁城出版社，1993年8月。

这类结构群组成的自然面貌；

从科学或保护角度看具有突出的普遍价值的地质和自然地理结构以及明确划为受威胁的动物和植物生境区；

从科学、保护或自然美角度看具有突出的普遍价值的天然名胜或明确划分的自然区域。

对于这些遗产在各国自行确定的基础上，正式向联合国教科文组织提出申请，由该组织派出专家到现场考察审视，再由有关组织“世界遗产委员会”审议、表决，如获通过则正式列入《世界遗产目录》。

我国政府于1985年批准了这项国际公约，成为本公约缔约国之一，这也意味着在国家重点保护文物之中，又有少数具有特殊重要价值的可上升到世界一级的遗产。一个国家中世界文化和自然遗产的有无和多少当然反映了这个国家文明历史的长短和对自己文化传统的重视程度，也反映了对遗产保护工作的状态。我国自共和国成立以后的50年中，先后公布了4批共750项国家重点文物保护单位。在此基础上向联合国教科文组织申报并获批准列入《世界遗产目录》的共27项，其中属于“世界文化遗产”的有北京故宫、天坛、颐和园、长城、承德避暑山庄及外八庙、苏州园林等；属于“世界自然遗产”的有九寨沟、武陵源等；兼属文化与自然两类遗产的有黄山、泰山等。对于一个具有数千年文明历史的中国来说，祖先给我们留下的宝贵遗产实在太多了，它们所具有的价值不仅对本国而且对世界文明都有重要意义。

（二）保护原则

怎样保护好作为文物的建筑，根据世界各地和中国的实践，在我国《文物保护法》和有关的国际文件中都有阐述和规定，其中比较重要的有以下几个方面。

1.**整体性的保护**：整体不仅指一栋建筑的整体，而且是指一组建筑群的整体和这些建筑所在的环境。在我国《文物保护法》中明确规定了各文物保护单位必须划定必要的保护范围。“文物保护单位的保护范围内不得进行其他建设工程”。1964年5月历史古迹建筑师及技师国际会议在威尼斯通过一项《国际古迹保护与修复宪章》，这就是国际所公认的“威尼斯宪章”*。在这篇宪章的第一条就提出：“历史古迹的概念不仅包括单个建筑物，而且包括能从中找出一种独特的文明、一种有

* 见《国际保护文化遗产法律文件选编》，紫禁城出版社，1993年8月。

意义的发展或一个历史事件见证的城市或乡村环境。"宪章第六条又说："古迹的保护包含着对一定规模环境的保护。凡传统环境存在的地方必须予以保存，决不允许任何导致改变主体和颜色关系的新建、拆除或改动。"为什么要这样，因为"古迹不能与其所见证的历史和其产生的环境分离"(《威尼斯宪章》第七条)。紫禁城不能离开北京城的中轴线位置，紫禁城内的每一栋建筑，不论是宫门、大殿或者廊屋都是宫城内不可分割的一个部分，否则就不能说明这座封建帝王建筑群体所具有的历史、艺术和科学价值。一座血缘村落里的祠堂、住屋、村口的石桥、堤坝，甚至包括水塘、水井，如果不作整体的保护，就看不出它们所反映的中国封建社会的宗族制和在宗族制下农民生活的全貌；看不到风水学在农村的表现和影响；那么乡土建筑这本教科书就像缺页少字的书本一样，无法带给人们完整的历史信息。尤其对于以建筑群体组合为特征的中国古代建筑，这种群体性的保护更为重要。

但是在实践中，整体性保护往往会遇到很大困难。城市的发展，新建筑的涌起和用地的紧张都会不断向古建筑的保护区冲击。就以北京故宫为例，为了保护这座世界文化遗产的环境，在北京市城市规划中明确作出规定，对故宫四周的新建筑高度作出了限制，由故宫向四周延伸，新建筑由低到高呈现出一条曲线，以保证故宫视觉环境的完整。但是新近在距离故宫不远的王府井兴建起庞大建筑群体，它们的高度

安徽潜口民居

突破了限制。故宫尚且如此，其他地方可想而知。在广大农村，这种整体保护更加困难。随着经济发展与生活的提高，农民自然不满足于再住在祖先留下的老屋里，他们初则将老屋改造，拆掉雕花的老窗，换上大玻璃的新窗，拆去不隔热防寒的木板墙，换上新的砖壁。只要经济条件允许则干脆拆旧屋盖新房，由于地皮的限制，多把新房建为两层、三层甚至五层。一栋栋红砖的、贴白瓷砖的小楼拔地而起，旧的住屋一天天减少，原有的村落面貌被破坏了。在我国这种现象越是在经济发展地区越为严重，越为现实。这种现象在其他许多国家的发展中几乎都不可避免地经历过。

在这样的现实面前，于是产生了一种新的搬迁保护办法。就是对于那些环境已被破坏，建筑在原地保存已经没有意义，或者因为特殊原因，建筑在原地已无法保存的情况下，将这些建筑按原样搬迁到新址加以保护。山西省永济县的永乐宫，是一座元朝建造的著名道教寺观，有前后四座建筑，寺内保存着全国闻名的元代壁画。由于该地正位于新建的三门峡水库淹没区，所以于1965年将整座永乐宫四座建筑连同壁画搬迁到山西省的芮城县新址。长江三峡水坝建成后，长江上游有不少古建筑将被淹入江水之中，现在经过调查论证，决定将其中有重要价值的整体搬迁到新的地区。在欧洲各国，由于位于农村的

江西景德镇明间

景德镇清园

不少有价值的农舍不断受到损坏和抛弃，很难在原地保护，于是把这些农舍，包括住屋、仓库、作坊等各类建筑连同建筑中原有的家具陈设，统统从原地搬迁出来，在一块适宜的新址将它们重新加以组合形成为一个新的农村环境，称之为自然建筑博物馆。国内近年来也出现了这类博物馆，例如安徽歙县的“潜口民居”点，江西景德镇的“清园”和“明间”。前者是把歙县附近的安徽民居集中在一起；后者是把景德镇地区农村中有价值的祠堂、住宅从原地拆迁到一起，按明清两个时期组合成“明间”、“清园”两组建筑群。这些国内外的保护区尽管也选择了有山有水的适宜环境，也尽量按照农村的特点去布置这些乡土建筑，但它们毕竟不是原来的组合，它们原来所记载的信息，所能表达的历史价值不能不受到损失。

2.保持原状的修复：任何古代建筑，随着岁月的增长，不可能不受到自然和人为的损坏，因此对古建筑的保养与修缮成了保护中的重要和经常性工作。《文物保护法》第十四条明确提出：“对于文物保护单位，在进行修缮、保养、迁移的时候，必须遵守不改变文物原状的原则。”因为只有文物的原状才记载下了历史的信息。在国际《威尼斯宪章》中也特别强调这一点。“修复过程是一个高度专业性的工作，其目的旨在保存和展示古迹的美学与历史价值，并以尊重原始材料和确凿文献为依据”(《威尼斯宪章》第九条)。并且明确提出对于“缺失部分的修补必须与整体保持和谐，但同时须区别于原作，以使修复不歪曲其艺术或历史见证”(《威尼斯宪章》第十二条)。“任何添加均不允许，除非它们不至于贬低该建筑物的有趣部分、传统环境、布局平衡及其与周围环境的关系”(《威尼斯宪章》第十三条)。所以有这样的规定，其目的都是为了保护这些文物所具有的真正价值。

对于我国木结构的古建筑，在保养和修缮工作中，要保持和不改变文物原样，对于结构部分还能够贯彻执行，但是对于装修与装饰部分，尤其是在油漆彩画的修缮上遇到了比较大的困难。因为作为保护木料构件的油漆彩画经常直接受到风吹日晒和大气的污染，它们与琉璃、砖瓦材料相比，受损坏的速度相当快，如果让它们保持原状不加或缓加修缮，那么不仅是彩画褪色，油漆层还会剥落，木材露出，造成整体形象破烂不堪。如果修缮，要保持原来的旧状，在技术上相当困难，比油漆一新还要麻烦。北京紫禁城在对宫殿建筑长期不断的修缮工作中对此作了多方面的实验和努力，他们有的把表面损坏较明显的柱子和门窗部分隔若干年油刷一层红色漆，而对于檐下损坏不太严重的梁枋彩画维持原状不予修理，人们称之为穿红裙子或红裤子的办法。有的损坏的彩画重新制作，但在制作中有意把新彩画作旧，看上去好像没有经过修理而保持了“原状”。对于那些需要全面大修的宫殿，则在外表上重新油漆彩画，使之焕然一新，这样做自然违背了文物法规中的修缮原则。对于这种做法，专家学者们持有不同的看法。有的古建专家认为：中国古代建筑和西方古建筑不同，中国木结构的建筑在古代隔一段时期就需要油漆装修一次，就如同现代的家庭住屋的装修一样，油漆见新这本属正常的房屋保护措施，因此现在的焕然一新本为传统做法，不能以破坏文物论处。致于硬将新彩画做旧，这如同现代仿制古代彩陶和铜器一样，只能是一件假古董，同样失去了原有的价值。当然对于砖石建筑应该遵守保护法的原则，整旧如旧，保持原状，保护住这些文物的价值。

(三)关于古建筑的重建

对于已经被毁坏的古建筑的重建，在各国的文物保护政策和法令中一直是遭到反对或者是抱着极慎重的态度。世界著名古建筑保护专家英国学者费尔顿说过：“重建，对于毁于火灾、地震或战争的文物建筑而言可能是必要的，但重建物没有历史价值。重建必须建立在准确的文献和证据的基础上，绝对不能臆测。”* (注文见第325页) 那些毁于巨大天灾与战争之中的著名古代建筑，它们的巨大价值曾经影响着人们，它们已经成了一座城市，一个地区，甚至一个国家文明与历史的象征，成了人们生活中一个不可分割的部分，所以人们有理由怀念它们，希望重新见到它们。在这种情况下，重建是必要的。波兰首都华沙是一座著名的古城，但是在第二次世界大战，德国法西斯侵略波兰的战争中被毁。战争结束之后，波兰政府和人民经过细致的考据与研究工作，完全按原样重新建造了华沙古城部分。这座新的“古城”自然已经失去了原来所具有的历史价值，但是它从重建之日起又重新开始记载下新的历史，以后人们从它身上仍可以看到二次世界大战的历史，可以看到自己祖国受法西斯侵略与占领的历史。

我国在古建筑的保护工作中也遇到重建的问题。例如1990年对颐和园后山买卖街的重建。这条河上街道自1860年英法联军烧毁后只留下沿河商店的柱础，其他一无所有，而且也没有原来店铺的图纸、照片和详细的文字资料，所以只能根据留存的柱础和屋基按照当年清朝北方店铺的典型式样重新设计而建造。1999年河北正定隆兴寺重建了一座大悲阁。大悲阁原建于宋开宝四年(971)，阁内供奉着一座高达24米的千手千眼观音铜像。但是铜像外的楼阁已非宋朝原物而为清朝以

---

* B.M.Feilden, *Conservation of Historic Buildings*, Butter worths,1982.

北京颐和园复建后的买卖街

圆明园西洋楼遗址

后所重建，所以从建筑的艺术质量上不及寺内其他宋朝殿阁，而造成全寺建筑风格上的不一致。为了弥补这个不足，于是在考证、研究已有史料的基础上，根据宋朝典型的建筑式样重新设计建造了这座大悲阁。严格地讲，以上这两处都不能算按原样重建，而只能称得上是一项复原的设计与建造。对于这两项重建，国内学者也有不同看法，但对于古建重建意见最分歧的还在对圆明园的保护与重建问题上。

圆明园，这座集中反映了中国古代园林精华，被称为“万园之园”的皇家园林，自1860年被烧毁后一直未有大规模的修复和重建。如今，在350公顷圆明园中，除西洋楼区有些断柱残壁外，还有少量景区仍有建筑的遗址可寻，部分原来的土丘、水面仍在，但相当部分的景点已彻底毁坏，建筑基址荡然无存，连原有的山形水系都改变得不成样子了。1984年，在圆明三园的东半部成立了“圆明园遗址公园”，在这之后的十多年中，对园内福海、绮春园地区进行了较大规模的整修，对少量景点做了复原，还清理了大量土方、水面，新修了道路。对于这些整修，专家学者们褒贬不一。随着国内经济的发展，生活的改善，爱国主义思想和文物保护意识的提高，对圆明园的保护工作必然更加受到普遍的关注，包括一些国外学者也热衷于此事，甚至圆明园的保护还成了国外专业学生的研究课题。

圆明园应该怎样保护？自20世纪的80年代初，随着“中国圆明园学会”的成立和圆明园遗址公园的开放，这个问题始终存在着不同的意见，不断地争论了近二十年。归纳起来大体有两种看法与主张：其一是保持原状；其二是部分修复。

主张保持原状者认为：圆明园的价值就在于它所记载的历史，圆明园现在的遗址正是记载了这座园林自兴建、受到帝国主义的破坏直至到今日遗址的全部历史信息。任何修复与重建都只能是假古董，它们既没有历史信息，又不能重现昔日园林之艺术光辉。当然他们也主张将园中的山形、水系加以整理，恢复一些当年的植物配置。

主张部分修复者认为：不断对古建筑的修葺本是我国对建筑保护的传统。现在部分修复园中重要景点，才能使圆明园重现原貌，向世人展示我国园林艺术之精华。这些景点与保持原状的遗址并存，不但不会失去历史的信息，反而能使人们在对比中更加认识到帝国主义侵略者的残暴和中华民族在历史上所遭受的耻辱。

最近北京市城市规划委员会制定了对圆明园的整修规划，决定按原样重点整修园中的水系、堤、岸与植物，并选择少数几个景点恢复包括建筑在内的原貌。看来，整修工作将会较大规模地展开。但是争论还会继续下去，在这些争论的影响下，整修工作将会作得更认真、更慎重、更具有科学依据。

随着我国经济的持续发展，城乡建设日益大规模地展开，给文物建筑的保护一方面带来严重的挑战，同时也带来了机遇。长江三峡水坝的建设，带动了长江上流各地地下地上文物保护工作的极大开展，自1994年国家组织全国三十余个科研和教学单位对淹没地区进行了大规模调查、勘探、发掘，现已查明这一区域留存有各类文物共1282处，

长江三峡库区要搬迁保护的四川云阳张飞庙

要搬迁保护的湖北秭归新滩村

其中古建筑有150处，自夏商至明清的古墓葬就达351处*。在旅游业的大发展中，古建筑成了极为重要的资源，它既给古建筑的保护、利用带来了益处，又同时带来了危机。因为旅游对旅游者来说是一种娱乐、休息和文化行为，但是对经营者来说主要是一种商业行为。为了经济效益，为了利润，经营者会要古建筑超量地对游人开放；为了吸引游客可以把古建筑及其环境装扮得花枝招展；为了商业经营，可以把古建筑内部任意拆改成各类商铺甚至成了游乐场所，所有这些举动，都已经给文物建筑造成了损害。中国的文物建筑保护事业在阔步前进，也在艰难中前进，需要在实践中克服许多矛盾与困难。日本和东南亚的其他一些国家，根据文物保护的国际法规，结合本国古建筑的实际，经过长期保护工作的实践，总结出了一套行之有效的保护方法，并制定出相应的法令法规，得到了国际的认可。在中国，针对大量的木结构古建筑的保护，而且经过了半个多世纪的实践，也应该总结和提出既符合国际文物保护法规原则，又适合国情的方法、法令和理论。我们盼望着古建筑保护“中国宪章”、“北京宪章”的产生。

---

* 材料引自三峡工程库区文物保护规划组编《长江三峡工程淹没区及迁建区文化古迹保护规划报告》，1996年3月。

要搬迁保护的四川巫山大昌镇老街

第二十讲

梁思成与中国建筑

梁思成是我国著名的建筑学家与建筑教育家。梁思成从上个世纪的20年代开始就以毕生精力从事中国建筑历史理论与文物建筑保护的研究，取得了突出的成就。他是这一学科的创始人与奠基者，所以讲中国古建筑不能不讲梁思成。他先后创办了东北大学和清华大学的建筑系并担任系主任，为祖国培养出众多人才。1948年他被选为南京国民政府中央研究院院士，1955年当选为中国科学院学部委员(院士)。

梁思成，广东新会县人，是清末著名的政治家与学者梁启超的长子。梁启超因参加清末的维新变法失败而流亡日本，梁思成于1901年4月出生在东京。1912年，梁思成11岁由日本回到北京。14岁进清华学堂，1924年赴美国入宾夕法尼亚大学学习建筑，1927年以优异成绩获硕士学位，随即入哈佛大学研究生院，准备进行“中国宫廷史”的博士论文。1928年回国应东北大学之邀去沈阳创办了建筑系。1931年梁思成离开东北大学，应专门研究中国古建筑的学术机构“中国营造学社”之聘到北京担任了该社的研究员与法式部主任，开始全身心地从事中国古建筑的研究。

写中国自己的建筑史

早在美国留学时，梁思成就对建筑历史产生了浓厚的兴趣，他系统地学习了西方古代建筑史，仔细参观了美国博物馆收藏的自己祖国的珍贵文物，在哈佛念博士时又查阅了有关中国建筑方面的书刊，他发现这些资料竟多为外国学者所撰写，自己国家的学者反而对自己民族的珍贵建筑文化没有研究。1925年，他的父亲梁启超得到一本重新出版的宋廷颁布的一部建筑书《营造法式》，当即托人带交给梁思成与林徽因(梁思成之妻，我国著名的建筑学家与诗人，当时与梁一起在美国学习)，并在扉页上写道："……一千年前有此杰作可为吾族文化之先宠也，……遂以寄思成、徽因永宝之。"梁思成尽管当时还看不懂书中的宋代建筑术语和内容，但父亲激励的话促使他产生了研究中国建筑历史的愿望。1928年，梁思成、林徽因在回国的路程中特别游览了英国、意大利、法国、瑞士等国家，在游历欧洲时，他见到西方的古代建筑很久以来就受到妥善的保护，有众多的学者对他们进行过系统的研究。而对比自己的国家，几千年的文明历史，祖宗给我们留下的珍贵遗产，长城、故宫、寺庙、园林是那么辉煌，如今却是满目苍凉。龙门石窟、敦煌壁画被任意盗卖、抢劫，千年文物，流落异邦。中国人学习自己的文化遗产都要依靠外国的学者。这种现象深深刺痛了梁思成的爱国之心，他感到这是一种民族的耻辱，他暗下决心，中国人一定要研究自己的建筑，中国人一定要写出自己的建筑历史。

面对着历史留下的丰富遗产，梁思成怎样开始对它们进行研究呢?巍峨的长城，辉煌的宫殿，秀丽的园林，曾有多少文人墨客为这些遗迹吟诗作画，但是梁思成认为，我们今天的研究不能只停留在这些表面上的赞扬和发思古之幽情上，而必须采取科学的方法去剖析这份遗产，去探索其中的奥秘。因此，一开始他就把近代的科学方法应用到研究中国古建筑上。他说：我国古代建筑在文献上记载很多，但不经过实地调查，即使读破万卷书，仍只能得隐约之印象及美丽之词藻而终不得建筑物的真正印象。他生动地比喻，犹如古人熟诵《史记》对刘邦的记载，"隆准而龙颜，美须髯，左股有七十二黑子"，但如果在路上遇到刘邦仍不认识。所以他坚持研究古建筑，首先必须进行实地的调查测绘。他选择北京的故宫作目标，因为这是目前留存最大量的明清两代古建筑的代表。他手执清代朝廷公布的《工部工程作法则例》为课本，对照实物，从整体到局部，从构造到装饰，逐个去认识、测量、记录。对那些常见的柱子、门、窗、地板还较易理解，但对于一些从未接触过的怪名词，例如采步金、雀替、排山勾滴等，简直如读天书一般，一点弄不明白。面对这些疑难，梁思成老老实实地求教于一些老工匠，在他们帮助下逐渐地弄清了清代建筑的结构与形制。这就如同跨入了门槛，为扩大调研范围创造了条件。

1932年4月，梁思成对河北省蓟县(现属天津市)独乐寺进行了调研，对这座古寺的山门和观音阁做了详细测绘，查阅了史料，抄录了碑记，访问了老者，按总论、寺史、现状、山门、观音阁、今后保护等几部分进行整理，发表了第一篇调查报告。在这篇报告里，梁思成对寺史做了考证，得出山门和观音阁建于公元984年的结论。对这两座古建筑从外观、平面、台基、柱子、斗栱、梁架、椽、瓦、墙、门窗、彩画等结构和装饰的各部分都做了详细论述和分析，绘制了外形和结构、细部的全套图纸，摄制了大量照片。这是中国人第一次用科学方法对中国古建筑进行研究的成果，超过了当时外国学者研究中国古建筑的水平，奠定了调查研究的基础。

20世纪30年代梁思成、林徽因在古建筑屋顶上

在以后的几年里，梁思成和中国营造学社的其他同事一起查阅史料，翻看县志，找出何省、何县曾有古代寺庙及塔刹，深入地方，访问老者寻找古建的线索。梁思成在蓟县时遇见一位中学教员，言谈中得知这位教员的家乡河北省宝坻县(现属天津市)有一座类似独乐寺的大庙，梁思成闻之大喜，回北京后又立即带人去宝坻县调查，找到了已有九百余年历史的广济寺三大士殿。民间谚语中说，“沧州狮子应州塔，正定菩萨赵州桥”，梁思成就据此调查了民间传说的四件宝贝中的三件。在不长的时间里，他写出了《蓟县独乐寺观音阁山门考》、《正定古建筑调查纪略》、《赵县大石桥》、《晋汾古建筑预查纪略》、《曲阜孔庙之建筑及修葺计划》等十余篇论文和报告，将一座座从汉唐、宋辽到明清各式的古建筑珍宝展现在人们面前。经过他们测绘调查的主要建筑大多成了现在全国重点文物保护单位。

对古建筑的调查研究，梁思成坚持测量力求细致，分析要有根据，绘图严格，所出成果要与世界水平比高低。30年代的华北地区，人民生活极端困苦，梁思成每次外出调查都要经受不少工作和生活上的困难。就是在这样的生活条件下，梁思成对测绘工作都坚持一丝不苟。对建筑从整体到细部，都要详细绘图测量。对各种构造、装饰，从里到外，从正面到侧面都要摄影记录。对所有碑文、史料都抄录无误。他和助手们经常爬上梁架，手按几十年的积尘，佝偻身体，俯仰细量，惟恐探索不周。那时室内摄影还靠在现场点燃镁粉闪光，每当镁粉一亮，躲藏在梁架间的成群蝙蝠见光振翼惊飞，扬出难耐的秽气。他们有时心中还惦记着时局的变幻，耽心着日寇会随时侵占华北，为了抢时间，往往一天坚持连续工作十几小时。1934年，在调查应县古塔时，为了摄取塔顶照片，梁思成登上60多米高的塔顶，手抱铁链，两脚悬空地攀登塔刹，去丈量尺寸，又退到塔顶边缘去拍摄塔刹的全景，助手们都为他捏一把汗，终于摄取了宝贵的资料。梁思成后来回忆说：当时也忘了害怕，要是再后退几步，真要“一失足成千古恨了”。他对自己对助手都要求严格，力求研究成果达到高水平。有一次，他把当时还只十几岁的莫宗江叫到房中，拿出几本当时认为是最高水平的国外建筑书刊，指着上面的图对莫宗江说：“这就是现在的世界水平，我们的图就要达到这个水平，你画的图也要达到这个水平。”莫宗江教授回忆说，当时梁思成就培养我们要有一股志气，中国人研究中国自己的东西当然应该达到世界水平。正是凭着这种民族自尊心与民族志气，使当时营造学社的许多研究成果，测绘的许多图纸都达到了很高水平。

由于有强烈的事业心，梁思成和他的助手虽然工作艰苦，但却乐在其中。当他们借着老工匠的指点弄清楚了古建筑的某一处构造时，心中有说不出的高兴；当他们不顾污秽，爬梁攀架，在昏暗中发现一组宏大的斗栱时，会顿时忘却疲劳而欣喜若狂；当他们在古建筑上见到一个宋代《营造法式》上刊之有名的构件时，真像突然遇见久别的故人一样，引起长久的兴奋。他们不仅调查名刹古寺，同时还有意识地到山沟荒野里去发掘那些不见经传的民间遗迹。为此，他和妻子林徽因曾专程到晋汾一带调查，途经8县，还两次到北京四郊访古寻迹。1932年，他们夫妇二人在京郊八大处到香山的途中，发现在马路旁边，微偻的山坡上有三座小小的石佛龛，佛龛由几块青石板合成，貌不惊人，但都已经历了七百多年的风霜，龛上的石雕呈现出南宋的遗风。梁思成赞赏这三座石龛："分峙两崖，虽然很小，却顶着一种超然的庄严，镶在碧澄澄的天空里，给辛苦的行人一种神异的快感和美感。"(见《梁思成文集》(一)中《平郊建筑杂录》)巍峨的长城，嶙峋的古城楼，晨曦中的塔影，这些记录着我们民族不朽历史的胜迹都会给予人们以无尽的诗情画意，但是在建筑师眼里，除了诗情画意之外，还会有一种特殊的感触，梁思成把这称之为："建筑意"。他们在调查中，就经常因为领悟到这种"建筑意"而兴奋。梁思成深深感到正是通过这些实地的调查和研究，培养了他对自己民族文化的由衷深情和对劳动创造的无比尊敬。

经过对古建筑的长期调查研究，梁思成获得了丰硕的成果。1934年，他编著了《清式营造则例》一书。这部著作第一次将繁杂的中国古建筑的形制做了科学的整理和分析，对清代建筑的各部分做法、制度做了较详细的介绍和论述。第一次用近代的建筑投影图绘制出清式建筑构架、门窗、装饰和彩画的详图，使人们在多彩的古建筑遗迹面前不再停留在一般的感叹上而获得了科学的认识和了解。什么叫"斗栱"?"在梁檩与立柱之间为减少剪应力故，遂有一种过渡部分之施用，以许多斗形木块与肋形曲木，层层垫托，向外伸张，在梁下可以增加梁身在同一净跨度下的荷载力，在檐下可以使出檐加远，这便是中国建筑数千年来所特有的斗栱部分"。梁思成就这样简单明了地说明了斗栱，并分别对柱头、转角等部位斗栱的制度和复杂的组合做了详细的介绍。几十年来，这部《清式营造则例》成了初学中国古建筑的入门必读教材，讲授中国古建筑不可少的参考资料，也是如今古建筑修整工作人员常用的工具书。以后，梁思成在研究清代建筑构件“斗栱”的基础上，又进一步分析了汉、唐、宋、辽、金、元等各个时期建筑的斗栱部分，比较了他们的形制变化，从而总结出根据斗栱不同的制度和风格来鉴别古建筑年代的方法，这个方法至今仍为我国文物工作者所用。在不长的时间里，在大量调查的基础上，梁思成本人和营造学社其他研究员刘敦桢教授、鲍鼎教授等共同发表了一系列论文，如：《汉代的建筑式样与装饰》、《云冈石窟中所表现的北魏建筑》、《我们所知道的唐代佛寺与宫殿》、《大同古建筑调查报告》……此外，梁思成还负责编辑了《古建筑调查报告专刊》佛塔和元代建筑专辑，分别集中了这一时期调查过的数十座佛塔和元代建筑的珍贵资料。该专辑1935年完成，因抗日战争而未及出版。一部中国古代建筑发展历史开始显出了雏形。

从1932年到1937年初，营造学社前后到120多个县市，调查过一千余座古建筑的房舍，但它们的建造年代还没有早于辽代的，根据文献资料和敦煌石窟唐代壁画所描绘的五台山胜景，梁思成相信这个地区有可能存在着唐代建筑。1937年6月他与林徽因、莫宗江等人出发去五台山寻找胜迹。他们经太原进入五台，骑着毛驴迂回在岖崎的山区，经过两天的搜寻，终于在第二天的黄昏走到豆村的佛光寺，发现在山腰上屹立着一座大殿，宏大的屋顶，深远的出檐，檐下疏朗而硕大的斗栱一下吸引住了梁思成，使他相信肯定这是一座辽代以前的建筑。他们立即开始做详细的调查，经过对大殿结构、装修的仔细考查，更重要的是发现了大殿梁下的字迹，确定了大殿建于唐大中十一年(857)。经过几年的努力，终于发现了第一座我国封建盛期的建筑遗迹，他们高兴异常，这时夕阳西下，佛光寺一片红光，他们拿出带去的所有食品、罐头，美美地饱餐一顿，以示庆祝。正当他们沉湎在兴奋之中，北平卢沟桥畔已燃起了抗日的烽火，梁思成携带着佛光寺宝贵的资料，匆忙辗转返回北京，见到城里已是一片备战景象了。政府机关开始疏散，住宅胡同口挖了战壕，他在北平教授致政府要求抗日的呼吁书上签了名，他主张营造学社向后方疏散。不久，北平沦陷，梁思成收到“东亚共荣协会”的请柬，邀请他参加会议，他意识到日本人已经注意到自己，竟想让他当汉奸为侵略者服务，十分愤怒，第二天就带着家眷匆忙离开了北平，走上了逃难的行程。

从1937年9月开始，梁思成和妻子林徽因带着家人，经天津、济南、徐州、武汉而到达长沙，穿行贵州，经历四十多天的昼行夜宿，于1938年1月才到达昆明。就在这次长达4个月的逃难行程中林徽因得了急性肺炎，身体受到很大损害，后来导致肺结核病复发，身体更加虚弱。梁思成战前已患脊椎间软组织硬化症，到昆明后病情恶化，时常背痛难忍，昼夜不能入睡，几乎有一年的时间不能在床上平卧。不久，营造学社的刘敦桢、刘致平、陈明达、莫宗江先后来到昆明，学社在昆明恢复活动。1940年他们又从昆明迁往四川南溪县的李庄镇。这时，营造学社原来经费的来源几乎断绝，抗日的后方，物价飞涨，不用说研究工作开展困难，就连工作人员的薪金也常常难于保证，梁思成有时甚至还得变卖衣物以维持家人生活。抗战时期，美国曾有多所大学与博物馆邀请梁思成去美国讲学和工作，并能带家人同往，使林徽因得以治病，但他回信说："我的祖国正在灾难中，我不能离开她，哪怕仅仅是暂时的，假使我必须死在刺刀或炸弹下，我要死在祖国的土地上。"在十分困难的情况下，梁思成与刘敦桢带领着他们的助手在抗日的后方又开始了古建筑的调研工作。他们从昆明到大理，直至剑川、丽江等高原地区，从重庆转成都，登峨嵋，东起宜宾，北到广元，在近

20世纪40年代梁思成（后）与莫宗江（前）在四川李庄的研究工作室

两年的时间里，先后到过50余座城市，调查了建筑、崖墓、汉阙、石刻等古迹800余处。乡间的民房是他们的工作室，晚上靠小油灯照明，只能借用历史语言研究所的图书资料作参考，出版的刊物不能用照片，也无钱用铅印，完全靠用毛笔手抄文字，用钢笔画线条图，用石板一张张印刷，依靠连家属在内的全体人员用手工装订成册。尽管在这样艰苦的条件下，从写出报告的内容到绘制的图纸仍保持着很高的学术水平。

从1932年到1941年的10年期间，梁思成和营造学社的同仁们一共调查了二千七百多处古建筑，足迹遍及190个县市，自宫殿、寺庙、石窟到园林、民居，从唐代古建到清代建筑，给研究中国建筑发展史提供了充足的资料，梁思成正是根据这些丰富的资料，于1942年开始撰写《中国建筑史》。这时多病的身体折磨着他，脊椎软骨硬化病使他不得不经常穿戴着铁马甲工作，学社经费来源的断绝又使他不得不四处募化微薄的津贴，十分短缺的物质条件使得只能靠大量的线描图来代替照片的不足。在多病的妻子林徽因和莫宗江、卢绳等人的协助下，一部由中国人自己编写的中国古代建筑史终于在抗日时期西南后方的小山庄里完成了。在这部著作中，梁思成根据大量的调查和文献资料，第一次按中国历史的发展，将各时期的建筑，从文献到实物，从城市规划、宫殿、陵墓到寺庙、园林、民居都做了叙述，并分析和比较各时期的建筑特征。在这部著作中，梁思成按中国建筑结构方法及其发展列举了中国古建筑的七大特征，并且从我国古代政治制度、思想道德观念、建筑的传统体制等几方面论述了这些特征的形成原因。这些论述和分析都远远超过了过去外国人对中国建筑的研究水平，达到了前人没有达到的高度。接着他为了向外国人介绍中国建筑文化又用英文写了一部《图像中国建筑史》。美国著名学者费正清对梁思成的这一时期工作做了如下的评价："二次大战中，我们又在中国的西部重逢，他们都已成了半残的病人，却仍在不顾一切地，在极端艰苦的条件下致力于学术，在我们的心目中，他们是不畏困难，献身科学的崇高典范。"*

1945年8月抗日战争取得胜利。1946年10月，美国耶鲁大学聘请梁思成去美国讲学，他携带着《中国建筑史》和同时完成的《中国雕

---

* 费正清：《献给梁思成和林徽因》，《梁思成先生诞辰八十五周年纪念论文集》。

塑史》的书稿和图片，以一个中国人的自豪心情将中华民族的文化珍宝展示在国际学术界面前。他以丰富的内容和精湛的分析博得了国外学术界的敬佩和赞扬。美国普林斯顿大学为此赠授梁思成以名誉文学博士的学位。英国科学史家李约瑟教授称梁思成是“研究中国古建筑的宗师”(见《中国科学与文化》第4卷)。

保护文物建筑的勇士

梁思成在调查研究中国古代建筑的同时，始终注意着对这些建筑的保护工作。1932年，在他发表的第一篇调查报告《蓟县独乐寺观音阁山门考》里就提出了对这座古构保护的意见。他说：“保护之法，首须引起社会注意，使知建筑在文化上之价值，使知阁门在中国文化史上及中国建筑史上之价值，是为保护之治本办法。……故目前最重要问题，乃在保护阁门现状，不使再加毁坏……”对于保护古代建筑是否要恢复原状的问题，当时世界上多有争论，而梁思成认为：“以保存现状为保存古建筑之最良方法，复原部分，非有绝对把握，不宜轻易施行。”他在山东曲阜孔庙建筑修葺计划的前言中明确提出：“我们今日所处的地位，与二千年以来每次重修时匠师所处地位，有一个根本不同之点。以往的重修，其惟一的目标，在将已破敝的庙庭，恢复为富丽堂皇、工坚料实的殿宇，若能拆去旧屋，另建新殿，在当时更是颂为无上的功业或美德。但是今天我们的工作却不同了……须尽我们的理智，应用到这座建筑物本身上去，以求现存构物寿命最大限度的延长，不能像古人拆旧建新……”在这里，梁思成提出了提高全社会文物建筑保护意识乃为治本的问题和保护修缮中尽可能保存古建筑现状而不要拆旧建新的重要原则。1944年他担任了国民政府“战区文物保护委员会”的副主任。1945年抗日战争开始了战略反攻，他特地编写了一份“敌占区文物建筑表”，并附以地图做出不能轰炸的文物标记送交政府，并同时送了一份给当时在重庆的周恩来。此时，抗日战争进入后期，美国开始对日本本土进行轰炸。梁思成特别向美国方面建议在轰炸日本时不要毁坏日本古都奈良招提寺等一些著名的古代建筑，因为他认为这些古迹不仅属于日本，也应该是全人类的珍宝。

1948年12月，位于北平郊区的清华大学先得到解放，人民解放军包围了北平，一面与国民党将领傅作义谈判争取和平解放北平，一面准备攻城。有一天两位解放军干部来到梁思成家，请他在北平的地图上标明重要的需要保护的古建筑，以免在攻城时遭到破坏。这使梁思成大为震惊与兴奋，因为他正在为此而担忧，他愉快地完成了这一任务，同时还与营建系的老师一起编列了一本《全国文物建筑简目》以供全国解放战争的需要。

1949年1月，北平和平解放，梁思成以巨大的积极性投入到新北京和新中国的建设。为了迎接新政协的召开，他领导建筑系的教师完成了怀仁堂的改建设计。当新中国的国旗方案通过后，他担负了将方案绘制成正式图纸公布于全国的任务。1950年他又领导建筑系老师设计了共和国的国徽，他与林徽因亲自绘图，应用他们全部的智慧，设计出了既表现出中国人民革命精神又具有我们民族气质的国徽。1952年梁思成担任人民英雄纪念碑兴建委员会副主任和建筑设计组组长，他提出了纪念碑设计方案，这就是现在耸立于天安门广场上的人民英雄纪念碑。共和国建国之初的许多重要建设，都倾注了梁思成的心血，他说："差不多每天都在兴奋激动的心情中度过。"

共和国的首都北京，大规模的建设开始了，作为北京都市计划委员会副主任的梁思成全身心地投入到首都建设工作之中。他根据北京作为全国政治中心的性质，参照世界其他国家城市建设的经验，预见到古都北京与新首都之间的矛盾，于1950年初，与都市规划专家陈占祥一起向政府提出了新北京城的规划方案，提交了《关于中央人民政府行政中心区位置的建议》，主张将新的政府行政中心区放在旧北京城的西郊。他们从新行政区占地面积，交通联系，长远发展等几方面加以分析比较，论证如将这个新区放在旧城之内则将带来一系列不可克服的困难。他们认为北京旧城是一座规划严整，保留有众多文化古迹而且至今仍保存得十分完整的古城。他们主张尽可能把这座世界上少有的历史名城保留下来，在改建中保持它的传统风格。梁思成还专门写了《北京——都市计划的无比杰作》一文，建议把北京城的城墙、城楼、护城河都尽可能地保存下来，一方面它们代表着古北京的传统特征，构成了北京特有的体形环境与城市空间轮廓；另一方面又可以加以改造，古为今用，为新社会服务。护城河加以疏浚可以调剂城市气候；城楼可以改为文化馆、展览厅供群众活动；城墙上加以绿化布置可以成为群众休息娱乐的大环城公园，梁思成还为此专门画了设想图。遗憾的是这些建议当时都没有被采纳，北京的城墙、城楼被拆毁了，城内的牌楼被拆除了，梁思成为此痛心疾首，四处奔走呼号，有一次遇到拆除北海团城的争议，梁思成在会上详细地陈述了团城是国内仅有的几座古代高台建筑之一，它不仅在建筑史上有重要价值而且也是北海整体景观不可分割的一部分，但对方坚持说因妨碍交通而必须拆除，梁思成生气地说："照这样说，干脆推倒团城填平三海，修一条笔直的马路通过去。"他心急如焚，特地去找到周总理，总理亲自到现场勘察，最后采纳了现行的改建方案，既畅通了交通又保住了团城。

50年代初，政府各部门都想在北京长安街新建办公大楼，梁思成为了保证这条市中心主要干道的质量，保护北京城的民族传统风格，特写信给周总理，要求这条干道的建设必须在北京都市计划委员会的集中领导下进行；要求各部大楼设计应具有民族形式，注意相互协调，而且北京都市计划委员会有权修改这些设计。中南海要兴建楼房，梁思成设计出方案，特别采用具有中国民族特点的比例和门窗形式，以取得新建筑与周围古建筑的和谐，探索民族形式新建筑的创作道路。梁思成所做的这一切都是为了保护北京这一座世界上仅存的、规模宏大的中国封建时代的古城，即使在整体上难以保住，也力争在局部保住古城的一些带有标志性的建筑，以求古都北京不至于在我们这一代人的手中消失。

随着全国各地文物保护工作的开展，梁思成又及时提出对古建筑的整修必须坚持"整旧如旧"的原则。他形象地以自己的假牙为例，镶牙时，因年纪大，医生给他做了一套略呈黄白色而不是雪白的，排列较松散而不是很齐整的假牙，所以看不出是新做的假牙，这就叫整旧如旧。他在审查西安唐朝小雁塔的整修方案时说，我们对它是"延年益寿，不是返老还童"。小雁塔就是这样整修的，取得了很好的效果。当然梁思成也看到了这个原则在木建筑整修中的矛盾，但他坚持在整修砖石建筑时必须如此。

从19世纪末以来，世界各国对文物建筑的保护始终存在着不同的认识和做法。到20世纪中叶，通过国际间的交流和总结，在必须从整体环境上保护文物建筑，整修文物建筑必须保持原状，不得任意改动或添加等重要原则问题上取得了共识并形成了若干例如《威尼斯宪章》这样的公认的章程。而这些重要的原则都是梁思成在20世纪的30年代、50年代就已经提出来了。从这里，不能不看到对于文物建筑保护，梁思成不仅在实践上是一位勇士，而且在理论上也是一位高瞻远瞩的学者。

毕生的事业

共和国成立以后，梁思成为了把新中国建设好，为了将首都北京建设成为既是世界性的，又富有自己民族特征的新城市，他积极宣传民族的建筑传统，宣传文物建筑的保护，主张新建筑要创造民族风格。在大规模的建设中，也出现了一些在新建筑中过多采用古老形式的现象。针对这些情况，1955 年在全国掀起了一场批判在建筑设计中“复古主义思想”的运动，批判的目标自然集中在梁思成身上，这场运动

1961 年梁思成登上桂林叠彩山，并赋诗一首：登山一马当先，岂敢冒充少年。只因恐怕落后，所以拼命向前。

持续了半年之久。但是政治性的批判不但不能替代而且只能遏制学术上的争鸣，错误的批判也解决不了梁思成的认识，他继续为新中国建筑的创作道路，为文物建筑保护的事业而苦苦地思考着，探索着。

1962年，党中央在广州召开科学、教育和文艺方面的会议，总结和纠正了对知识分子过“左”的政策。梁思成重新开始了对宋朝《营造法式》的研究工作，并于1965年完成了上卷部分。他作为建筑研究院历史理论研究室主任，担任了《中国古代建筑史》编委会领导工作，主持了书稿的审定。他为促进中日两国友好，特地设计了扬州“鉴真和尚纪念堂”。他将自己几十年研究中国建筑的心得深入浅出地整理成文，连续发表于报刊。他准备按照自己的新认识和新的材料重新撰写原来的《中国建筑史》和《中国雕塑史》。他还想写一本建筑理论的专著。这时，梁思成已经60多岁了，身体又多病，但他仍然满怀信心地表示：“要为社会主义干他一二十年。”但是1966年6月，一场史无前例的文化大革命运动把梁思成的雄心壮志彻底埋葬。他被带上“资产阶级反动权威”、“反革命修正主义分子”的帽子，背上数不清的莫须有的罪名，经历了无数次的批判斗争，于1972年1月含冤离开了人世。

1978年梁思成的冤案得到平反。1984年，他生前设计的“扬州鉴真纪念堂”荣获建设部全国优秀设计一等奖。同年在美国出版了他40年代用英文撰写的《图像中国建筑史》，在学术界得到很高的评价，多位美术博物馆长、中国文化、东方美术教授都赞赏梁思成的学术研究是“对中国文化的理解做出了最宝贵的贡献”，“不仅是对中国的叙述，而且可能成为有重要影响的历史性文献”。1985年在国内出版了《宋营造法式注释》卷上。1986年在他85寿辰时出版了《梁思成文集》共4集，收录了他生前的主要著作。1987年，梁思成和他所领导的科研集体，由于在“中国建筑历史理论与文物建筑保护”的研究领域中取得突出成就而被授予国家科研的最高奖，国家自然科学一等奖。2001年为纪念梁思成诞生100周年，将出版《梁思成全集》。

梁思成为我们留下了近百万字的著作，这无疑是一笔巨大的学术财富，但他那将毕生精力都投入到中国建筑历史研究和探索建筑创作道路的执著精神，他那对于文物保护事业的勇敢态度却是更有价值的精神财富。当今天中国建筑历史研究向更为深远和广阔的领域前进，文物保护事业得到更大发展的形势下，我们更加忘不了这位事业的开创者与奠基者，更加怀念我们的一代宗师梁思成。

部分图片来源

佛光寺大殿斗栱图，宋代建筑斗栱图，清代建筑斗栱图，金中都、元大都、明清北京位置图，元大都图，明、清时期北京图，汉画像砖上院落建筑，汉墓结构图，汉墓画像砖、石上建筑、人物，汉代高颐阙，河南禹县宋白沙墓图，山西侯马董氏墓图，北京天坛平面，敦煌壁画中建筑形象，山西平顺明惠大师塔，北京四合院，福建永定承启楼，云南西双版纳傣族干栏房，以上图片引自《中国古代建筑史》，中国建筑工业出版社，1980 年版。

秦始皇陵兵马俑，明定陵地宫，河北遵化清定东陵祾恩殿，定东陵祾恩殿台基石刻，云冈石窟中的中心塔柱，敦煌石窟内景，佛光寺大殿内景，河南开封祐国寺塔，河北正定广惠寺花塔，宁夏青铜峡百八塔，福建泉州清真寺，以上图片引自《中国美术全集·建筑艺术编》，中国建筑工业出版社，1989 年版。

北京西北郊皇家园林区图引自《中国古典园林史》，周维权著，清华大学出版社 1990 年版。

斗栱分件图，四合院照壁，20 世纪 30 年代梁思成、林徽因在古建筑屋顶上，20 世纪 40 年代梁思成与莫宗江在四川李庄的研究工作室，1961 年梁思成登上桂林叠彩山，以上图片为清华大学建筑学院资料室供稿。

浙江郭洞村何氏宗祠平面，诸葛村大公堂大门图，诸葛村春晖堂大门图，南方天井院三间两搭厢图，对合式天井院图，天井院堂屋图，天井院平面，天井院外观，诸葛村商业街，浙江诸葛村环境风水图，浙江郭洞村水口平面，以上图片为清华大学建筑学院乡土建筑研究组供稿。